Lie对称在若干非线性系统中的应用

胡松华　黎　冠　刘德权 / 编著

吉林大学出版社

·长春·

图书在版编目（CIP）数据

Lie对称在若干非线性系统中的应用 / 胡松华, 黎冠, 刘德权编著. -- 长春 : 吉林大学出版社, 2023.4
ISBN 978-7-5768-1581-8

Ⅰ. ①L… Ⅱ. ①胡… ②黎… ③刘… Ⅲ. ①李代数—应用—非线性系统(自动化) Ⅳ. ①TP271

中国国家版本馆CIP数据核字(2023)第062388号

书　　名：Lie对称在若干非线性系统中的应用
Lie DUICHEN ZAI RUOGAN FEIXIANXING XITONG ZHONG DE YINGYONG

作　　者：胡松华　黎　冠　刘德权
策划编辑：黄国彬
责任编辑：陈　曦
责任校对：刘守秀
装帧设计：刘　丹
出版发行：吉林大学出版社
社　　址：长春市人民大街4059号
邮政编码：130021
发行电话：0431-89580028/29/21
网　　址：http://www.jlup.com.cn
电子邮箱：jldxcbs@sina.com
印　　刷：天津和萱印刷有限公司
开　　本：787mm × 1092mm　　1/16
印　　张：13.75
字　　数：210千字
版　　次：2024年3月　第1版
印　　次：2024年3月　第1次
书　　号：ISBN 978-7-5768-1581-8
定　　价：68.00元

前　言

在自然科学和人类社会的诸多领域中，非线性演化方程扮演着重要的角色。这类方程的一些解可以很好地解释自然和社会中的孤子和怪波等众多的非线性现象。与此同时，人们也对非线性演化方程的结构和性质展开了研究，越来越多的学者开始关注非线性演化方程的可积性和对称性。研究方程的求解和分析方程的结构是相互促进的，方程的某些解可以反映出方程的某些结构，而了解方程的结构也有助于求解。

本书简要介绍了代数结构、几何结构、Lie 群和 Lie 代数等基本理论，运用 Lie 对称方法研究了光纤通信等领域中五个非线性系统的一些对称性质和解析解。系统研究了 GDNLS 方程、DEGM 系统、DR 系统和 Maccari 系统的 Lie 点对称、Lie 对称约化、对称变换、非线性自伴性和守恒律。运用 Painlevé 截断展开方法导出了 GBK 系统的非局部对称，研究了 CRE 可积性，得到了单孤波解，双共振孤波解和孤波-椭圆波相互作用解。作者希望这些结果对在非线性光纤中实现超高速、大容量的光信息传输提供一定的理论支持，希望有助于进一步研究在同一非线性介质中传播的长波和短波之间的相互作用，理解浅水中可能出现的孤波、共振孤波和孤波-椭圆波相互作用等自然现象。

本书的出版得到了中央高校基本科研业务资助项目(3142019025)、廊坊市科技支撑计划项目(2019011057)和河北省教育厅科学技术研究项目(ZD2022163)的资助。靳文涛教授、潘玉民教授和隋晓梅教授提供了大量的帮助并提出了宝贵的建议，硕士研究生李志伟、张宪阳、涂新宁、童波和张明月在书稿排版和校对等方面做了一些工作，作者在此一并表示感谢。感谢华北科技学院科技处和电子信息工程学院的大力支持。感谢吉林大学出版社编辑的热情指导。

由于作者水平有限，书中难免存在一些纰漏和不足，敬请读者批评指正。

作　者

2022 年 12 月于华北科技学院

目 录

第 1 章　代数结构

大自然是丰富多彩的，事物之间存在纷繁复杂的联系。为了深入研究物质世界，我们不仅要观察单个事物，还要了解事物之间的联系。为此，我们经常需要把一些事物放在一起进行研究。在数学上，我们可以将一些事物的全体称为一个集合，每个具体事物称为集合的元素。集合内部各元素之间的联系称为集合的结构。一个集合可能有多种结构，比较常见且相对容易把握的有代数结构。具有一种或多种代数结构的集合称为代数系统。对未知世界的探索，促使人们不断深化对代数系统的研究。

1828 年，法国数学家 Galois 在研究一元五次以上代数方程的求解时，转而研究方程的结构，提出了群的概念。作为群论的创始人，Galois 对数学做出了不可磨灭的贡献。后来，群论逐渐发展为研究对称性的数学分支。随后，人们越来越重视对代数结构的研究。人们还研究了具有多个代数结构的集合，如环和域等。有关代数结构的学问被称为抽象代数。抽象代数的产生可以看作近代数学的开端，Galois 无疑是近代数学的始祖。

本章将对代数结构的基本概念和常见的代数结构做一个简要的介绍，大部分结论不做证明，有兴趣深入研究的读者可以阅读相关的教材和著作[1-3]。

1.1　代数系统

1.1.1　集合

若干个事物的全体称为一个集合(set)，简称集。集合中的每个事物称为这个集合的元素(element)，简称元。人们约定，集合中重复的元素被看作同一个元素，这被称为集合的互异性。此外，集合本身不能成为集合的元素，但一个集合可以是另一个集合的元素。在抽象的情况下，人们通常用字母来表示集合与元素。关于集合的公理化定义更加严谨，但也很冗长。有兴趣的读者可以查阅相关资料，在本书中不再赘述。

根据集合中元素的个数，可以对集合进行分类。含有限个元素的集合称为有限集(finite set)，含无限个元素的集合称为无限集(infinite set)。在无限集中，含可数多个元素的集合称为可数集(countable set)，否则称为不可数集(uncountable set)。应该指出，可数集可以和自然数集建立一一对应的关系，可数集也是无限集，可以看作最小的无限集。通俗地说，可数集的元素是可以数的，但却是数不完的。

在算术中，人们引入了整数0。从表面上看，0就是什么也没有。事实上，0的存在对于数的运算和推理非常有帮助。另外，人们规定 $0!=1$，$a^0=1(a\neq 0)$。这些看似多余的约定实际上也很有用。类似地，人们引入了空集的概念：不含任何元素的集合称为空集(empty set)，一般用符号$\varnothing$表示。

若事物 a 是集合 A 的一个元素，我们称 a 属于 A，记作 $a\in A$。若事物 a 不是集合 A 的元素，我们称 a 不属于 A，记作 $a\notin A$。按照规定，总有 $A\notin A$。

若集合 A 的每一个元素都属于集合 B，则称 A 为 B 的子集(subset)，记作 $A\subset B$。很显然，$A\subset B\Leftrightarrow \forall x\in A, x\in B$。

若 A 为 B 的子集，且 B 中含有不属于 A 的元素，则称 A 为 B 的真子集(proper subset)，记作 $A\subsetneqq B$，则有

$$A\subsetneqq B\Leftrightarrow \forall x\in A, x\in B, \text{且 } \exists y\in B, y\notin A$$

若集合 A 和集合 B 所含有的元素完全相同，则称 A 和 B 相等，记作 $A=B$。很显然，有

$$A=B\Leftrightarrow A\subset B \text{ 且 } B\subset A$$

$$A=B\Leftrightarrow \forall x\in A, x\in B \text{ 且 } \forall x\in B, x\in A$$

作为一种数学对象，集合也能进行运算。下面将简要介绍集合的几种常用运算。

由集合 A 和集合 B 的所有共同元素组成的集合称为 A 和 B 的交集(intersection set)，简称为交(intersection)，记作 $A\cap B$。显然，有

$$A\cap B=\{x \mid x\in A \text{ 且 } x\in B\}$$

由集合 A 的所有元素和集合 B 的所有元素合在一起组成的集合称为 A 和 B 的并集(union set)，简称为并(union)，记作 $A\cup B$。显然，有

$$A\cup B=\{x \mid x\in A \text{ 或 } x\in B\}$$

不难看出，$A\cap B\subset A\cup B$，当且仅当 $A=B$ 时 $A\cap B=A\cup B$。有了两个集合交和并的定义，我们可以推出有限个集合的交和并。

由属于集合 A 但不属于集合 B 的所有元素组成的集合称为 A 和 B 的差集（difference set），简称为差（difference），记作 $A\backslash B$。显然，有

$$A\backslash B=\{x \mid x\in A \text{ 且 } x\notin B\}$$

在有些情况下，我们面对的一系列集合中会有一个最大的集合 S，称之为全集（universal set）。由全集 S 中不属于集合 A 的所有元素组成的集合称为集合 A 的余集或补集（complementary set），记作 A^c。显然，$A^c=S\backslash A$。

补集是差集的一种特殊情况，是一种简化表示。

在有些情况下，我们需要同时将多个集合中的元素放在一起研究，为此引入集合直积的概念。

设 $A_1,A_2,\cdots,A_n$ 是 n 个集合。由一切有序元素组 $(a_1,a_2,\cdots,a_n)$ $(a_k\in A_k,k=1,2,\cdots,n)$ 所组成的集合称为集合 $A_1,A_2,\cdots,A_n$ 的直积（direct product）或笛卡尔积（Cartesian product），记作 $A_1\times A_2\times\cdots\times A_n$，即

$$A_1\times A_2\times\cdots\times A_n=\{(a_1,a_2,\cdots,a_n) \mid a_k\in A_k,k=1,2,\cdots,n\}.$$

1.1.2　映射

有时候，人们需要了解不同集合的元素之间存在的依赖和对应关系，为此引入映射的概念。

[定义 1]　假设有一个对应法则 ϕ，在此对应法则之下，对于 $\forall a\in A$，存在唯一的 $b\in B$ 与之对应，则称法则 ϕ 为从集合 A 到集合 B 的一个映射（mapping）。称元素 b 为元素 a 在映射 ϕ 之下的像（image），称元素 a 为元素 b 在映射 ϕ 之下的像原（preimage）。有时候，我们也说映射 ϕ 将元素 a 映成元素 b，简记为 $\phi(a)=b$。

应该指出，映射既不是像原也不是像，而是对应法则本身。我们可以将映射看成一种作用，它将像原变为像。

根据对应法则的特点，我们可以引入单射、满射和一一映射的概念。

设 ϕ 为从集合 A 到集合 B 的一个映射，若 ϕ 将集合 A 中不同的元素映成集合 B 中不同的元素，即对于 $a_1,a_2\in A$ 且 $a_1\neq a_2$，总有 $\phi(a_1)\neq\phi(a_2)$，则称 ϕ 为单射（injective mapping）。

在单射之下，每一个像都只有唯一的像原。单射排除了“多对一”的情况，

但不能保证集合 B 中没有"多余"的元素。

设 ϕ 为从集合 A 到集合 B 的一个映射，若对于 $\forall b \in B$, $\exists a \in A$ 使得 $\phi(a)=b$,则称 ϕ 为满射(surjective mapping)。

在满射之下，映射 ϕ 将集合 B 映满，集合 B 中没有"多余"的元素，但不能排除"多对一"的情况。

设 ϕ 为从集合 A 到集合 B 的一个映射，若映射 ϕ 既为单射又为满射，则称 ϕ 为一一映射(one-to-one correspondence)，即

$$\{单射\} \cap \{满射\} = \{一一映射\}$$

在一一映射之下，集合 A 和集合 B 之间建立了"双向一对一"的关系。一一映射 ϕ 存在逆映射 ϕ^{-1}，这种逆映射可以通过"从哪里来回哪里去"的办法来确定。如果集合 A 和集合 B 之间存在一一映射，我们可以在一定程度上认为集合 A 和集合 B 是同一个集合。

如果以身份证上的姓名为准，人与姓名之间能建立映射，但由于重名的存在，这个映射并非单射。每个人有且仅有一个身份证号码，而且身份证号码不会重复。因此人与身份证号码之间存在一一映射。

特别指出，单射、满射和一一映射互相有交集，不能看作三类映射。

一个从集合 A 到集合 A 自身的映射称为 A 的一个变换(transformation)。一个从 A 到 A 的单射、满射和一一映射分别称为 A 的一个单射变换、满射变换和一一变换。

1.1.3　代数运算

从集合 $A_1 \times A_2 \times \cdots \times A_n$ 到集合 B 的映射 ϕ 称为从集合 $A_1 \times A_2 \times \cdots \times A_n$ 到集合 B 的 n 元代数运算(algebraic operation)。

从集合 $A_1 \times A_2$ 到集合 B 的映射 $\circ$ 称为从集合 $A_1 \times A_2$ 到集合 B 的二元代数运算。我们平常遇到的代数运算多为二元代数运算，而且一般多元代数运算可以分解为二元代数运算。所以，我们通常将二元代数运算简称为代数运算，或直接称为运算。

若 $\circ$ 是从集合 $A \times A$ 到集合 A 的二元代数运算，我们称集合 A 对代数运算 $\circ$ 封闭，或称 $\circ$ 是集合 A 内的代数运算。集合 A 与 A 内的代数运算 $f_1, f_2, \cdots, f_m$ 组成的系统 $\langle A; f_1, f_2, \cdots, f_m \rangle$ 称为代数系统(algebraic system)，简称为代数(algebra)。换言之，带有代数运算的集合为代数系统。在二元运算中，两个元

素一般地位不同，是有顺序的，我们将这两个元素分别称为运算的左元素和右元素。

复数的普通加、减、乘属于代数运算，矢量相加、点乘、叉乘也属于代数运算。

代数运算是两个元素一同进行的，运算结果是两个元素集体智慧的结晶。即便定义了集合 A 内的代数运算 $\circ$，对于 $a,b,c\in A$，我们写出 $a\circ b\circ c$ 仍然是没有意义的。三个元素 a,b,c 不能直接运算。要使得这个式子 $a\circ b\circ c$ 有意义，有两个方案。一个方案是先让 a 和 b 运算，再让这个运算结果和 c 运算。在这种方案之下：

$$a\circ b\circ c=(a\circ b)\circ c$$

另一个方案是先让 b 和 c 运算，再让 a 和这个运算结果运算。在这种方案之下：

$$a\circ b\circ c=a\circ(b\circ c)$$

要使得这两种方案得出的结果一样，就得依靠代数运算本身优良的性能。为此，引入了结合律的概念。

设集合 A 内有代数运算 $\circ$，如果 $\forall a,b,c\in A$ 都有

$$(a\circ b)\circ c=a\circ(b\circ c)$$

则称代数运算 $\circ$ 满足结合律(associative law)。

结合律反映出代数运算的"时间无序性"。也就是说，一个元素左边和右边都有运算时，先左还是先右都可以。

复数、多项式、矩阵及函数对普通的加法和乘法都满足结合律。但是，我们不能认为结合律总是存在的。事实上，结合律只是一些代数运算的优秀品质。一般情况下，普通的代数运算不一定满足结合律。比如，复数的减法和除法就不满足结合律。这样看来，通常的加法和乘法是比减法和除法更为优秀的代数运算。

设集合 A 内有代数运算 $\circ$，若 $\forall a_1,a_2,\cdots,a_n\in A(n\in\mathbf{N},n\geqslant 2)$，对 $a_1\circ a_2\circ\cdots\circ a_n$，无论如何加括号，结果都相等，则称代数运算 $\circ$ 满足任意结合律。

运用数学归纳法容易证明，若集合 A 内的代数运算 $\circ$ 满足结合律，则也满足任意结合律。

设集合 A 内有代数运算 $\circ$，如果 $\forall a,b\in A$ 都有

$$a\circ b=b\circ a$$

则称代数运算$\circ$满足交换律(commutative law)。

交换律反映出代数运算的“空间无序性”。也就是说,在运算中可以不再区分左元素和右元素。

复数、多项式及函数对普通的加法和乘法都满足交换律,矩阵的加法也满足交换律。同样,我们也不能认为交换律总是存在的。事实上,交换律也只是一些代数运算的优秀品质。一般情况下,普通的代数运算不一定满足交换律。比如,复数的减法和除法就不满足交换律,矩阵的乘法不满足交换律,矢量的叉乘也不满足交换律。

设集合 A 内有代数运算$\circ$,若 $\forall a_1, a_2, \cdots, a_n \in A(n \in \mathbf{N}, n \geqslant 2)$,对 $a_1 \circ a_2 \circ \cdots \circ a_n$,任意结合和交换次序,结果都相等,则称代数运算$\circ$满足完全无序律。

若集合 A 内的代数运算$\circ$既满足结合律又满足交换律,则满足完全无序律。

在满足完全无序律的情况下,随便交换次序,随便哪两个元素先运算都不影响最终结果。可见,同时满足结合律和交换律可以带来巨大的便捷。

物质世界是丰富多彩的,各种联系是错综复杂的。在我们需要面对的问题中,有时候多种代数运算共存且相互作用,我们需要考虑两种运算相遇会出现何种情况。简单地说,我们并不希望多种运算同时作用,而是希望将它们剥离开来,当然,我们希望有些运算会允许我们这样做。

设集合 A 内有加法运算$\oplus$,从集合 $B \times A$ 到集合 A 有乘法运算$\odot$。若对于 $\forall a_1, a_2 \in A, \forall b \in B$,总有

$$b \odot (a_1 \oplus a_2) = (b \odot a_1) \oplus (b \odot a_2)$$

则称乘法$\odot$对加法$\oplus$满足左分配律(left distributive law)。

设集合 A 内有加法运算$\oplus$,从集合 $A \times B$ 到集合 A 有乘法运算$\odot$。若对于 $\forall a_1, a_2 \in A, \forall b \in B$,总有

$$(a_1 \oplus a_2) \odot b = (a_1 \odot b) \oplus (a_2 \odot b)$$

则称乘法$\odot$对加法$\oplus$满足右分配律(right distributive law)。

在以上左、右分配律的定义中,集合 A 和集合 B 可以相同。但即便 $A=B$,我们不能想当然地认为左、右分配律一定同时满足与否。

设集合 A 内有加法运算$\oplus$和乘法运算$\odot$。若乘法$\odot$对加法$\oplus$满足左、右两个分配律,则称乘法对加法满足分配律(distributive law)。

设集合 A 内有加法运算$\oplus$,从集合 $B \times A$ 到集合 A 有乘法运算$\odot$。若加

法$\oplus$满足结合律，乘法$\odot$对加法$\oplus$满足左分配律，则$\forall a_1,a_2,\cdots,a_n\in A$，$\forall b\in B$，总有

$$b\odot(a_1\oplus a_2\oplus\cdots\oplus a_n)=(b\odot a_1)\oplus(b\odot a_2)\oplus\cdots\oplus(b\odot a_n)$$

我们称乘法$\odot$对加法$\oplus$满足广义左分配律。

设集合 A 内有加法运算$\oplus$，从集合 $A\times B$ 到集合 A 有乘法运算$\odot$。若加法$\oplus$满足结合律，乘法$\odot$对加法$\oplus$满足左分配律，则$\forall a_1,a_2,\cdots,a_n\in A$，$\forall b\in B$，总有

$$(a_1\oplus a_2\oplus\cdots\oplus a_n)\odot b=(a_1\odot b)\oplus(a_2\odot b)\oplus\cdots\oplus(a_n\odot b)$$

我们称乘法$\odot$对加法$\oplus$满足广义右分配律。

应该指出，由左分配律不能直接导出广义左分配律，由右分配律不能直接导出广义右分配律，必须借助加法的结合律方可。广义左分配律是加法结合律和左分配律共同作用的结果，广义右分配律是加法结合律和右分配律共同作用的结果。

在分配律中，加法和乘法的地位是明显不同的，只有乘法可以做到“雨露均沾”，体现了乘法运算的优先地位。

1.1.4　同态与同构

通过建立映射，可以让不同集合的元素之间建立联系。通过引入代数运算，可以刻画集合的内部结构。人们发现，仅仅建立不同集合元素之间的联系还不够细腻，还需要比较不同集合的内部结构。为此，可以将集合之间的映射和集合各自的运算结合起来，引入同态与同构的概念。

[定义 2]　设集合 A 内有代数运算$\circ$，集合$\bar{A}$内有代数运算$\bar{\circ}$，且 ϕ 为从 A 到$\bar{A}$的映射。$\forall a,b\in A$，若在 ϕ 的作用之下

$$a\mapsto\bar{a},b\mapsto\bar{b}$$

总有

$$a\circ b\mapsto\bar{a}\,\bar{\circ}\,\bar{b}$$

则称 ϕ 为从代数系统 A 到代数系统$\bar{A}$的一个同态映射(homomorphic mapping)，简称同态(homomorphism)。同态单射简称单同态，同态满射简称满同态。

若从代数系统 A 到代数系统$\bar{A}$存在一个满同态，则称 A 与$\bar{A}$同态，记作 $A\sim\bar{A}$。

从代数系统 A 到自身的同态映射称为 A 的自同态映射，简称自同态(endomorphism)。

代数系统之间的同态映射具有保持运算的特性。找到一个同态映射，就相当于找到了代数系统之间的某种相似性。

进一步的观测表明，同态映射不仅能保持运算，还能保持运算的结合律、交换律和分配律。

设集合 A 内有代数运算$\circ$，集合$\bar{A}$内有代数运算$\bar{\circ}$，且 $A\sim\bar{A}$，则：

(1)若$\circ$满足结合律，$\bar{\circ}$也满足结合律。

(2)若$\circ$满足交换律，$\bar{\circ}$也满足交换律。

设集合 A 内有代数运算$\oplus$和$\odot$，集合$\bar{A}$内有代数运算$\bar{\oplus}$和$\bar{\odot}$。ϕ 为一个从 A 到$\bar{A}$的满射，且对$\oplus$和$\bar{\oplus}$以及$\odot$和$\bar{\odot}$同态。若$\odot$对$\oplus$满足左(右)分配律，则$\bar{\odot}$对$\bar{\oplus}$也满足左(右)分配律。

通过同态映射，可以将一个代数系统中的优良性质移植到另一个代数系统中，有举一反三的功效，这对于我们认识更多复杂的事物相当有利。

设集合 A 内有代数运算$\circ$，集合$\bar{A}$内有代数运算$\bar{\circ}$，且 ϕ 为从 A 到$\bar{A}$的同态一一映射，即 ϕ 既为单同态又为满同态，则称 ϕ 为从 A 到$\bar{A}$的一个同构映射(isomorphic mapping)，简称同构(isomorphism)。

若从集合 A 到集合$\bar{A}$存在一个同构映射，则称 A 与$\bar{A}$同构，记作 $A\cong\bar{A}$。

从代数系统 A 到自身的同构映射，称为 A 的自同构映射，简称自同构(automorphism)。

若代数系统 A 与$\bar{A}$同构，我们可以在某种程度上将 A 与$\bar{A}$视为同一个代数系统，在有些情况下可以通过研究 A 内的运算解决$\bar{A}$内的问题。人们在科学和工程中常用各种变换来简化分析过程，比如在电子和通信技术中常用傅立叶变换(Fourier transform)和拉普拉斯变换(Laplace transform)，就是利用了同构原理。

应该注意，我们讲到同态与同构都是对代数系统而言的，和代数运算密切相关。对于没有定义代数运算的普通集合，是没有同态与同构的概念的。

1.1.5 等价关系与分类

尽管生活在同一个地球上，人与人之间也有亲近和疏远之分，有些人具有某些共性，有共同语言。物以类聚，人以群分。在同一个集合中，不同的元素也可以按照某些共性聚团，这就是所谓的分类。

[定义 3]　集合 $A \times A$ 的一个子集 R 称为集合 A 的元素之间的一个关系(relation)，有时候也说成是集合 A 的一个关系。对于 $a, b \in A$，若 $(a,b) \in R$，则称 a 和 b 满足关系 R，记作 aRb；若 $(a,b) \notin R$，则称 a 和 b 不满足关系 R，记作 $a\bar{R}b$。

在我们的认识中，关系好像是一种很抽象的事物。在数学上，关系很具体，它在本质上是一种集合。

在所有的关系中，有一种特殊的关系，叫作等价关系。

[定义 4]　若集合 A 的一个关系 R 满足以下条件：

(1) 自反性(reflexivity)，即对于 $a \in A$，总有 aRa。

(2) 对称性(symmetry)，即若 aRb，总有 bRa。

(3) 传递性(transitivity)，即若 aRb，bRc，总有 aRc。

则称 R 是集合 A 的一个等价关系(equivalence relation)。

条件(1)，(2)，(3)合称为等价关系公理，这三个条件看起来很普通很常见，但实际上蕴含着自然界很多的奥秘。

若元素 a 和 b 满足一个等价关系，则称 a 与 b 等价，通常记作 $a \sim b$。a 与 b 等价，往往表示 a 与 b 在某些情况下具有相同的作用，我们在这些情况下可以将 a 和 b 看作同一个事物。在封建时代，钦差大臣拿着尚方宝剑可以先斩后奏便于行事，看到尚方宝剑如同见到皇帝。在钦差办事的过程中，尚方宝剑和皇帝是等价的。应该指出，等价只是某种情况下两个事物具有相同的作用，并不表示这两个事物完全相同。

兄弟关系可以看作等价关系，但朋友关系就显然不是等价关系。兄弟关系可以传递，朋友关系通常不可传递。兄弟的兄弟一定是兄弟，朋友的朋友未必是朋友。应该指出，这里的兄弟关系是从血缘上讲的，那种结拜兄弟不在考虑的范围之内。这是否在暗示血缘关系比友情关系更为稳固呢？但是，如果朋友关系建立在同样的世界观和价值观的基础上，这种特殊的朋友关系可能有一定的传递性，在一定程度上可能成为等价关系，而且会实现一定程度上的分类。

若将集合 A 分成若干个互不相交的子集 $A_1, A_2, \cdots, A_n$，即

$$A = \bigcup_{k=1}^{n} A_k$$

且有

$$A_j \cap A_k = \varnothing, (1 \leqslant j, k \leqslant n, j \neq k)$$

则称每个这样的子集 $A_k(1\leqslant k\leqslant n)$ 为 A 的一个类(class)。类的全体 $\{A_1, A_2,\cdots,A_n\}$ 称为 A 的一个分类(classification)。

很显然,一个类是一个子集,一个分类是一个子集族。分类对子集族是有要求的,不能漏掉任何一个元素,但也不能让任何一个元素重复。

在分类的时候,任何一个元素都要表明立场,必须选择一个而且只能选择一个分类,中立是不允许的。

分类必须是明确的,模糊不清不能叫作分类。比如,将人分为好人和坏人,表面上看起来是可以的,实际上不严谨。人是复杂的,也是多方面的,不能将一个人简单地判定为好人或者是坏人,除非给出具体的标准。

若定义了集合 A 的一个分类 $\{A_1,A_2,\cdots,A_n\}$,一个类中任何一个元素称为这个类的一个代表元素(representative element),简称代表(representative)。刚好由每个类的一个代表组成的集合称为一个全体代表团。

全体代表团是集合 A 的一个子集,要求覆盖到集合 A 的所有类,但不能有两个元素来自同一个类。在全体代表团中,每一个类必须出一个代表,而且只能出一个代表。

集合的分类和等价关系有着直接简单的联系。集合的一个等价关系决定一个分类,集合的一个分类也决定一个等价关系。换言之,只要找到了一个等价关系,也就找到了一个分类方法,反之亦然。

1.2 群

在代数系统中,如果元素和代数运算满足一些约束条件,则有望得到一些更为规则的代数系统。这些代数系统与自然界中的一些物质和现象有着密切的联系,因而有着广泛的应用。也正是因为如此,人们在不断地挖掘这些代数系统的内部结构。

1.2.1 群的基本概念

[定义 5] 设非空集合 G 中有乘法运算,且满足以下条件:

(1)结合律,即 $\forall a,b,c\in G,(ab)c=a(bc)$;

(2)存在单位元(identity element),即 $\exists e\in G$ 使得 $\forall a\in G$ 满足 $ea=ae=a$;

(3)任意元素有逆元(inverse element)，即 $\forall a \in G$，$\exists a^{-1} \in G$ 使得 $a^{-1}a = aa^{-1} = e$。

则称集合 G 对乘法运算作成一个群(group)，记作群$(G, \cdot)$。在不会混淆的情况下，直接称为群 G。如果非空集合 G 满足条件(1)，则称 G 对乘法运算作成半群(semigroup)。如果非空集合 G 满足条件(1)和(2)，则称 G 对乘法运算作成幺半群(monoid)。幺半群就是具有单位元的半群。

条件(1)，(2)，(3)合称为群公理。有趣的是，条件(1)，(2)，(3)相互作用，存在信息冗余。事实上，在条件(1)成立的前提下，可以将条件(2)，(3)简化为：

(2)′ 存在左单位元，即 $\exists e \in G$ 使得 $\forall a \in G$ 满足 $ea = a$。

(3)′ 任意元素有左逆元，即 $\forall a \in G$，$\exists a^{-1} \in G$ 使得 $a^{-1}a = e$。

或

(2)″ 存在右单位元，即 $\exists e \in G$ 使得 $\forall a \in G$ 满足 $ae = a$。

(3)″ 任意元素有右逆元，即 $\forall a \in G$，$\exists a^{-1} \in G$ 使得 $aa^{-1} = e$。

这种简化为有关群的证明提供了便利。应该注意，条件(1)，(2)′，(3)″或(1)，(2)″，(3)′不能成为群的定义。

设 G 为一个群，则 $\forall a, b \in G$，关于 x 的方程 $ax = b$ 和关于 y 的方程 $ya = b$ 都在 G 内有唯一的解。

如果群 G 中的乘法运算满足交换律，即 $\forall a, b \in G$，满足

$$ab = ba$$

则称群 G 为交换群或阿贝尔(Abel)群。

在群 G 中，我们可以定义除法，由左乘和右乘分别引申出左除和右除。对于 $\forall a, b \in G$，定义 b 左除 a 为

$$b \backslash a = b^{-1}a$$

定义 b 右除 a 为

$$a / b = ab^{-1}$$

若 G 为交换群，则左乘和右乘一样，左除和右除也是一样的。

单位元是群的特殊元素，往往具有重要的意义。群的单位元是唯一的，群中每个元素的逆元也是唯一的。

只含有限个元素的群称为有限群，否则称为无限群。有限群 G 中所含元素的个数 n 称为群 G 的阶，记作 $|G| = n$。无限群的阶记为 ∞。

［例 1］ 整数集合、有理数集合、实数集合和复数集合都对普通加法作成群，分别为整数加法群($\mathbf{Z}$，+)、有理数加法群($\mathbf{Q}$，+)、实数加法群($\mathbf{R}$，+)和复数加法群($\mathbf{C}$，+)。

非零有理数集合、非零实数集合、非零复数集合、正有理数集合和正实数集合都对普通乘法作成群，分别为非零有理数乘法群($\mathbf{Q}^*$，×)、非零实数乘法群($\mathbf{R}^*$，×)、非零复数乘法群($\mathbf{C}^*$，×)、正有理数乘法群($\mathbf{Q}^+$，×)和正实数乘法群($\mathbf{R}^+$，×)。

以上这些数集作成的群都是交换群。应该指出，这些数集对数的减法和除法不能作成群，这体现了加法和乘法的某种优越性。所以，很多时候我们将减法和除法看作两种处于从属地位的运算，它们只是加法和乘法的补充。

［例 2］ 设 n 为正整数，1 的 n 次方根集$\left\{e^{\frac{2k\pi}{n}} \middle| k=0,\cdots,n-1\right\}$对普通乘法作成交换群，称为 n 次单位根乘群。

［例 3］ 在集合 $G=\{1,i,j,k,-1,-i,-j,-k\}$中定义乘法运算如下：

	1	i	j	k
1	1	i	j	k
i	i	-1	k	$-j$
j	j	$-k$	-1	i
k	k	j	$-i$	-1

G 对乘法运算作成一个群，这是一个 8 阶非交换群，通常称为四元数群(quaternion group)。

［例 4］ 设 n 为正整数。在整数集 $\mathbf{Z}$ 的模 n 剩余类集 $\mathbf{Z}_n$ 中，定义加法

$$[a]+[b]=[a+b],a,b\in\mathbf{Z}$$

整数集 $\mathbf{Z}$ 的模 n 剩余类集 $\mathbf{Z}_n$ 对上述加法作成群，称为整数的模 n 剩余类群。与 n 互素的剩余类集对乘法作成群。

［例 5］ 数域 K 上 $m\times n$ 阶矩阵的全体 $M_{m\times n}(K)$对矩阵加法作成交换群。

数域 K 上 n 阶可逆矩阵的全体对矩阵乘法作成群，称为 K 上的 n 阶一般线性群，记作 $GL_n(K)$。

数域 K 上行列式为 1 的 n 阶可逆矩阵的全体对矩阵乘法作成群，称为 K 上的 n 阶特殊线性群，记作 $SL_n(K)$。

n 阶实正交矩阵的全体对矩阵乘法作成群，称为 n 阶正交群，记作 $O_n(\mathbf{R})$。

n 阶酉矩阵的全体对矩阵乘法作成群，称为 n 阶酉群，记作 $U_n(\mathbf{C})$。

1.2.2 群中元素的阶

在群中，可以根据乘法定义正整数次乘方。

设 G 是一个群，对于 $n\in\mathbf{Z}^+$，$\forall a\in G$，定义 a 的 n 次方如下：

$$a^n = \underbrace{aa\cdots a}_{n\text{个}}$$

再规定：

$$a^0 = e$$
$$a^{-n} = (a^{-1})^n$$

这样，就补齐了群中元素任意整数次方的定义。所谓的规定，往往是一种不太直观的定义。这种定义通常有利于逻辑推理，而且不会与原有的体系产生矛盾。

由于群中的乘法满足结合律，对于 $\forall m,n\in\mathbf{Z}$，$\forall a\in G$，容易得到：

$$a^m a^n = a^{m+n}, (a^m)^n = a^{mn}$$

这些结果和我们非零复数整数次方的情况类似。

对有限群来说，同一个元素的不同整数次方一定会出现重复。也就是说，若 G 为有限群，对于 $\forall a\in G$，一定存在 $k,l\in\mathbf{Z}$ 且 $k<l$ 使得 $a^k=a^l$，即 $a^{l-k}=e$，而且总能找到最小的 $l-k$。换言之，总能找到最小的正整数 $m=l-k$ 使得 $a^m=e$。对于同一个群 G 中的不同元素 a，这样的 m 值可能是不同的。这个 m 值是元素 a 的一种性质。

［定义6］ 设 G 是一个群，$a\in G$，能够使得 $a^m=e$ 成立的最小正整数 m 称为元素 a 的阶，记作 $o(a)$。若这样的 m 不存在，就说 a 是无限阶的。

很显然，有限群中每个元素的阶都有限。应该指出，无限群中元素的阶可能无限也可能有限，甚至可能每一个元素的阶都有限。

［例6］ 设 $U_k(k\in\mathbf{Z}^+)$ 为全体 k 次单位根对普通乘法作成的群，即 k 次单位根群。令

$$U = \bigcup_{k=1}^{\infty} U_k$$

对于 $\forall a_m\in U_m, a_n\in U_n$ 总有

$$a_m^m = 1, a_n^n = 1$$

从而有

$$(a_m a_n)^{mn} = 1$$

即

$$a_m a_n \in U_{mn}$$

换言之,一个 m 次单位根和一个 n 次单位根的乘积结果必为一个 mn 次单位根。U 对普通乘法作成一个群,称为全体单位根乘群。这是一个无限交换群,且群中每个元素的阶都是有限的。

若群 G 中每个元素的阶都有限,则称 G 为周期群(periodic group);若群 G 中除单位元 e 以外,其他元素的阶均无限,则称 G 为无扭群(torsion free group);群 G 既不是周期群也不是无扭群,则称 G 为混合群(mixed group)。

显然,有限群都是周期群,全体单位根乘群是一个无限周期群。正有理数乘群是一个无扭群。非零有理数乘群是一个混合群。

群 G 中任何元素与逆元有相同的阶,即

$$o(a) = o(a^{-1}), \forall a \in G$$

设群 G 中元素 a 的阶为 n,$a^m=e$,则 m 为 n 的整数倍,即

$$o(a) = n, a^m = e \Rightarrow n \mid m$$

由群 G 中元素 a 的阶可以得出元素 $a^k k \in \mathbf{Z}$ 的阶:

$$o(a) = n \Rightarrow o(a^k) = \frac{n}{\gcd(k,n)}$$

其中,$\gcd(k,n)$表示整数 k 和 n 的最大公因数。

若在群 G 中 $o(a)=st$ $(s,t\in \mathbf{Z}^+)$,则 $o(a^s)=t$。

若在群 G 中 $o(a)=n$ 且 $\gcd(k,n)=1$,则 $o(a^k)=n$。

若在群 G 中 $o(a)=m$,$o(b)=n$,则当 $ab=ba$ 且 $\gcd(m,n)=1$ 时,$o(ab)=mn$。

对于交换群来说,元素的阶分布得更有规律。

若 G 为交换群,且 G 中所有元素最大的阶为 m,则 G 中每个元素的阶都是 m 的因数。换言之,群 G 中每个元素均满足方程 $x^m=e$。

1.2.3 子群

[定义 7] 设 H 为群 G 的非空子集,如果 H 在 G 的运算之下也作成群,则称 H 为 G 的子群(subgroup),记作 $H\leqslant G$。特别地,如果集合 H 为集合 G

的非空真子集，则称 H 为 G 的真子群，记作 $H<G$。

一个群 G 至少有两个子群，即 $\{e\}$ 和 G 本身，这两个子群称为 G 的平凡子群(trivial subgroup)。除了这两个平凡子群以外的其他子群称为非平凡子群(nontrivial sub-group)。

[例 7]　全体偶数 $2\mathbf{Z}$ 就是整数加群的一个非平凡的真子群。

[例 8]　$SL_n(K)<GL_n(K)$，$O_n(\mathbf{R})<U_n(\mathbf{C})$。

群 G 的子群可以看作 G 的一个缩影，难免会保留群 G 的一些性质。

设 G 是群，$H\leqslant G$，则子群 H 的单位元就是群 G 的单位元，H 中元素 a 在 H 中的逆元就是 a 在 G 中的逆元。

可见，从群到子群，单位元必须搬过去，元素和逆元必须成对地搬过去。

如何判定一个群 G 的子集 H 作成子群呢？最直接的办法就是在子集 H 中逐条验证三条群公理。不过，考虑到 G 的群结构，可以对此过程做一些简化。乘法结合律是不用验证的，但乘法的封闭性还是要验证的，单位元和逆元的验证可以集成在一起。

若 G 为一个群，$H\subset G$，则 $H\leqslant G$ 的充分必要条件为：

(1) $\forall a,b\in H, ab\in H$；

(2) $\forall a\in H, a^{-1}\in H$。

事实上，以上充分必要条件还能进一步简化，可以将封闭性、单位元和逆元的验证集成在一起。

若 G 为一个群，$H\subset G$，则 $H\leqslant G$ 的充分必要条件为

$$\forall a,b\in H, ab^{-1}\in H$$

有趣的是，要验证有限子集为子群，只需验证运算的封闭性就足够了。

若 G 为一个群，$H\subset G$ 且 H 为有限集，则 $H\leqslant G$ 的充分必要条件为

$$\forall a,b\in H, ab\in H$$

[定义 8]　设 G 为一个群，若 G 中的元素 a 与 G 中的每个元素都可交换，即

$$ab=ba, \forall b\in G$$

则称 a 为 G 的一个中心元素(central element)。

很显然，群 G 的单位元 e 总是群 G 的中心元素。若群 G 只有 e 这一个中心元素，称 G 为无中心群。交换群的每个元素都是中心元素。

群 G 的全体中心元素组成的集合 $C(G)$ 作成 G 的一个交换子群，称为群

G 的中心子群(central subgroup),简称为中心(center)。

显然,群 G 为交换群,当且仅当 $C(G)=G$。

群 G 的中心子群 $C(G)$ 是群 G 的可交换部分,$C(G)$ 中所占群 G 的元素比例可视为群 G 的可交换程度。

求群的中心子群,也就是在已知群的基础上构造出一个最大的交换子群。

设 A,B 是群 G 的任意两个非空子集,规定:

$$AB = \{ab \mid a \in A, b \in B\}$$

$$A^{-1} = \{a^{-1} \mid a \in A\}$$

称 AB 为 A 与 B 的乘积,A^{-1} 为 A 的逆。

应该指出,这里定义的集合乘积与集合的直积不是一回事。

设 A,B,C 是群 G 的任意三个非空子集,则有

(1)$(AB)C=A(BC)$;

(2)$A(B\cup C)=AB\cup AC$,$(B\cup C)A=BA\cup CA$;

(3)$(AB)^{-1}=B^{-1}A^{-1}$;

(4)$(A^{-1})^{-1}=A$。

运用群的子集乘积和逆的形式也可以得出子群判定的表达。

若 G 为一个群,$H\subset G$,则 $H\leqslant G$ 的充分必要条件为

$$HH = H \text{ 且 } H^{-1} = H$$

若 G 为一个群,$H\subset G$,则 $H\leqslant G$ 的充分必要条件为

$$HH^{-1} = H$$

若 G 为一个群,$H\subset G$ 且 H 为有限集,则 $H\leqslant G$ 的充分必要条件为

$$HH = H$$

通常,若 $HH=H$,称 H 对乘积运算具有幂等性(idempotence)。

定义了子集的乘积和逆以后,我们难免提出一个疑问:两个子群的乘积是否还是子群呢?这个问题马上得到解答。

设 G 是一个群,有

$$H \leqslant G, K \leqslant G$$

则有

$$HK \leqslant G \Leftrightarrow HK = KH$$

换言之,两个子群的乘积仍为子群的充分必要条件是这两个子群的乘积

可交换。

应该指出，H 和 K 的乘积可交换并不表示 H 中的元素和 K 中的元素相乘时可以交换。也就是说，宏观上可交换不等于微观上可交换，微观上不可交换有可能使得宏观上可交换。

显然，交换群的任意两个子群的乘积可交换。因此，交换群的任意两个子群的乘积仍为子群。

1.2.4　群同态与群同构

在有些情况下，群与群之间有着紧密的联系。甚至有些看起来完全不一样的群在本质上是一样的。观察群与群之间的映射是探测群与群之间联系的重要手段。为了深入了解群与群之间的联系，人们对群与群之间的映射产生了浓厚的兴趣。

设代数系统 G 与 $\bar{G}$ 都定义了各自的乘法运算，且 G 与 $\bar{G}$ 对乘法同态。若 G 对乘法作成群，则 $\bar{G}$ 也对它的乘法也作成群。

代数系统的同态不仅可以保持运算，还可以保持群结构。由此，我们可以引入群同态与群同构的概念。

［定义 9］　设 G 与 $\bar{G}$ 是两个群，如果存在从 G 到 $\bar{G}$ 的映射 $\phi:G\to\bar{G}$ 满足：

$$\phi(ab)=\phi(a)\varphi(b)\quad(\forall\, a,b\in G)$$

则称 ϕ 为从 G 到 $\bar{G}$ 的一个同态映射，简称同态。如果 ϕ 为单射，则称为单同态；如果 ϕ 为满射，则称 ϕ 为满同态。若 ϕ 为满同态，我们也称群 G 与 $\bar{G}$ 同态，记作 $G\sim\bar{G}$。若 ϕ 既为单同态又为满同态，则称 ϕ 为同构；同时，我们称群 G 与 $\bar{G}$ 同构，记作 $G\cong\bar{G}$。

群 G 到自身的同态和同构具有重要意义，我们分别称之为群 G 的自同态和自同构。

群 G 的全体自同态组成的集合记作 $\mathrm{End}(G)$，群 G 的全体自同构组成的集合记作 $\mathrm{Aut}(G)$。$\mathrm{End}(G)$ 对映射的乘法作成一个幺半群，而 $\mathrm{Aut}(G)$ 对映射的乘法作成一个群，称为群 G 的自同构群。

从代数结构来说，互相同构的群可以看作同一个群。换言之，对一些彼此同构的群，我们只要研究一个就可以了，哪一个便于研究就研究哪一个。

设 ϕ 是从群 G 到群 $\bar{G}$ 的一个同态映射，则 ϕ 将 G 中的单位元 e 映成 $\bar{G}$ 中

的单位元$\bar{e}$。若 ϕ 将G 中的元素 a 映成$\bar{a}$,则 ϕ 将G 中元素a 的逆元a^{-1}映成$\bar{G}$中元素$\bar{a}$的逆元$\bar{a}^{-1}$。可见,同态映射可以保持单位元和逆元。

有趣的是,同态映射还可以保持子群关系,而且可以诱导出子群之间的同态映射。

设 ϕ 是从群G 到群$\bar{G}$的一个同态映射,则:

(1)若 $H\leqslant G$,有 $\phi(H)\leqslant\bar{G}$,且 $H\sim\phi(H)$;

(2)若$\bar{H}\leqslant\bar{G}$,有 $\phi^{-1}(\bar{H})\leqslant G$,且在 ϕ 之下诱导出一个从 $\phi^{-1}(\bar{H})$到$\bar{H}$的同态映射。

直观地看,要想验证一个同态映射是单同态,必须排除所有"多对一"的情况。

这看起来相当麻烦。事实上,这个问题有捷径可走。我们只要排除其他元素被映成单位元的可能性就行了。

从群G 到群$\bar{G}$的同态映射 ϕ 是单射的充分必要条件是:群$\bar{G}$中的单位元$\bar{e}$的像原只有群G 中的单位元e。

换言之,在群同态的前提下,只要保证了单位元是"一对一",就能保证所有的元素都是"一对一"。这反映了同态映射严密的组织纪律性,只要单位元以身作则,其他元素就不会三心二意。这为我们判定单同态提供了轻松加愉快的办法。

1.2.5 循环群

随便从一个群G 中任意取出一个非空子集S,我们无法保证S 作成一个子群。但是,我们可以考虑以S 为基础构造出一个子群。

利用S 中这些元素进行乘积和求逆元运算,得到一个集合H。H 作成G 的子群,称 H 为由S 生成的子群,记作 $H=\langle S\rangle$。S 称为$\langle S\rangle$的生成系。$\langle S\rangle$是群G 中包含S 的最小子群。不同的生成系有可能生成同样的子群。事实上,一个子群可能有很多个生成系,甚至多达无限多个生成系。

若子集S 本身就是一个子群,则$\langle S\rangle=S$。如果子集S 中只有一个元素a,也可以简记为$\langle S\rangle=\langle a\rangle$。这种由一个元素生成的群具有一定的特殊性,有必要单独讨论。

［**定义 10**］ 由一个元素 a 生成的群G 称为循环群(cyclic group),称 a 为G 的一个生成元。

可以认为，$\langle a\rangle$是由所有形如$a^k(k\in\mathbf{Z})$的元素作成的群，即

$$\langle a\rangle=\{\cdots,a^{-2},a^{-1},a^0,a^1,a^2,\cdots\}$$

应该指出，循环群可由一个元素生成，并不表示生成元是唯一的。显然，循环群必为交换群。循环群可以是无限群，也可以是有限群。

［例9］ 整数加群$\mathbf{Z}$是一个无限循环群。可以认为整数加群是由整数1生成的，即$\mathbf{Z}=\langle 1\rangle$。

［例10］ n次单位根乘群U_n是n阶循环群。能够单独生成n次单位根乘群的n次单位根称为n次单位本原根。设ε为一个n次单位本原根，则有

$$U_n=\langle\varepsilon\rangle=\{1,\varepsilon,\varepsilon^2,\cdots,\varepsilon^{n-1}\}$$

由于循环群可由一个元素生成，元素构成相对简单。

设循环群$G=\langle a\rangle$，则：

(1)若$o(a)=\infty$，则对于$\forall s,t\in\mathbf{Z}$且$s\neq t$，总有$a^s\neq a^t$，$\langle a\rangle$为无限群，且有

$$\langle a\rangle=\{\cdots,a^{-2},a^{-1},a^0,a^1,a^2,\cdots\}$$

(2)若$o(a)=n$，则$\langle a\rangle$为n阶群，且有

$$\langle a\rangle=\{a^0,a^1,a^2,\cdots,a^{n-2},a^{n-1}\}$$

一个n阶元素可以生成一个n阶循环群，一个n阶循环群是否一定有一个n阶元素呢？答案是肯定的。一个n阶循环群必然有n阶元素，而且一个有n阶元素的n阶群必为循环群。事实上，只有n阶元素才有生成n阶循环群的资格。可以看出，群的阶和元素的阶存在一定的联系。

n阶群G为循环群$\Leftrightarrow G$有n阶元素。

一个循环群到底有多少个生成元呢？这也是有讲究的。

无限循环群$G=\langle a\rangle$有两个生成元，即a和a^{-1}；n阶循环群有$\varphi(n)$个生成元，这里$\varphi(n)$为欧拉函数。$\varphi(n)$的值为不超过n且与n互素的正整数的个数。

循环群具有很好的共性，可以和我们常见的群建立联系，有利于问题的简化。

设循环群$G=\langle a\rangle$，则

(1)若$o(a)=\infty$，则$\langle a\rangle$与整数加群$\mathbf{Z}$同构；

(2)若$o(a)=n$，则$\langle a\rangle$与n次单位根乘群U_n同构。

从同构的意义上来看，循环群只有两种。无限循环群只有整数加群，有

限循环群只有 n 次单位根乘群。

有关循环群的子群性质、结构和个数，也是值得探讨的。

循环群的子群仍为循环群。

无限循环群有无限多个子群；若 $\langle a\rangle$ 为 n 阶循环群，对于 n 的每个正因数 k，$\langle a\rangle$ 有且仅有一个 k 阶子群，即 $\langle a^{\frac{n}{k}}\rangle$。

n 阶循环群一共有多少个子群呢？这主要取决有 n 有多少个正因数。

设 $n\in\mathbf{Z}$ 且 $n>1$，则 n 的标准素因数分解式为

$$n=p_1^{k_1}p_2^{k_2}\cdots p_m^{k_m}$$

其中，$p_1,p_2,\cdots,p_m$ 为互不相等的正素数。可以得到，n 共有 $T(n)=(k_1+1)(k_2+1)\cdots(k_m+1)$ 个正因素。

n 阶循环群有且仅有 $T(n)$ 个子群。

1.2.6 变换群

群具有高度的抽象性，也正因为如此，群论才具有足够的普适性。群内的元素和运算都有很大的自由度，只要满足群的定义即可。

比如，在集合 $\mathbf{R}\backslash\{-1\}$ 内定义运算 $\circ$：

$$(a,b)\mapsto a+b+ab$$

容易验证，集合 $\mathbf{R}\backslash\{-1\}$ 对运算 $\circ$ 作成交换群。

群内的元素可以是数，可以是矩阵，也可以是集合，甚至可以是变换。有些群具有很好的性质，但如果不能表达出来也如同锦衣夜行。有些群的内功是可以通过变换使出来的。理论上，任何群都可以诱导出一个变换群。如此一来，对变换群的研究具有理论意义和实践价值。

［定义 11］ 设 M 是一个非空集合，从 M 到自身的一个映射称为 M 的一个变换。由 M 的若干个变换关于变换的乘法作成的群称为 M 的一个变换群(transformation group)。由 M 的若干个一一变换关于变换的乘法作成的群称为 M 的一个一一变换群。由 M 的若干个非一一变换关于变换的乘法作成的群称为 M 的一个非一一变换群。

显然，由 M 的全体一一变换构成的集合 $S(M)$ 关于变换的乘法作成一个群，称为 M 上的对称群(symmetry group)。在一一变换之下，集合 M 保持不变，这正是此处对称的含义。若 $|M|=n$，则 M 上的对称群称为 n 次对称群，记作 S_n。n 次对称群 S_n 是一个有限群，且 $|S_n|=n!$。

设 G 是集合 M 的一个变换群，则 G 要么是 M 的一一变换群，要么是 M 的非一一变换群。

也就是说，在集合 M 的任一变换群中，不能同时含有一一变换和非一一变换。在作成群的时候，一一变换和非一一变换必须选边站队，鱼和熊掌不可兼得。

[例 11]　设 T 为 n 维欧几里得空间(Euclidean space)的一个子集(图形)，则将 T 映成自身的正交变换的全体对变换的乘法(复合)作成群，称为图形 T 的对称群，记作 $\mathrm{Sym}(T)$。

[**Cayley** 定理(A. Cayley)]　任何群都和一个变换群同构。

Cayley 定理意味着任何一个抽象群都可以具体化，这对于我们由浅入深地认识群是有帮助的。从同构的意义上来说，任何一个群都是一个变换群。如果把所有的变换群都弄明白了，也就相当于把所有的群都弄明白了。如是观之，对变换群的研究是非常诱人的。

n 次对称群 S_n 的任意一个子群称为一个 n 次置换群(permutation group)。n 次对称群 S_n 是最大的一个 n 次置换群。n 次置换群作用于一个集合 M 上，相当于将 M 中一些元素换位置，故有置换之名。

任何 n 阶有限群都与一个 n 次置换群同构。从同构的意义上来说，n 阶有限群就是一个 n 次置换群。我们可以认为，只要把 n 次对称群 S_n 及 n 次置换群研究明白了，也就把 n 阶有限群研究明白了。

有限集合的一个一一变换称为一个置换(permutation)。一个有限集合的若干个置换作成的一个群称为一个置换群。

置换群是变换群的一种特殊类型。事实上，群论的研究最早就是从置换群的研究开始的。利用置换群理论，Galois 成功地解决了代数方程是否有根式解的问题。Galois 在代数方程领域的工作，后来发展为代数学中一个相对独立的部分，称之为 Galois 理论。置换群是一类重要的非交换群。

为了跟踪有限集的置换，可以对集合中的每个元素进行编号。如此一来，对元素的置换就可以简化为对数码的置换。

如果一个置换 σ 把数码 i_1 变成 i_2，i_2 变成 i_3，…，i_{k-1} 变成 i_k，又把 i_k 变成 i_1，但别的数码都不变，则称 σ 为一个 k-循环置换(cyclic permutation)，简称为 k-轮换(cycle)或轮换，可以记作

$$\sigma = (i_1 i_2 \cdots i_k) = (i_2 i_3 \cdots i_k i_1) = \cdots = (i_k i_1 \cdots i_{k-1})$$

例如：

$$\begin{pmatrix}1 & 2 & 3\\3 & 1 & 2\end{pmatrix}=(132)=(321)=(213)$$

1-轮换称为恒等置换(identity permutation)，记作

$$(1)=(2)=\cdots=(n)$$

2-轮换又称为对换(transposition)。无公共数码的轮换称为不相连轮换(disjoint cycle)。

不相连循环相乘时可以交换。

每个置换都可以分解为不相连轮换之积；每个轮换都可以分解为对换之积。归根到底，每个置换都可以分解为一个一个的对换。也就是说，对换是置换的最小组成部分。

具体来说，对于任何一个置换，都可以将构成一个轮换的所有数码按一定的顺序逐个放在前面，将不变的数码放在最后面。比如：

$$\sigma=\begin{pmatrix}1 & 2 & 3 & 4 & 5 & 6\\3 & 5 & 6 & 4 & 2 & 1\end{pmatrix}=\begin{pmatrix}1 & 3 & 6 & 2 & 5 & 4\\3 & 6 & 1 & 5 & 2 & 4\end{pmatrix}=(136)(25)$$

一般来讲，对于任意置换 σ，有

$$\sigma=\begin{pmatrix}i_1 & i_2 & \cdots & i_s & \cdots & j_1 & j_2 & \cdots & j_t & k_1 & \cdots & k_m\\i_2 & i_3 & \cdots & i_1 & \cdots & j_2 & j_3 & \cdots & j_1 & k_1 & \cdots & k_m\end{pmatrix}$$

$$n=(i_1 i_2\cdots i_s)\cdots(j_1 j_2\cdots j_t)$$

对任意一个轮换，总可以通过逐个移位的办法分解为对换的乘积，即

$$(i_1 i_2\cdots i_k)=(i_1 i_k)(i_1 i_{k-1})\cdots(i_1 i_3)(i_1 i_2)=(i_1 i_k)(i_2 i_k)\cdots(i_{k-2} i_k)(i_{k-1} i_k)$$

将一个置换表示成对换的乘积，方法不是唯一的。但是，同一个置换各种不同的对换分解中对换个数的奇偶性是相同的。

若一个置换能分解为奇数个对换的乘积，则称为奇置换(odd permutation)；若一个置换能分解为偶数个对换的乘积，则称为偶置换(even permutation)。

n 次置换 σ 为奇(偶)置换当且仅当 $\sigma(1)\sigma(2)\cdots\sigma(n)$ 是奇(偶)排列。

任何一个奇置换乘上一个对换以后变成一个偶置换，任何一个偶置换乘上一个对换以后变成一个奇置换。可以推测，$n!$ 个 n 次置换中，奇偶置换各占一半，均为 $n!/2$ 个，很是公平。

恒等置换是偶置换，任意两个偶置换之积仍为偶置换。很显然，n 次对称群 S_n 中全体偶置换作成 S_n 的一个 $n!/2$ 阶子群，称为 n 次交错群(alternating group)或交代群，记作 A_n。任意两个奇置换之积为偶置换，可见一个全由奇置换组成的集合不能作成群。

不难得出，任意一个 n 次置换群中的置换要么全为偶置换，要么奇、偶置换各占一半。

[例 12]　置换集合 $K_4=\{(1),(12)(34),(13)(24),(14)(23)\}$ 作成交错群 A_4 的一个交换子群，称为 Klein 四元群。

有限群中任意元素的阶是有限的。作为置换群的元素，置换的阶也是有限的。置换又可以分解为轮换，为此可以通过研究轮换的阶来了解置换的阶。关于轮换的阶，有如下结论。

k-轮换的阶为 k；不相连轮换乘积的阶为各因子阶的最小公倍数。

设有 n 次置换：

$$\tau=\begin{pmatrix}1 & 2 & \cdots & n\\ i_1 & i_2 & \cdots & i_n\end{pmatrix}$$

则对任意 n 次置换 σ，有

$$\sigma\tau\sigma^{-1}=\begin{pmatrix}\sigma(1) & \sigma(2) & \cdots & \sigma(n)\\ \sigma(i_1) & \sigma(i_2) & \cdots & \sigma(i_n)\end{pmatrix}$$

也就是说，若将 τ 写成轮换的乘积，将出现在 τ 中各轮换中的数码 i 换成 $\sigma(i)$，即得 $\sigma\tau\sigma^{-1}$。

一次对称群 S_1 和二次对称群 S_2 的中心都是它们自身，这两个对称群都是交换群。然而，当 $n\geqslant 3$ 时，S_n 的中心只含有恒等变换，即 $S_n(n\geqslant 3)$ 是一个无中心群。量变引起质变，数 $n=3$ 是一个分界线。

接下来将介绍在置换群理论中占重要地位的一种群，即传递群。

[定义 12]　设 G 是集合 $M=\{1,2,\cdots,n\}$ 上的一个置换群，若对 M 中任意两组 k 个互异数码 $i_1,i_2,\cdots,i_k$ 与 $j_1,j_2,\cdots,j_k(1\leqslant k\leqslant n)$，在 G 中都有置换 τ 使得

$$\tau(i_1)=j_1,\tau(i_2)=j_2,\cdots,\tau(i_k)=j_k$$

则称 G 为一个 k 重传递群(transitive group)或 k 重可迁群。

对于任意两个数码 i 和 j，在 G 中都有置换 τ 使得

$$\tau(i) = j$$

则 G 显然是一个 1 重传递群或 1 重可迁群，简称为传递群或可迁群。

对于 k 重传递群，要在群 G 中实现对集合 M 中 k 个元素的任意一一传递，这看起来并不容易。很显然，传递群的重数越高，要求越高。要求最低的是 1 重传递群。一个 k 重传递群($2 \leqslant k \leqslant n$)必然是一个($k-1$)重传递群，即

$$\{n \text{ 重传递群}\} \subset \{n-1 \text{ 重传递群}\} \subset \cdots \subset \{1 \text{ 重传递群}\}$$

这就好比说，一位同学通过一门课程较容易，通过两门课程难度加大，通过课程的门数越多难度越大。

前文给出了 k 重传递群的定义，下面给出判定方法。

集合 $M=\{1,2,\cdots,n\}$ 上的置换群 G 是 k($1 \leqslant k \leqslant n$)重传递群的充分必要条件是：对 M 中任意 k 个互异的数码 $j_1, j_2, \cdots, j_k$，存在 $\tau \in G$ 使得

$$\tau(1) = j_1, \tau(2) = j_2, \cdots, \tau(k) = j_k$$

按照这个判定方法，我们只要在 G 中找到一个置换可以将一组确定的数码 $1,2,\cdots,k$ 变换为任意一组互异数码 $j_1, j_2, \cdots, j_k$，就可以证明这个置换群为 k 重传递群。看起来有点怪异，其实也容易理解。对集合 M 中的元素可以任意进行编号，对任意 k 个元素可以编号为 $i_1, i_2, \cdots, i_k$，也可以编号为 $1, 2, \cdots, k$。事实上，将数码 $i_1, i_2, \cdots, i_k$ 换成任意 k 个固定的数码，这个判定方法仍然是可行的。

集合 $M=\{1,2,\cdots,n\}$ 上的置换群 G 是传递群的充分必要条件是：对于 M 中的任意数码 j，存在 $\tau \in G$ 使得

$$\tau(1) = j$$

当然，这里的数码 1 也可以换成任意固定的数码。

很显然，n 次对称群 S_n 是 n 重传递群。若 $n \geqslant 3$，则 n 次交错群 A_n 是($n-2$)重传递群。Klein 四元群 K_4 是传递群。

法国数学家 Mathieu 发现了四个 4 重传递群，分别为 11 次置换群 M_{11}，12 次置换群 M_{12}，23 次置换群 M_{23}，24 次置换群 M_{24}，统称为 Mathieu 群。在这四个 4 重传递群中，M_{12} 和 M_{24} 还是 5 重传递群。

人们已经证明，除了对称群 S_n 和交错群 A_n 以外，只有这四个 Mathieu 群是 4 重传递群，只有 M_{12} 和 M_{24} 是 5 重传递群，没有 6 重以上的传递群。

如此看来，传递群还算相对容易把握的。

1.2.7　陪集

陪集和指标是群论中的基本概念，它们和群的阶之间有着密切的联系。子群是群的缩影，为了探寻群与子群之间的联系，人们引入了陪集的概念。

［定义 13］　设 G 是一个群，$H \leqslant G$，$a \in G$，则称群 G 的子集 $aH = \{ax \mid x \in H\}$ 为群 G 关于子群 H 的一个左陪集(left coset)；称群 G 的子集 $Ha = \{xa \mid x \in H\}$ 为群 G 关于子群 H 的一个右陪集(right coset)。

左陪集和右陪集一般并不相等，在某些特殊情况下可以相等。比如，当 G 是交换群时，左陪集和右陪集一定相等。左、右陪集性质类似，我们可以先讨论左陪集。

左陪集有一些常用的重要性质：

(1)$a \in aH$。

性质(1)表明，陪集运算具有拉帮结伙的作用，陪伴哪个元素，哪个元素就要成为陪集的一员。站在元素 a 的角度，这就是获取陪伴付出的代价。

(2)$a \in H \Leftrightarrow aH = H$。

性质(2)表明，陪伴子群内部的元素，只能维持现状，没有放大集合的作用。这就好比要想将团队做大，必须从外面引进人才。对外开放是硬道理，闭关锁国难以发展。

(3)$b \in aH \Leftrightarrow aH = bH$。

性质(3)表明，陪集之中的任何元素具有完全平等的地位。这就好比团队中每个人都可以代表整个团队，具有同等的发言权，任何人都有平等的权利，任何人都没有特权。

(4)$aH = bH$，即 a 与 b 同在一个左陪集中$\Leftrightarrow a^{-1}b \in H$。

性质(4)表明，两个处于同一个陪集之中的元素要通过某种方式遵守子群 H 中的规矩。这就好比 a 和 b 同在 H 家中做客，a 和 b 必须在东道主 H 的斡旋之下达成妥协，正所谓强宾不压主。

(5)$aH \cap bH \neq \varnothing \Leftrightarrow aH = bH$。

性质(5)表明，两个陪集要么相等，要么无交，不存在部分重叠的情况。这就如同各个阵营界限分明，不可模棱两可。任何人必须选边站队，不能属于多个不同的阵营，也没有中立的可能。

对于群 G，给定子群 H，则 G 中任意元素都必须属于一个左陪集，而且只能属于一个左陪集。这就好比每个人必须有一个国籍而且只能有一个国籍。如此一来,每个元素都会找到自己的唯一归属左陪集。为此,子群在群 G 中的所有左陪集构成群 G 的一个分类。

若用 $a_1H, a_2H, a_3H, \cdots$ 表示子群 H 在群 G 中的所有不同的左陪集,则 $a_1H \cup a_2H \cup a_3H \cup \cdots$ 称为群 G 关于子群 H 的左陪集分解,称 $a_1, a_2, a_3, \cdots$ 为 G 关于子群 H 的一个左陪集代表系。

从某种意义上来说,群 G 可以看作是子群 H 及左陪集代表系 $a_1, a_2, a_3, \cdots$ 通过乘法共同生成的。

陪集是否能作成子群呢?子群 H 本身是 G 的一个左陪集,即 $H = eH$。但是,除了 H 本身之外,别的左陪集都没有单位元,当然不能作成子群。

右陪集具有与左陪集类似的性质,只是要将性质(4)改为(4)$'$ $Ha = Hb$,即 a 与 b 同在一个右陪集中$\Leftrightarrow ab^{-1} \in H$。

设 G 是一个群,$H \leqslant G$,令

$$L = \{aH \mid a \in G\}, R = \{Ha \mid a \in G\}$$

则在 L 与 R 之间可以建立一一映射。也就是说,左、右陪集的个数或者都无限,或者都有限且相等。

群 G 中关于子群 H 互异的左(右)陪集的个数,称为 H 在 G 中的指标(index),记作 $(G:H)$。

群 G 可能有多个子群,每个子群都能产生陪集,这些陪集会有什么关系呢?

设 H, K 是群 G 的两个子群。则群 G 关于 $H \cap K$ 的所有左陪集,就是关于 H 与 K 的左陪集的所有非空的交。

很显然,有

$$(G:H \cap K) \leqslant (G:H)(G:K)$$

子群的阶、指标和群的阶之间,有着重要的联系。

[**Lagrange 定理**(J. L. Lagrange)]设 G 为有限群,$H \leqslant G$,则有

$$|G| = |H|(G:H)$$

也就是说,有限群 G 的任何子群 H 的阶和指标,都是群 G 的阶的因数。

在 Lagrange 定理中取 $H = \langle a \rangle (a \in G)$,则有 $|H| = |\langle a \rangle| = o(a)$。应该注意到,有限群的任一元素 a 都可以生成一个循环子群 $\langle a \rangle$,从而马上可以得到有限群 G 中元素 a 的阶和群 G 的阶之间的联系。

有限群 G 的任意一个元素 a 的阶 $o(a)$ 整除群 G 的阶 $|G|$,即 $o(a) \mid |G|$,从

而 $a^{|G|}=e$。设 G 为有限群，$K\leqslant H\leqslant G$，则有

$$(G:K)=(G:H)(H:K)$$

这是 Lagrange 定理的一种推广。

两个群相乘，有望产生新的元素，从而将群放大。但是，两个群的公共元素会阻碍群的放大。设 H 和 K 是群 G 的两个有限子群，则有

$$|HK|=\frac{|H|\,|K|}{|H\cap K|}$$

设两个素数 p,q 满足 $p<q$，则 pq 阶群 G 有且仅有一个 q 阶子群。

在同构的意义下，6 阶群只有两个，一个是 6 阶循环群，一个是三次对称群 S_3。

1.2.8　正规子群与商群

对于群 G 的一个子群 H 来说，左陪集 aH 与右陪集 aH 不一定相等。但也有些子群 H 对 $\forall a\in G$ 都有 $aH=Ha$。这种子群具有特殊的地位。

［定义 14］　设 G 是一个群，$N\leqslant G$，如果对 $\forall a\in G$ 都有

$$aN=Na$$

或

$$aNa^{-1}=N$$

则称 N 是 G 的一个正规子群（normal subgroup）或不变子群（invariant subgroup）。

若 N 是 G 的一个正规子群，记作 $N\trianglelefteq G$；若 N 不是 G 的一个正规子群，记作 $N\ntrianglelefteq G$。若 $N\trianglelefteq G$ 且 $N\neq G$，记作 $N\triangleleft G$。

正规子群的左、右陪集相同，可以不用再区分。

从正规子群的定义来看，群 G 的正规子群 N 要和群 G 中的任意元素可交换。也就是说，正规子群 N 是群 G 中的一个可交换集团，但并不要求子群 N 中的任意元素和群 G 中的任意元素可交换。即便如此，这个要求也是很高的。不过，付出了代价，回报也是丰厚的。正规子群有很多优良的性质。

群 G 的平凡子群 $\{e\}$ 与 G 本身显然都是 G 的正规子群，称为群 G 的平凡正规子群（trivial normal subgroup）。G 的其他正规子群，如果存在的话，称为 G 的非平凡正规子群。显然，群 G 的中心 $C(G)$ 是 G 的一个正规子群。

通过对正规子群定义的观察，发现正规子群的条件可以简化。

设 G 是群，$N\leqslant G$，则有

$$N\trianglelefteq G\Leftrightarrow aNa^{-1}\subset N(\forall a\in G)$$

或

$$N\trianglelefteq G\Leftrightarrow axa^{-1}\in N(\forall a\in G,x\in N)$$

换言之，正规子群 N 对群 G 中的共轭运算具有封闭性。

［例 13］ n 次交错群 A_n 是 n 次对称群 S_n 的一个正规子群，即 $A_n\trianglelefteq S_n$。

［例 14］ Klein 四元群 $K_4=\{(1),(12)(34),(13)(24),(14)(23)\}$ 是 4 次对称群 S_4 的一个正规子群，也是 4 次交错群 A_4 的一个正规子群，即 $K_4\trianglelefteq A_4$。

应该指出，正规子群不具有传递性，我们不能想当然地认为正规子群的正规子群还是原群的正规子群。

我们知道，群同态可以将群的一些性质在不同的群之间平移。下面我们将要指出，满同态可以保持正规子群。

设 ϕ 是群 G 到群 $\bar{G}$ 的一个同态满射。$N\trianglelefteq G$，则 $\phi(N)\trianglelefteq\bar{G}$；若 $\bar{N}\trianglelefteq\bar{G}$，则 $\phi^{-1}(\bar{N})\trianglelefteq G$。

我们知道，两个子群的乘积一般不再是子群。但是，如果有正规子群参与其中，情况就不一样了。

群 G 的一个正规子群与一个子群的乘积是一个子群，两个正规子群的乘积仍是一个正规子群。

更有趣的是，正规子群的全体陪集对于子集的乘法又可以作成一个群。

设 G 是一个群，$N\trianglelefteq G$，任取两个陪集 aN 与 bN，有

$$(aN)(bN)=a(Nb)N=a(bN)N=(ab)NN=(ab)N$$

也就是说，若 $N\trianglelefteq G$，我们可以定义陪集的乘法如下：

$$(aN)(bN)=(ab)N.$$

群 G 的正规子群 N 的全体陪集对与陪集的乘法作成一个群，称为 G 关于 N 的商群(quotient group)，记作 G/N。显然，有

$$G/N=\{aN\mid a\in G\}$$

若 N 为群 G 的正规子群，可以根据陪集的乘法推导出陪集的乘方。对于 $\forall m\in Z$ 和 $\forall a\in G$，都有

$$(aN)^m=a^mN$$

由于商群 G/N 中的元素就是 N 在 G 中的陪集，商群的阶也就是陪集的个数。从而有

$$|G/N| = (G:N)$$

再根据 Lagrange 定理，对于有限群 G，有

$$|G| = |N|(G:N).$$

因此有

$$|G/N| = \frac{|G|}{|N|}$$

从商群的阶数来看，这个“商”字用得形象生动。

运用商群的理论，可以证明下面的 Cauchy 定理。

[**Cauchy** 定理(A. L. Cauchy)]　设 G 是一个 pn 阶有限交换群，p 是一个素数，则 G 有 p 阶元素，从而有 p 阶子群。

由 Cauchy 定理，马上可以推出如下结论。

设 p 和 q 为两个互异素数，则 pq 阶交换群必为循环群。

由正规子群，可以引入 Hamilton 群和单群(simple group)。

[定义 15]　设 G 是一个非交换群。如果 G 的每个子群都是 G 的正规子群，则称 G 为 Hamilton 群。

[例 15]　四元数群 $G=\{1,i,j,k,-1,-i,-j,-k\}$是一个 Hamilton 群。

[定义 16]　阶数大于 1 且只有平凡正规子群的群，称为单群。

[例 16]　素数阶群显然都是单群。三次对称群 S_3 不是单群，A_4 不是单群。又 A_2 是单位元群，而 A_3 显然是单群。当 $n\geqslant 5$ 时，A_n 是单群。

有限交换群 G 为单群的充分必要条件是$|G|$为素数。

有限单群是一种重要的群。经过众多的数学家多年的努力，终于完成了对有限单群的完全分类。

有限单群分为四大类：素数阶群、交错群 $A_n(n\geqslant 5)$、有限李型单群和 26 个零散单群。每个有限单群都与其中的一个单群同构。在零散单群中，阶数最大达到约为 10^{54}，这个零散单群称为魔群(monster group)。

1.2.9　群同态与群同构定理

在正规子群、商群以及同态与同构之间，存在重要的内在联系。我们将会看到，正规子群和商群在群论的研究中具有重要作用。

人们发现，任何群与其商群同态。

设 G 是群，$N \trianglelefteq G$，可以在群 G 与商群 G/N 之间建立如下映射：

$$\tau: a \mapsto aN(\forall a \in G)$$

由于 $aN(\forall a \in G)$包括 N 的所有陪集,τ 显然是 G 到 G/N 的一个满射。

对于$\forall a,b \in G$,在映射 τ 之下,有

$$ab \mapsto (ab)N = (aN)(bN)$$

这表明 τ 能保持乘法运算,从而 τ 是一个同态。

因此,τ 是 G 到 G/N 的一个满同态,故 $G \sim G/N$。这个 τ 称为 G 到 G/N 的自然同态(natural homomorphism)。

[定义 17] 设 ϕ 是从群 G 到群$\bar{G}$的一个同态映射,$\bar{G}$中的单位元$\bar{e}$在 ϕ 之下所有像原组成的集合 $\phi^{-1}(\bar{e})$称为 ϕ 的核(kernel),记作 $\ker\phi$。群 G 中所有元素在 ϕ 之下的像组成的集合 $\phi(G)$,称为 ϕ 的像集,记作 $\mathrm{im}\phi$。

显然,有

$$\ker\phi \leqslant G, \quad \mathrm{im}\phi \subset \bar{G}$$

在从群 G 到商群 G/N 的自然同态 τ 之下,有

$$\ker \tau = N$$

这一结论是否在暗示我们同态核都是一个正规子群呢?正规子群和商群与原群到底有何紧密联系呢?

[群同态基本定理] 设 ϕ 是从群 G 到群$\bar{G}$的一个满同态。则 $N = \ker \phi \trianglelefteq G$,且有

$$G/N \cong \bar{G}$$

群同态基本定理实在太友好了!首先,它告诉我们,同态核一定是正规子群,有了正规子群就可以构造商群。然后,它又告诉我们,有了商群,就可以由同态构造出同构。也就是说,只要给出一个群同态,就可以得到一个群同构。而且,在同构的意义下,每个群能且只能与它的商群同态。这个结论真是太深刻了。

若群 G 与群$\bar{G}$同态于 ϕ,且同态核为 $\ker \phi$,则$\bar{G}$中每个元素的全体像原组成的集合恰好都是 $\ker \phi$ 的一个陪集。从这里也可以看出,每个陪集被同态映射到一个像点,商群可以看作是按照映射目标对群 G 内元素的分类。

设两个有限群 G 与$\bar{G}$同态,则有

$$|\bar{G}| \,\Big|\, |\bar{G}|$$

设两个群 G 与$\bar{G}$同态。若 G 是循环群,则$\bar{G}$也是循环群,G 的商群也是循

环群。在同态映射之下，循环群 G 的生成元 a 的像 $\bar{a}$ 也是 $\bar{G}$ 的生成元。

设群 G 与群 $\bar{G}$ 同态，核为 K。则 G 中含有 K 的所有子群与 $\bar{G}$ 中所有子群之间可以建立一个保持包含关系的一一映射。

事实上，包含同态核的正规子群还有更多优良的性能。

［群同构第一定理］　设 ϕ 是从群 G 到群 $\bar{G}$ 的一个满同态，且 $\ker\phi \subseteq N \trianglelefteq G$，$\bar{N}=\phi(N)$，则有

$$G/N \cong \bar{G}/\bar{N}$$

设 H,N 是群 G 的两个正规子群，且 $N\subseteq H$，则有

$$G/H \cong (G/N)/(H/N)$$

［例 17］　设 H,K 是群 G 的两个正规子群。则有

$$G/HK \cong (G/H)/(HK/H)$$

［群同构第二定理］　设 G 是群，$H\leqslant G$，$N\trianglelefteq G$。则 $H\cap N\trianglelefteq H$，且有

$$HN/N \cong H/(H\cap N)$$

［例 18］　设 S_3 和 S_4 分别为三次对称群和四次对称群，K_4 为 Klein 四元群。则有

$$S_4/K_4 \cong S_3$$

［群同构第三定理］ 设 G 是群，$N\trianglelefteq G$，$\bar{H}\leqslant G/N$。则：

(1)存在的唯一的 $H\leqslant G$ 满足 $H\supseteq N$，且 $\bar{H}=H/N$；

(2)当 $\bar{H}\trianglelefteq G/N$ 时，有唯一的 $H\trianglelefteq G$ 使得 $\bar{H}=H/N$，且 $G/H\cong(G/N)/(H/N)$。

由群同构第三定理可知，商群 G/N 的子群仍为商群，且呈 H/N 形，这里 H 是群 G 中含有 N 的子群。而且，$H\trianglelefteq G$ 当且仅当 $H/N\trianglelefteq G/N$。

1.3　环

1.3.1　环的基本概念

在有些情况下，我们需要在同一个集合中面对两种运算，而且这两种运算相互作用。为此，人们引入了环的概念。

[定义 18] 设非空集合 R 中有加法运算和乘法运算，且满足以下条件：

(1)R 对加法作成交换群；

(2)R 对乘法作成半群；

(3)乘法对加法存在分配律，即 $\forall a,b,c\in G$，有

$$a(b+c)=ab+ac,(a+b)c=ac+bc$$

则称集合 R 对加法和乘法作成一个环(ring)，记作环$(R,+,\cdot)$。在不会混淆的情况下，直接称为环 R。条件(1),(2),(3)合称为环公理。条件(1)为加法要满足的条件，条件(2)为乘法要满足的条件，条件(3)为加法和乘法相互作用要满足的条件。

应该指出，环中两种运算的地位是不同的。分配律是联系两种运算的纽带，分配律是乘法对加法，而非加法对乘法。

[例 19] 整数集合 $\mathbf{Z}$ 对常规的加法和乘法作成一个环，称为整数环。

或许，人们引入环的概念最初就是为了给整数集合一个说法，而整环的说法或许也来源于此。

[例 20] 设 R 是一个加法交换群，若在 R 中定义乘法运算：

$$ab=0(\forall a,b\in R)$$

则 R 作成一个环，称为零乘环。

[例 21] 在整数集合 $\mathbf{Z}$ 中，定义两种运算：

$$a\oplus b=a+b-1$$
$$a\odot b=a+b-ab$$

则 $\mathbf{Z}$ 对运算$\oplus$和$\odot$作成一个环。

若环 R 中只含有限个元素，则称 R 为有限环，否则称 R 为无限环。有限环 R 中元素的个数称为 R 的阶，记作$|R|$。规定无限环的阶为无穷大∞。

若环 R 存在乘法单位元，则称 R 为幺环(ring with unit)。在幺环中，元素的加法单位元和乘法单位元并存，需要加以区别。我们将加法单位元称为零元(zero element)，通常记作 0；将乘法单位元称为幺元(unit element)，通常记作 1。

很自然，我们会提出一个问题：在幺环中零元和幺元会重合吗？如果幺环中元素不少于两个，可以证明，$0\neq1$。

对一个普通的环来说，我们不能自以为是地由 $ab=0$ 得出 $a=0$ 或 $b=0$。只有一种特殊的环使得这个结论成立，这种环称为整环(integral domain)。

在一个环 R 中，两个不为零的元素相乘的结果有可能为零，这种现象很有趣。

［定义 19］ 设 R 是环，$a\in R$。如果 $\exists b\in R\backslash\{0\}$ 使得 $ab=0$，则称元素 a 为环 R 中的一个左零因子（left zero-divisor）；如果 $\exists c\in R\backslash\{0\}$ 使得 $ca=0$，则称元素 a 为环 R 中的一个右零因子（right zero-divisor）；如果元素 a 既为左零因子又为右零因子，则称 a 为环 R 中的一个零因子（zero-divisor）。

一般情况下，零因子可能为零也可能不为零。在交换环中，左零因子和右零因子是同一个概念，都称为零因子。

设 R 为幺环，$a\in R$。若 $\exists b\in R$ 使得 $ba=1$，则称 b 为 a 的一个左逆元。若 $\exists c\in R$ 使得 $ac=1$，则称 c 为 a 的一个右逆元。

设 R 为幺环，$a\in R$。若 a 有左逆元也有右逆元，则左、右逆元相等且唯一，记作 a^{-1}，称 a 为可逆元。

［定义 20］ 对一个幺环 R，如果任意非零元素有乘法逆元，即对于 $a\in R\backslash\{0\}$，$\exists a^{-1}\in R$ 使得

$$a^{-1}a = aa^{-1} = 1$$

则称 R 为除环（division ring）。

顾名思义，在除环中可以定义除法，除了零元以外的所有元素均可用来除其他元素。在除环中，除了零元以外的所有元素均有加法逆元和乘法逆元，为以示区别，称加法逆元为负元，称乘法逆元为逆元。

［定义 21］ 若环 R 对乘法满足交换律，即

$$ba = ab, \forall a, b \in R$$

则称环 R 为交换环（commutative ring）。

交换除环称为域（field）。

［例 22］ 在集合 M 的幂集 $P(M)$ 中，定义运算

$$A \oplus B = (A \cup B)\backslash(A \cap B), A \odot B = A \cap B,$$

则 $P(M)$ 作成一个交换幺环，称为幂集环。

［例 23］ 设 R 为一个环，称

$$\mathbf{A} = \begin{pmatrix} a_{11} & a_{12} & \cdots & a_{1n} \\ a_{21} & a_{22} & \cdots & a_{2n} \\ \vdots & & & \vdots \\ a_{m1} & a_{m2} & \cdots & a_{mn} \end{pmatrix} \quad (a_{jk} \in R)$$

为环 R 上的一个 $m\times n$ 矩阵。当 $m=n$ 时，称 $\mathbf{A}$ 为环 R 上的一个 n 阶方阵。

环 R 上的全体 n 阶方阵对于方阵的加法和乘法作成一个环，称为环 R 上的 n 阶全阵环，记作 $R_{n\times n}$。

若环 R 为幺环，即存在单位元 1，则 $R_{n\times n}$ 也有单位元：

$$\mathbf{E}=\begin{pmatrix}1 & & 0\\ & \ddots & \\ 0 & & 1\end{pmatrix}$$

环中元素有以下一些运算规则：

(1)$0a=a0=0$。

(2)$(-a)b=a(-b)=-ab$。

(3)$(-a)(-b)=ab$。

(4)$c(a-b)=ca-cb,(a-b)c=ac-bc$。

(5) $\left(\sum\limits_{j=1}^{m}a_j\right)\left(\sum\limits_{k=1}^{n}b_k\right)=\sum\limits_{j=1}^{m}\sum\limits_{k=1}^{n}a_jb_k$。

(6)$(ma)(nb)=(na)(mb)=(mn)(ab),\forall m,n\in\mathbf{Z}$。

[定义 22] 设 R 是一个环，若 $S\subseteq R$，且 S 对 R 的加法和乘法作成一个环，则称 S 是 R 的子环(subring)，记作 $S\leqslant R$。

设 R 是一个环，$S\subset R$，则 $S\leqslant R$ 的充分必要条件为

$$a-b\in S,ab\in S,\forall a,b\in S$$

简言之，环的子集只要对减法和乘法封闭即可作成子环。

[例 24] $2\mathbf{Z}$ 是 $\mathbf{Z}$ 的子环，$\mathbf{Z}$ 是 $\mathbf{Q}$ 的子环。

有趣的是，子环并没有保留单位元的性质。设 S 是 R 的子环。若 R 有单位元，子环 S 不一定有单位元。若 R 没有单位元，子环 S 可能有单位元。即使 R 和 S 都有单位元，这两个单位元也不一定相同。

子环作为环的加法子群有陪集。但是，这种陪集的乘积不一定还是陪集，甚至不是任一陪集的子集。为了得出一些漂亮的结果，人们尝试对子环增加一些限制条件，引入了理想这一概念。理想在环论中的地位相当于正规子群在群论中的地位。

[定义 23] 设$(R,+,\cdot)$是环，I 是 R 的加法子群。若对于 $\forall r\in R$，有 $rI\subset I$，则称 I 为 R 的左理想(left ideal)；若对于 $\forall r\in R$，有 $Ir\subset I$，则称 I 为 R 的右理想(right ideal)。若环 R 一个加法子群 I 同时是 R 的左、右理想，则称

I 是 R 的双边理想(two-sided ideal),简称理想(ideal)。若 I 是 R 的理想,记作 $I \trianglelefteq R$;否则,记作 $I \ntrianglelefteq R$。

容易验证,一个理想一定是一个子环。但是,一个子环不一定是一个理想。显然,在交换环中,每个左、右理想都是双边理想。

对任意的环 R,如果 $|R|>1$,则 R 至少有两个理想:一个是 $\{0\}$,称为零理想(zero ideal);另一个是 R 自身,称为环 R 的单位理想(unit ideal)。这两个理想统称为环 R 的平凡理想(trivial ideal)。如果有其他的理想,称为 R 的非平凡理想(non-trivial ideal)或真理想(proper ideal)。

一个除环只有两个平凡理想,即零理想和单位理想。因此,一般认为理想这个概念对除环没有多大用处。一般来说,一个普通的环除了平凡理想以外还会有别的理想。

[例 25]　对于整数环 $\mathbf{Z}$, $\forall n \in \mathbf{Z} \backslash \{0,1\}$, n 的所有倍数的全体 $\{rn \mid r \in \mathbf{Z}\}$ 作成整数环 $\mathbf{Z}$ 的一个理想。

设 I 是 R 的理想,则 $\forall r, s \in R$,有

$$(r+I)(s+I) \subset rs+I$$

可以看出,子环的交仍为子环,理想的交与和仍为理想。但是,一般来说,环的这些子结构的并集不再是相应的子结构。

设 R 是环,$M \subseteq R$,则称 R 的所有包含 M 的理想的交为由 M 生成的理想,记作(M)。

设 R 是环,$M \subseteq R$,则有

$$(M)=\left\{\sum m_j + r_k m'_k + m''_l s_l \mid m_j, m'_k, m''_l \in M, r_k, s_l \in R\right\}$$

设 R 是幺环,$M \subseteq R$,则有

$$(M)=\left\{\sum r_k m_k s_k \mid m_k \in M, r_k, s_k \in R\right\}$$

设 R 是交换幺环,$M \subseteq R$,则有

$$(M)=\left\{\sum r_k m_k \mid m_k \in M, r_k \in R\right\}$$

若环 R 的一个理想 I 可由 R 的一个子集 M 生成,即 $I=(M)$,则称 M 是 I 的一个生成系。理想可大可小,生成系也可大可小。由一个元素 a 生成的理想称为主理想(principal ideal),记作(a)。由有限多个元素生成的理想称为有限生成理想。

在群论中，引入正规子群以后可以产生商群，在环论中也有类似的结论。由于环是加法交换群，理想自然而然就是正规子群。为此，很自然地引入商环的概念。

设 I 为环 R 的理想。在 I 的加法陪集族 $\{r+I \mid r\in R\}$ 中可以定义加法和乘法：

$$(r+I)+(s+I)=(r+s)+I$$

$$(r+I)(s+I)=(rs)+I$$

则此加法陪集族作成环，称为环 R 关于理想 I 的商环(quotient ring)，记作 R/I。

应该指出，此处定义的陪集乘法和前面定义的普通集合乘法是不一样的。

［例 26］ 设 n 为正整数。在整数环 $\mathbf{Z}$ 的模 n 剩余类集 $\mathbf{Z}_n$ 中，可以定义加法为

$$[a]+[b]=[a+b], \forall a,b\in \mathbf{Z}$$

乘法为

$$[a][b]=[ab], \forall a,b\in \mathbf{Z}$$

整数环 $\mathbf{Z}$ 的模 n 剩余类集 $\mathbf{Z}_n$ 对上面的加法和乘法作成环，称为整数的模 n 剩余类环。这是整数环的一个商环。

1.3.2 环同态与环同构

代数系统之间可能存在同态与同构，前面接触了群同态与群同构，接下来我们自然而然可以讨论环同态与环同构。

［定义 24］ 设 R 和 $\bar{R}$ 是两个环。若存在映射 $\phi:R\rightarrow\bar{R}$ 满足：

$$\phi(a+b)=\phi(a)+\phi(b)$$

$$\phi(ab)=\phi(a)\phi(b), (\forall a,b\in R)$$

则称 ϕ 为从环 R 到环 $\bar{R}$ 的一个同态映射，简称同态。

若存在一个从环 R 到环 $\bar{R}$ 的满同态，称 R 与 $\bar{R}$ 同态，记作 $R\sim\bar{R}$。

若存在一个从环 R 到环 $\bar{R}$ 的既满且单的同态，称 R 与 $\bar{R}$ 同构，记作 $R\cong\bar{R}$。特别地，R 到自身的同构称为自同构(automorphism)。

设 $\phi:R\rightarrow\bar{R}$ 是环同态，称 $\phi(R)$ 为 ϕ 的像，记作 $\mathrm{im}\phi$。$\bar{R}$ 中零元 0 的像原称为 ϕ 的核，记作 $\ker\phi$。显然有

$$\mathrm{im}\phi = \phi(R)$$

$$\ker\phi = \{a \mid a \in \mathbb{R}, \phi(a) = 0\}$$

设 $\phi: R \to \bar{R}$是环同态，则 ϕ 为单同态$\Leftrightarrow \ker\phi = \{0\}$。

设 $\phi: R \to \bar{R}$是环同态，则 $\ker\phi$ 为 R 的理想，$\mathrm{im}\phi$ 为$\bar{R}$的子环。

也就是说，有了环同态 $\phi: R \to \bar{R}$，自然而然就能找到 R 的一个理想和$\bar{R}$一个子环。

我们已经知道，同态可以保持群结构，能否保持环结构呢？答案是肯定的。

设 R 和$\bar{R}$是各有两个代数运算的集合，且 $R \sim \bar{R}$。若 R 是环，则$\bar{R}$也是环。设 R 和$\bar{R}$是两个环，且 $R \sim \bar{R}$，同态映射为 ϕ。则：

(1)R 中的零元 0 被映成 R 中的零元$\bar{0}$，即 $\phi(0) \subset \bar{0}$；

(2)若 R 中的任意元素 a 被映成 R 中的元素$\bar{a}$，即 $\phi(a) = \bar{a}$，a 的负元 $-a$ 被映成$\bar{a}$的负元 $-\bar{a}$，即 $\phi(-a) = -\bar{a}$；

(3)若 R 有幺元 1，$\bar{R}$也有幺元$\bar{1}$，且 $\phi(1) = \bar{1}$；

(4)若 R 是交换环，$\bar{R}$也是交换环。

这些结果表明，环同态可以保零元，保负元，保幺元，保交换。

环同态与环同构也有类似群同态与群同构相关一些重要结论。

设 I 为环 R 的理想。建立映射：

$$\pi: r \mapsto r + I$$

则易知 π 是从 R 到 R/I 的一个关于加法和乘法的同态满射，称为 R 到 R/I 的自然同态。因此，环 R 与 R 关于理想 I 的商环 R/I 同态，即 $R \sim R/I$。

[**环同态基本定理**]　设 $\phi: R \to \bar{R}$是环同态，则有

$$R/\ker\phi \cong \mathrm{im}\phi$$

进一步地，若 $\phi: R \to \bar{R}$是满同态，则有

$$R/\ker\phi \cong \bar{R}$$

显然，环同态基本定理与群同态基本定理极为相似。根据环同态基本定理，由已知环同态马上可以找到一个环同构。

[**环同构第一定理**]　设 R 是环，$I \trianglelefteq R$。则在自然同态 $\pi: R \to R/I$，$r \to r + I$ 之下，有

(1)R 中包含 I 的子环与 R/I 的子环一一对应；

(2)R 的理想对应于 R/I 的理想。

［**环同构第二定理**］ 设 R 是环，$I \trianglelefteq R$，$S \leqslant R$。则：

(1) $I \trianglelefteq I+S$，$S \cap I \trianglelefteq S$；

(2) $(I+S)/I \cong S/(S \cap I)$。

［**环同构第三定理**］ 设 R 是环，$I \trianglelefteq R$，$J \trianglelefteq R$，$I \leqslant J$。则：

(1) $J/I \trianglelefteq R/I$；

(2) $(R/I)/(J/I) \cong R/J$。

1.4 域

1.4.1 域的基本概念

［**定义 25**］ 设非空集合 F 中有加法运算和乘法运算，且满足以下条件：

(1) F 对加法作成交换群；

(2) F 中非零元素集合 $F^* = F/\{0\}$ 对乘法作成交换群；

(3)乘法对加法存在分配率，即 $\forall a,b,c \in F$，满足

$$a(b+c) = ab + ac$$

$$(a+b)c = ac + bc$$

则称集合 F 对加法和乘法作成一个域(field)，记作域$(F,+,\cdot)$。在不会混淆的情况下，直接称为域 F。

显然，域是一种特殊的环，具有两个群结构。

在域 F 中，元素 a 的负元记作 $-a$。若 $a \neq 0$，则 a 的逆元记作 a^{-1}。在域 F 中，可以根据加法和负元定义减法，也可以根据乘法和逆元定义除法，即

$$a - b = a + (-b), \forall a,b \in F$$

$$\frac{a}{b} = ab^{-1}, \forall a \in F, \forall b \in F \backslash \{0\}$$

域是一种很好的代数结构，但是仍然无法让所有的元素都有逆元。加法群和乘法群无法完美地叠放在一起，零元成为域的瑕疵。在域中带有不同运算的两个群相互作用，为了达成妥协共存，零元 0 成为牺牲品。在四则运算中，乘法比加法优先，但也为此付出了代价。作为加法的逆运算，减法是完全封闭的。但是，作为乘法的逆运算，除法有些受伤：0 不能成为除法运算的除

元。

[定义 26]　设 F 是一个域，若 $F_1 \subseteq F$，且 F_1 对 F 的加法和乘法作成一个域，则称 F_1 是 F 的子域(subfield)，记作 $F_1 \leqslant F$。

设 F 是域 F 的一个子集，且 $|F_1|>1$。则 F_1 作成 F 的一个子域当且仅当：

$$a-b \in F_1, \forall a, b \in F_1$$

$$\frac{a}{b} \in F_1, \forall a \in F_1, \forall b \in F_1 \backslash \{0\}$$

简言之，域的子集只要对减法和除法封闭即可成为子域。

在域论中，同样有域同态和域同构的概念。而且，同构可以很好地保持代数结构。

设环 R 与环 R 同构，即 $R \cong \bar{R}$，则：

(1)R 是整环当且仅当$\bar{R}$是整环。

(2)R 是除环环当且仅当$\bar{R}$是除环。

(3)R 是域当且仅当$\bar{R}$是域。

这个结论表明，两个同构的环同为整环、除环和域。

1.4.2　域的例子

[例 27]　有理数集合 **Q**、实数集合 **R** 和复数集合 **C** 都对常规的加法和乘法作成域，分别称为有理数域、实数域和复数域，且 $\mathbf{Q} \leqslant \mathbf{R} \leqslant \mathbf{C}$。

[例 28]　集合 $F=\{a+b\sqrt{2} \mid a, b \in \mathbf{Q}\}$ 对普通加法和乘法作成域，且 $F \leqslant \mathbf{R}$。

[例 29]　集合 $F=\{a+bi \mid a, b \in \mathbf{Q}\}$ 对普通加法和乘法作成域，且 $F \leqslant \mathbf{C}$。

第 2 章　几何结构

几何学是一个古老的数学分支，历经数千年，从欧几里得几何学发展到罗巴切夫斯基(Robachevsky)几何学，从纯粹几何发展到解析几何和微分几何。几何学也注重结构，拓扑结构和流形结构是现代几何学的重要组成部分。

本章将对拓扑空间、拓扑群、拓扑流形和微分流形的一些基本概念做一个简要的介绍，大部分结论不做证明。对拓扑结构有兴趣的读者可以阅读相关的教材[4-6]，对流形结构有兴趣的读者也可以翻阅相关的著作[7-10]。

2.1　拓扑空间

有时候，人们会对一个集合的若干个子集感兴趣，这些子集之间又有着各种包含、重叠以及合并等关系。集合子集的交和并能够产生一些新的子集，这些新的子集往往也是对研究集合的性质有帮助的。人们希望找到一个大框架，将集合中一些子集的交和并都容纳进去，形成一个包罗万象的子集族。为此，人们引入了拓扑和拓扑空间的概念。

2.1.1　拓扑空间的基本概念

[定义 1]　集合 X 的一个子集族 T 称为集合 X 上的一个拓扑(topology)，若满足以下条件：

(1)$\varnothing, X \in T$；

(2)任意多个 $A_\alpha \in T$，$\bigcup A_\alpha \in T$；

(3)有限多个 $A_j \in T$，$\bigcap A_j \in T$。

一个拓扑对交和并两种运算都是封闭的，这符合数学中空间的特性。

带有拓扑 T 的集合 X 称为一个拓扑空间(topological space)，记作(X,

T)。条件(1),(2),(3)称为拓扑公理。

简言之,一个拓扑空间就是一个有序偶对(X,T)。集合与拓扑是拓扑空间的两大要素,缺一不可。在不会产生混淆的情况下,常常不提拓扑 T,而直接称 X 为拓扑空间。

若 X 是带有拓扑 T 的拓扑空间,我们就称 $\forall A\in T$ 为 X 中的开集(open set)。这里的开集可以看作欧几里得空间中开集概念的推广。如果先定义拓扑,再定义开集,开集就是由拓扑完全确定的。如此一来,在指定集合 X 的情况下,拓扑和全体开集族就是一回事了。反之,定义了开集也就定义了拓扑。结合拓扑的定义可知,$\varnothing$和 X 都是开集,开集的任意并和有限交也都是开集。

[例 1]　集合 X 的所有子集组成的子集族称为 X 的幂集,记作 2^X。X 的幂集是 X 的一个拓扑,称之为离散拓扑(discrete topology)。仅由$\varnothing$和 X 组成的子集族$\{\varnothing,X\}$也是 X 的一个拓扑,称之为密着拓扑(indiscrete topology)或平凡拓扑(trivial topology)。对于给定的集合 X 来说,离散拓扑和密着拓扑是两个极端,离散拓扑是最大的拓扑,而密着拓扑是最小的拓扑。

[例 2]　设 X 是一个集合。若 T_f 是使得 $X\backslash A_\alpha$ 为有限集或 X 本身的子集 A_α 的全体,则 T_f 是 X 上的一个拓扑,称之为有限补拓扑(finite complement topology)。若 T_c 是使得 $X\backslash A_j$ 为可数集或 X 本身的子集 A_j 的全体,则 T_c 是 X 上的一个拓扑,称之为可数补拓扑(countable complement topology)。

显然,在同一个集合上可以定义不同的拓扑。这些拓扑之间可能存在“大小”关系,在一定情况下是可以比较的。

[定义 2]　设 T 和 T'为集合 X 上的两个拓扑,若 $T\subset T'$,则称 T'细于(finer)T。特别地,若 $T\subsetneq T'$,则称 T'严格细于(strictly finer)T。这两种情况有时候也分别说成 T 粗于(coarser)T',和 T 严格粗于(strictly coarser)T'。若两个拓扑 T 和 T'满足 $T\subset T'$或 $T'\subset T$,称 T 与 T'是可以比较的。

并非所有同一个集合上的拓扑都是可以比较的,只有存在包含关系的拓扑之间才能比较。

我们来观察一个石块,以这个石块中的每一个“点”为元素组成一个集合 X。首先,将空集$\varnothing$和这个石块本身 X 看作两个开集,整个石块作成一个密着拓扑 $T_1=\{\varnothing,X\}$。接下来,将石块敲碎成一些石子。每个石子及若干个石子的合并都为开集,这一堆石子作成一个拓扑 T_2。然后,将某些石子碾成石粒。每颗石粒、若干石粒的合并、若干石粒与若干石子的合并都为开集，这一堆石子和石粒作成一个拓扑 T_3。最后，将所有的石子和石粒磨成石粉。我们将各点石粉视为一个元素，每一点石粉和若干石粉的合并都成为开集，这一堆石粉作成一个离散拓扑 T_4。这个石块被敲成石子、碾成石粒和磨成石粉的过程就如同拓扑变细的过程。显然，$T_1 \subset T_2 \subset T_3 \subset T_4$.

在我们生存的三维欧几里得空间中，每个点的位置是确定的。但是，用“位置”描述点并不方便。为此，人们引入了坐标系和坐标的概念。虽然变抽象了，但描述点的位置更加方便了。类似地，在拓扑空间 X 中，用开集族 T 来刻画拓扑一般也显得不太方便，有时候用 X 的一个较小的子集族来确定拓扑。为此，人们引入了拓扑基的概念，这与在欧几里得空间中引入坐标系有异曲同工之妙。

[定义 3] 若集合 X 的一个子集族 M 称为集合 X 上某个拓扑的一个基(basis)，应满足以下条件：

(1) $\forall x \in X$，$\exists B \in M$ 使得 $x \in B$；

(2)若 $B_1, B_2 \in M$，$x \in B_1 \cap B_2$，则 $\exists B_3 \in M$ 使得 $x \in B_3 \subset B_1 \cap B_2$。

条件(1)表明，拓扑基 M 对集合 X 的覆盖要全面，也就是说要覆盖到 X 中所有的点。条件(2)表明，拓扑基 M 对集合 X 的覆盖要细腻，只要有两个不同的子集同时覆盖到同一个点，就要有一个更小的子集覆盖到这个点。

如果 M 满足以上两条拓扑基公理，便可定义由 M 生成的拓扑 T。

对于 $U \subset X$，如果 $\forall x \in U$，$\exists B \in M$ 使得 $x \in B \subset U$，则称 U 为 X 的一个开集，也就是拓扑 T 的一个元素。

若 M 为 X 上拓扑 T 的一个基，则 T 为 M 中元素所有可能的并集组成，即

$$M = \left\{ \bigcup_{B \in M'} B \mid M' \subset M \right\}$$

由拓扑基很容易生成拓扑。反过来，我们也可以由一个拓扑找出它的基。设 X 是一个拓扑空间，Q 是 X 的一个开集族，若对于 X 的每一个开集 U 及每一个 $x \in U$，$\exists C \in Q$ 使得 $x \in C \subset U$，则 Q 就是 X 上这个拓扑的一个基。

2.1.2 闭集、闭包、内点、内部和聚点

设 A 为拓扑空间 X 的一个子集，若 $X \backslash A$ 为开集，则称 A 为一个闭集

(closed set)。

开集和闭集可以互相定义。这里用开集来定义闭集,我们也可以用闭集来定义开集。

根据拓扑公理容易证明,拓扑空间 X 的闭集满足:

(1)$\varnothing$和 X 都是闭集;

(2)任意多个闭集的交集为闭集;

(3)有限多个闭集的并集为闭集。

在拓扑学中对开集和闭集的定义实乃大智若愚,复杂的结构得以轻松地被刻画出来。

设 A 为拓扑空间 X 的一个子集。对于点 $x\in A$,若存在开集 $U\subset A$ 使得 $x\in U$,则称 x 为 A 的一个内点(interior point)。A 的所有内点组成的集合称为 A 的内部(interior),记作 Int$A$ 或 $\mathring{A}$。A 称为内点 x 的一个邻域(neighborhood)。

简言之,内点和邻域是一组相对并存的概念,邻域不一定是开集。

设 A 为拓扑空间 X 的一个子集,$x\in X$。若 x 的每个邻域都含有 $A\setminus\{x\}$ 中的点,则称 x 为 A 的聚点(cluster point, point of accumulation)或极限点(limit point)。A 的所有聚点组成的集合称为 A 的导集,记作 A'。集合 A 与导集 A'的并集称为 A 的闭包(closure),记作 Cl(A)或$\bar{A}$。显然,$\bar{A}=A\cup A'$。

若 $x\in\overline{A\setminus\{x\}}$,则 x 为 A 的一个聚点。应该指出,集合 A 的聚点可以在 A 中,也可以不在 A 中。从直观上理解,聚点可能身在其中,也可能置身事外,但它不能独善其身,总有集合中的其他点和它相连。A 的导集 A'不包括 A 中可能存在的孤立点。属于 A 的点不一定属于A',不属于 A 的点不一定不属于 A'。

包含于 A 的所有开集的并为 A 的内部,包含着 A 的所有闭集的交称为 A 的闭包。直观上,我们可以认为,A 的内部为 A 所包含的最大开集,A 的闭包为包含 A 的最小闭集。

[定义 4] 如果对于拓扑空间 X 中任意两个不同的点 x_1 和 x_2,分别存在 x_1 的邻域 U_1 和 x_2 的邻域 U_2 使得 $U_1\cap U_2=\varnothing$,则称 X 为一个豪斯多夫空间(Hausdorff space)。

从直观上看,豪斯多夫空间中任意两个不同点都离得足够远,可以用两个不相交的邻域将它们分开。

豪斯多夫空间有一些很重要的性质。比如,豪斯多夫空间中任何有限集都是闭的。

2.1.3 连续映射与同胚映射

有些拓扑空间存在密切的联系，在它们之间建立映射是研究这种联系的一条思路。两个拓扑空间之间的通信可以由映射来完成，一些好的映射有助于我们由熟悉的拓扑空间来探测陌生的拓扑空间。

[定义 5] 设 X 和 Y 为拓扑空间，$f:X\to Y$ 为一个映射，$x\in X$。如果对于 Y 中包含 $f(x)$ 的任意开集 V，$f^{-1}(V)$ 为 X 中包含 x 的一个开集，则称映射 f 在 x 处连续。若映射 $f:X\to Y$ 在 $\forall x\in X$ 都连续，则称 f 为连续映射(continuous mapping)。

直观地说，在连续映射的情况下，像空间中含有像点的开集由像原空间中含有像原点的开集映射而来。应该注意，这里不能简单地说成连续映射将开集映成开集。可以这样说，在连续映射之下，开集由开集映射而来。

[粘接引理] 设 $\{A_1,\cdots,A_n\}$ 是拓扑空间 X 的一个有限闭覆盖。如果映射 $f:X\to Y$ 在每个 A_j 上的限制都是连续的，则 f 是连续映射。

[定义 6] 若 $f:X\to Y$ 是一一映射，并且 f 和逆映射 $f^{-1}Y\to X$ 都是连续的，则称 f 是一个同胚映射(homeomorphism mapping)或拓扑变换(topological transformation)，简称同胚(homeomorphism)。若存在从 X 到 Y 的同胚映射，则称 X 与 Y 同胚，记作 $X\cong Y$。

同胚映射是双向连续映射，通俗地说，在同胚映射之下，连在一起的不能撕开，没连在一起的不能粘贴。

同胚是一种等价关系，满足以下性质：

(1)自反性：$X\cong X$；

(2)对称性：若 $X\cong Y$，则 $Y\cong X$；

(3)传递性：若 $X\cong Y$，$Y\cong Z$ 则 $X\cong Z$。

利用同胚关系，可以对拓扑空间进行分类。从拓扑结构的意义上来说，相互同胚的拓扑空间就是同一个拓扑空间。

2.2　拓扑群

在同一个集合中，可以有代数结构，也可以有几何结构。拓扑结构和群结构相结合，可以产生拓扑群。

[定义 7]　若集合 G 称为一个拓扑群，应满足条件：

(1)G 具有拓扑结构；

(2)G 具有群结构；

(3)在群 G 中，映射

$$G\times G\to G$$
$$(x,y)\mapsto xy^{-1}$$

是连续的。

拓扑群同时具有拓扑结构和群结构，而且这两种结构是相容的。条件(3)反映了拓扑结构和群结构的相容性，称为相容条件。

[例 3]　在任意群 G 上都可以定义离散拓扑，在离散拓扑之下，群内的运算总是连续的。因此，任意群都可以看作一个离散的拓扑群。

[例 4]　实数集 $\mathbf{R}$ 的普通加法群与实数集 $\mathbf{R}$ 通常的拓扑相容，作成一个拓扑群。

[定理]　若集合 G 具有拓扑结构和群结构，则 G 中群内的运算和拓扑结构相容的充分必要条件是 G 内的相乘映射

$$G\times G\to G$$
$$(x,y)\mapsto xy$$

和求逆映射

$$G\to G$$
$$x\mapsto x^{-1}$$

都是连续的。

事实上，求逆映射是拓扑群上的同胚。

若 a 为拓扑群 G 中任意给定的元素，可以定义左移变换 L_a：

$$G\to G$$
$$x\mapsto ax$$

和右移变换 R_a：

$$G \to G$$

$$x \mapsto xa$$

左移 L_a 和右移 R_a 都是拓扑群 G 上的同胚。

考虑拓扑群 G 上全体左移变换的集合 $L_G = \{L_a \mid a \in G\}$，群 G 中的元素 a 与左移 L_a 的对应给出了 G 与左移变换集合之间的一一对应。左移变换的复合满足结合律，即

$$(L_a \circ L_b) \circ L_c = L_a \circ (L_b \circ L_c), \forall a, b, c \in G$$

群 G 的单位元 e 对应的左移为恒等变换 L_e，即

$$L_e x = x, \forall x \in G$$

显然有

$$L_e \circ L_a = L_e \circ L_a = L_a, \forall a \in G$$

定义：

$$L_a^{-1} = L_{a^{-1}}, \forall a \in G$$

显然有

$$L_a^{-1} \circ L_a = L_a \circ L_a^{-1} = L_e, \forall a \in G$$

因此，群 G 的左移变换集合 L_G 对变换的乘法作成群，称为群 G 的左移变换群。

不难看出：

$$L_a \circ L_b = L_{ab}, \forall a, b \in G$$

这表明，拓扑群 G 与它的左移变换群 L_G 同构。

同样，拓扑群 G 上全体右移变换的集合 $R_G = \{R_a \mid a \in G\}$ 对变换的乘法作成群，称为群 G 的右移变换群。右移变换乘法满足：

$$R_a \circ R_b = R_{ba}, \forall a, b \in G$$

群 R_G 的单位元为恒等变换 R_e：

$$R_e x = x, \forall x \in G$$

逆变换定义为

$$R_a^{-1} = R_{a^{-1}}, \forall a \in G$$

拓扑群 G 与它的右移变换群 R_G 也同构。

设 a, b 为拓扑群 G 中任意两个元素，存在左移变换：

$$L_{ba^{-1}}: G \to G$$

使得

$$L_{ba^{-1}}a = b$$

也就是说，在拓扑群 G 上，存在左移变换可以将任意一个 a 变换为任意一个 b。对于确定的 a 和 b 来说，这种左移变换是唯一的。对于右移变换，有类似的结论。

由于左移是同胚，拓扑群上任意两点的局部拓扑性质相同。这样一来，我们可以研究某个特殊元素附近的拓扑结构，然后通过左移或右移导出其他元素附近的拓扑结构，从而得到整个拓扑群的拓扑结构。

拓扑群具有以下重要性质：

(1)拓扑群作为拓扑空间是正则的。

(2)拓扑群的开子集是闭的。

(3)拓扑群的子群的闭包也是子群。

(4)拓扑群的单位连通分支是它的正规闭子群。

(5)连通拓扑群的离散正规子群必属于中心。

2.3　微分流形

一般认为，微分流形是普通曲面概念的推广。相对而言，欧几里得空间比较容易理解，而且在欧几里得空间已经有很多成熟的理论。因此，人们习惯在欧几里得空间分析几何问题。比如，为了研究一些曲面，人们总试图将它们和平面建立一一对应的关系。但是，有些几何图形并不能完好地和一个欧几里得空间相对应。

拿一个普通的球面来说，从表面上看，我们似乎对它很熟悉，知道它是二维的。事实上，球面和平面并不同胚，无法建立双向连续的一一对应关系。不过，这并不影响我们用一张平面的纸来绘制地球表面的一部分。当然，我们无法用一张地图将地球表面完整地描绘出来。通常情况下，南极和北极单独绘成小图，而且地球表面中间部分也会沿着某条经线被撕开。也就是说，球面无法和平面建立没有撕裂的一一对应关系。但是，我们将若干块平面部分粘合起来，再做适当的连续变形，是可以得到一个球面的。也就是说，如果将球面恰当地分成几个部分，每一个部分可以和平面建立连续的一一对应关系。如此一来,就可以引入流形的概念。

2.3.1 微分流形的概念

首先定义 d 维欧几里得空间:

$$\mathbf{R}^d = \{\boldsymbol{a} \mid \boldsymbol{a} = (a_1, \cdots, a_d) \mid a_k \in \mathbf{R}, k = 1, \cdots, d\}$$

为了表述的方便,引入正则坐标函数:

$$r_j(\boldsymbol{a}) = a_j, k = 1, \cdots, d$$

显然,函数 r_j 可以直接"抓取"d 维欧几里得空间 $\mathbf{R}^d$ 中给定点 $\boldsymbol{a}$ 的第 j 个坐标,称之为坐标函数也算名正言顺。

若有函数 $f:\boldsymbol{X}\to\mathbf{R}^d$,则称 $f_j=r_j\circ f$ 为函数 f 的第 j 个分量函数。

$f:\boldsymbol{X}\to\mathbf{R}^d$ 虽然是一个函数,但它的作用结果总是 d 维欧几里得空间 $\mathbf{R}^d$ 中的一个点。$r_j\circ f$ 虽为函数复合,本质上仍然是 r_j 作用在 d 维欧几里得空间 $\mathbf{R}^d$ 中的一个点上。所谓的函数复合,实际上就是多个函数依次接力作用。

设 $f:\mathbf{R}^n\to\mathbf{R}, 1\leqslant j\leqslant n$,且 $\boldsymbol{t}=(t_1, \cdots, t_n)\in\mathbf{R}^n$,定义函数 f 关于 r_j 在 $\boldsymbol{t}$ 处的偏导数:

$$\left.\frac{\partial}{\partial r_j}\right|_t (f) = \left.\frac{\partial f}{\partial r_j}\right|_t = \lim_{h\to 0}\frac{f(t_1, t_2, \cdots, t_{j-1}, t_j + h, \cdots, t_n) - f(\boldsymbol{t})}{h}$$

对于由非负整数 $\alpha_1, \cdots, \alpha_d$ 构成的 d 重指标 $\boldsymbol{\alpha}=(\alpha_1, \cdots, \alpha_d)$,令

$$[\boldsymbol{\alpha}] = \sum_{j=1}^{d}\alpha_j$$

定义 $\boldsymbol{\alpha}$ 阶偏导数:

$$\frac{\partial^{\boldsymbol{\alpha}}}{\partial r^{\boldsymbol{\alpha}}} = \frac{\partial^{[\boldsymbol{\alpha}]}}{\partial r_1^{\alpha_1}\cdots\partial r_d^{\alpha_d}}$$

引入 d 重指标 $\boldsymbol{\alpha}=(\alpha_1, \cdots, \alpha_d)$,有利于将各种不同的偏导数区别开来。

[定义 8] 设 $U\subset\mathbf{R}^d$,且 U 为开集,$f:U\to\mathbf{R}$。若对于非负整数 k,$[\boldsymbol{\alpha}]\leqslant k$,偏导数$\dfrac{\partial^{\boldsymbol{\alpha}} f}{\partial r^{\boldsymbol{\alpha}}}$存在且连续,则称函数 f 在 U 上 k 阶连续可微,记作 $f\in C^k(U)$。在不需要强调开集 U 时,简记为 $f\in C^k$。这里,可以将 $C^k(U)$视为开集 U 上所有 k 阶连续可微函数组成的集合。

对于 $f:U\to\mathbf{R}^n$,若每个分量函数 $f_j=r_j\circ f$ 都 k 阶连续可微,则称函数 f 也是 k 阶连续可微的。

简言之,若函数 f 所有直到 k 阶的导数存在且连续,则称函数 f 是 k 阶

连续可微的。特别地，函数 f 连续可记作 $f\in C^0$。若对于任意非负整数 k，都有 $f\in C^k$，则称函数 f 光滑，记作 $f\in C^\infty$。若函数 f 解析，记作 $f\in C^\omega$。

光滑函数是任意阶连续可微的，或者说是无穷阶连续可微的。无穷大具有高度的抽象性，为了操作的方便，在数学中常用“任意大”取而代之。

［定义 9］ 设 M 为豪斯多夫空间，若 M 中任一点有一个邻域和 d 维欧几里得空间 $\mathbf{R}^d$ 的一个开子集同构，则称 M 为 d 维拓扑流形（topological manifold），简称流形（manifold），也称为 d 维局部欧几里得空间（locally Euclidean space）。若 ϕ 是从 M 的连通开子集 U 到欧几里得空间 $\mathbf{R}^d$ 的一个开子集的一个同胚，则 ϕ 称为坐标映射（coordinate mapping）或坐标系（coordinate system），U 为坐标域，有序偶对 (U,ϕ) 称为坐标卡（coordinate chart），类似前面定义的函数 $x_j=r_j\circ f$ 称为坐标函数（coordinate function）。

很显然，拓扑流形的维数是由用于表示它的欧几里得空间的维数来确定的。

简言之，一个 d 维流形局部同胚于一个 d 维欧几里得空间。在 d 维流形上的每一点，都能找到一个开邻域与 d 维欧几里得空间的一个开集同胚。通俗地说，流形可以分成一些小块，每一小块都可以看作欧几里得空间的一部分。换言之，虽然流形不一定是欧几里得空间，但它可以由若干块欧几里得空间碎片拼成。如此一来，欧几里得空间中的性质、理论和方法可以移植到流形的局部。

盖满流形 M 的一族 d 维坐标卡 $F=\{(U_\alpha,\phi_\alpha):\alpha\in A\}$ 称为 M 的一个坐标卡集或坐标覆盖。由流形的定义，一个拓扑空间 M 是一个 d 维流形，必须且只需它有一个 d 维坐标覆盖。

流形 M 上的一个点完全有可能属于坐标卡集 F 中不同的坐标域。如此一来，很可能会出现坐标系重叠的现象，同一个点在不同的坐标系中都有相应的坐标。我们需要考虑同一个点在不同坐标系下的坐标之间的关系，即坐标变换。

若 $U_\alpha\cap U_\beta=\varnothing$，则 ϕ_α 和 ϕ_β 都是 $U_\alpha\cap U_\beta$ 上的坐标系。令

$$V_\alpha=\phi_\alpha(U_\alpha\cap U_\beta),V_\beta=\phi_\beta(U_\alpha\cap U_\beta)$$

则坐标变换为映射：

$$\phi_\beta\circ\phi_\alpha^{-1}:V_\alpha\rightarrow V_\beta$$

记作：

$$\phi_{\alpha\beta} = \phi_\beta \circ \phi_\alpha^{-1}$$

在 $U_\alpha \cap U_\beta$ 中，从坐标系 ϕ_α 到坐标系 ϕ_β 的坐标变换分两步走，先从 V_α 通过 ϕ_α^{-1} 返回到 $U_\alpha \cap U_\beta$，再从 $U_\alpha \cap U_\beta$ 通过 ϕ_β 到达 V_β。

显然，坐标变换映射 $\phi_{\alpha\beta}=\phi_\beta\circ\phi_\alpha^{-1}$ 是 d 维欧几里得空间 $\mathbf{R}^d$ 中开集到开集的同胚映射。我们需要考虑 $\phi_{\alpha\beta}$ 的可微性。若拓扑流形 M 中所有的坐标变换都是 k 阶连续可微的，我们称这些坐标系是 C^k 相容的，称流形 M 是 k 阶连续可微的或 C^k 的。

［定义 10］ 拓扑流形 M 上的一个坐标卡集 $F=\{(U\alpha,\phi_\alpha) : \alpha \in A\}$ 称为一个 C^k-微分结构(differential structure)，若满足以下条件：

(1)完整性：$\bigcup\limits_{\alpha\in A} U_\alpha = M$；

(2)相容性：$\phi_\alpha\circ\phi_\beta^{-1}\in C^\kappa$，$\forall\,\alpha,\beta\in A$；

(3)极大性：(U,ϕ)为一个坐标卡，若对于 $\forall\,\alpha\in A$，$\phi\circ\phi_\alpha^{-1}\in C^k$，$\phi_\alpha\circ\phi^{-1}\in C^k$，则 $(U,\phi)\in F$。

微分结构要求所有的开集完全覆盖拓扑流形，确保同胚映射光滑粘结有富余，同时保证坐标卡集是极大的。我们将条件(1)，(2)，(3)分别称为微分结构公理。能够盖满拓扑流形 M 的一个坐标卡集也称为 M 的一个坐标覆盖。

若在拓扑流形 M 上给定了一个 C^k-微分结构 F，则称 M 为一个 C^k-微分流形(differential manifold)，用有序偶对记作 (M,F)。条件(1)，(2)，(3)也可称为微分流形公理。若在 M 上给定义了一个 C^∞-微分结构，则称 M 为一个光滑流形(smooth manifold)。若在 M 上给定了一个 C^ω-微分结构，则称 M 为一个解析流形(analytic manifold)。

简言之，微分流形就是带有微分结构的拓扑流形。

所有的微分流形都与欧几里得空间局部同胚。如此一来，微分流形与微分流形之间也能建立联系。

［定义 11］ 设 $f:M\rightarrow N$ 是从光滑流形 M 到光滑流形 N 的一个连续映射，$\dim M=m$，$\dim N=n$。若在一点 $p\in M$，存在点 p 的容许坐标卡 (U,ϕ_α) 和点 $f(p)$ 的容许坐标卡 (V,ψ_β)，使得映射 $\psi_\beta\circ f\circ\phi_\alpha(U)\rightarrow\psi_\beta(V)$ 在点 $\phi_\alpha(p)$ 是 C^∞ 的，则称映射 f 在点 p 是 C^∞ 的。若映射 f 在 M 的每一点 p 都是 C^∞ 的，则称 f 是从 M 到 N 的光滑映射(smooth map)。

由此可见，流形之间的光滑映射是通过从流形到欧几里得空间和欧几里得空间到自身的光滑映射来定义的。

设 $\dim M=\dim N$，并且 $f:M\to N$ 是同胚，若 f 和 f^{-1} 都是光滑映射，则我们称 $f:M\to N$ 是可微同胚（differentiable homeomorphism）。如果光滑流形 M 和光滑流形 N 是可微同胚的，则称 M 和 N 的光滑流形结构是同构的。

同构是针对某一些特定结构而言的。按照不同的标准，同构分为很多层次。保持的结构越多，同构的层次越高。比如，环同构的层次高于群同构。

设 (M_1,F_1) 和 (M_2,F_1) 分别为 d_1 维和 d_2 维光滑流形，取极大坐标卡集 $F=\{(U_\alpha\times V_\beta,\phi_\alpha\times\psi_\beta:U_\alpha\times V_\beta\to\mathbf{R}^{d_1}\times\mathbf{R}^{d_2}):(U_\alpha,\phi_\alpha)\in F_1,(U_\beta,\phi_\beta)\in F_2\}$，则 $(M_1\times M_2,F)$ 是一个 d_1+d_2 维光滑流形，称为 M_1 和 M_2 的积流形（product manifold）。

光滑流形的积自然而然地作成一个光滑流形。

［例 5］　从实数集合 $\mathbf{R}$ 到单位圆周 S^1 的映射：

$$f:\mathbf{R}\to S^1$$

$$t\mapsto(\cos t,\sin t)$$

是一个光滑映射。

［例 6］　对于二维圆环面 T^2 和三维欧几里得空间 $\mathbf{R}^3$，定义映射 $f:T^2\to\mathbf{R}^3$ 为

$$f(\theta,\rho)=((\sqrt{2}+\cos\rho)\cos\theta,(\sqrt{2}+\cos\rho)\sin\theta,\sin\rho)$$

其中，f 是一个光滑映射，而且是一个一一映射。f 的像是 $\mathbf{R}^3$ 中的一个曲面，由以下方程给出：

$$x^2+y^2+z^2+1=2\sqrt{2(x^2+y^2)}$$

为此，圆环面 T^2 可以看作三维欧几里得空间 $\mathbf{R}^3$ 中的一个曲面。

2.3.2　微分流形的例子

［例 7］　定义了恒等映射的欧几里得空间自然而然成为一个微分流形。在欧几里得空间 $\mathbf{R}^d$ 定义恒等映射 $\mathrm{id}:\mathbf{R}^d\to\mathbf{R}^d$，则极大坐标卡集 $(\mathbf{R}^d,\mathrm{id})$ 成为欧几里德空间上的一个微分结构。

［例 8］　有限维矢量空间 V 作成一个微分流形。

［例 9］　d 维复欧几里得空间 C^d 作成一个微分流形。

[**例 10**] d 维单位球面：

$$S^d = \left\{ \boldsymbol{x} \mid \boldsymbol{x} = (x_1, x_2, \cdots, x_{d+1}) \in \mathbf{R}^{d+1}, \sum_{j=1}^{d+1} x_j^2 = 1 \right\}$$

作成一个微分流形。

对于二维单位球面，有

$$S^2 = \{(x,y,z) \mid (x,y,z) \in \mathbf{R}^3, x^2 + y^2 + z^2 = 1\}$$

令

$$U_1 = S^2 \setminus \{(0,0,1)\}$$

$$U_2 = S^2 \setminus \{(0,0,-1)\}$$

其中，$\boldsymbol{U}_1$ 和 $\boldsymbol{U}_2$ 分别为单位球面 S^2 挖掉北极点(0,0,1)和南极点(0,0,−1)以后剩下的部分。建立球极映射(stereographic projection)：

$$\phi_\alpha : U_\alpha \to \mathbf{R}^2 \cong \{(x,y,0)\}, \alpha = 1,2$$

即

$$\phi_1(x,y,z) = \left(\frac{x}{1-z}, \frac{y}{1-z}\right)$$

$$\phi_2(x,y,z) = \left(\frac{x}{1+z}, \frac{y}{1+z}\right)$$

容易验证，在 $U_1 \cap U_2$ 中，$\phi_1 \circ \phi_2^{-1} : \mathbf{R}^2 \setminus \{0\} \to \mathbf{R}^2 \setminus \{0\}$ 是一个光滑微分同胚，具体为

$$\phi_1 \circ \phi_2^{-1}(x,y,z) = \left(\frac{x}{x^2+y^2}, \frac{y}{x^2+y^2}\right)$$

因此，二维单位球面 S^2 作成一个二维流形。

[**例 11**] 微分流形(M, F_M)的一个开子集 U 也是一个微分流形，对应的微分结构为

$$F_U = \{(U_\alpha \cap U, \phi_\alpha |_{U_\alpha \cap U}) : (U_\alpha, \phi_\alpha) \in F_M\}$$

[**例 12**] 一般线性群 $GL_n(\mathbf{R})$作成一个 n^2 维微分流形。

[**例 13**] 单位圆周：

$$S^1 = \{(x,y) \mid (x,y) \in \mathbf{R}^2, x^2 + y^2 = 1\}$$

作成一个一维解析流形。作为单位圆周的笛卡尔积，圆环面(torus)：

$$T^2 = S^1 \times S^1$$

作成一个二维解析流形。

2.3.3　切空间

线性事物相对简单,容易研究,人们习惯用线性对象来近似非线性对象。比如,研究曲线的过程中引入切线,研究曲面的过程中引入切平面。类似地,在拓扑流形上给定一个微分结构以后,在每一点的附近可以用线性空间来近似。为此,人们引入了切空间和余切空间的概念。

设 M 为一个 m 维光滑流形,找一个固定点 $p\in M$。设 f 是定义在 p 的一个邻域上的 C^{∞}-函数,并将所有这样的函数集合记作 C_p^{∞}。在 C_p^{∞} 中随便找两个函数,它们的定义域很可能是不同的。但是,在 C_p^{∞} 中加法和乘法仍然是有意义的。设 $f,g\in C_p^{\infty}$,定义域分别为 U 和 V,则 $U\cap V$ 仍是点 p 的邻域。因此,$f+g$ 和 fg 是定义在 $U\cap V$ 上的 C^{∞}-函数,即 $f+g,fg\in C_p^{\infty}$。

我们尝试在 C_p^{∞} 中找到一些关系更加密切的函数。设 $f,g\in C_p^{\infty}$,定义 $f\sim g$ 为当且仅当存在点 p 的一个开邻域 H,使得 $f|_H=g|_H$。很显然,$\sim$ 是 C_p^{∞} 中的一个等价关系。函数 f 在 C_p^{∞} 中的 $\sim$ 等价类记作 $[f]$,称为流形 M 在点 p 的 C^{∞}-函数芽(germ)。显然有

$$[f]=\{g\mid g\in C_p^{\infty}\text{ 且 }g\sim f\}$$

通俗地说,一个函数芽 $[f]$ 是一类函数,这一类函数不仅在 p 点相等,还要在 p 点周围很小的范围内和 f 重合。

用等价关系 $\sim$ 对 C_p^{∞} 中的函数进行分类,每个函数芽成为一类,所有的类组成一族。令

$$F_p=C_p^{\infty}/\sim=\{[f]\mid f\in C_p^{\infty}\}$$

设 $[f],[g]\in F_p$,$\alpha\in\mathbf{R}$,可以在 F_p 中定义加法和实数数乘如下:

$$[f]+[g]=[f+g],\alpha[f]=[\alpha f]$$

如此一来,F_p 成为无限维实线性空间。

一段曲线在本质上是从实数集合 $\mathbf{R}$ 的一个区间到一个流形上的一个连续映射,如果这个连续映射是光滑的,则曲线也是光滑的。

设 γ 是 M 上过点 p 的一段参数曲线,即 $\exists\,\delta>0$,使得 $\gamma:(-\delta,\delta)\rightarrow M$ 成为 C^{∞}-映射,且 $\gamma(0)=p$。将所有这种参数曲线的集合记作 Γ_p。

对于 $\gamma\in\Gamma_p$,$[f]\in F_p$,定义曲线方向导数:

$$\ll\gamma,[f]\gg=\left.\frac{\mathrm{d}(f\circ\gamma)}{\mathrm{d}t}\right|_{t=0},-\delta<t<\delta$$

我们知道，函数芽$[f]$中所有的函数在点 p 周围是完全一样的，而 $t=0$ 周围正好对应流形上点 p 周围。因此，对于固定的 γ，上式右端的数值由$[f]$完全确定，并不依赖于代表函数 f 的选取。

曲线方向导数$\ll,\gg$关于函数芽是线性的，即对于$\forall\gamma\in\Gamma_p$，$[f]$，$[g]\in F_p$，$\alpha\in\mathbf{R}$，有

$$\ll\gamma,[f]+[g]\gg=,\ll\gamma,[f]\gg+\ll\gamma,[g]\gg$$

$$\ll\gamma,\alpha[f]\gg=\alpha\ll\gamma,[f]\gg$$

设

$$H_p=\{[f]\in F_p\mid\ll\gamma,[f]\gg=0,\forall\gamma\in\Gamma_p\}$$

则 H_p 是 F_p 的线性子空间。

从 H_p 的定义看出，要求函数芽沿着过点 p 的任意曲线在点 p 的曲线方向导数为零，这个要求是很高的。

在微分同胚的作用之下，可以将坐标系贴在流形上，这使得流形上的求导可以直接在坐标系中进行。

设$[f]\in F_p$，对于包含 p 的容许坐标卡(U,ϕ)，令

$$F(x^1,x^2,\cdots,x^m)=f\circ\phi^{-1}(x^1,x^2,\cdots,x^m)$$

则$[f]\in H_p$，当且仅当：

$$\left.\frac{\partial F}{\partial x^k}\right|_{\phi(p)}=0,1\leqslant k\leqslant m$$

以上结论表明，子空间 H_p 恰好是在点 p 关于局部坐标的一阶偏导数都是零的光滑函数的函数芽所构成的线性空间。

通俗地说，函数芽按照函数在点 p 附近的函数值对函数进行了归类，H_p 按照函数芽在 p 点的导数同为零将若干函数芽归为一类。

［定义 12］ 商空间(quotient space)F_p/H_p 称为流形 M 在点 p 的余切空间(cotangent space)，记作 T_p^*。函数芽$[f]\in F_p$ 的 H_p-等价类记作$[\tilde{f}]$，也记作$(\mathrm{d}f)_p$，称为流形 M 在 p 点的余切矢量(cotangent vector)。

从直观上来说，$[g]\in[\tilde{f}]$当且仅当在点 p 的容许坐标卡(U,ϕ)下，函数 $g\circ\phi^{-1}$和 $f\circ\phi^{-1}$在点 $\phi(p)$有相同的一阶 Taylor 展式。

$\boldsymbol{T}_p^*$ 是线性空间，它有从线性空间 F_p 诱导的线性结构，即对于$[f]$，$[g]\in F_p$，$\alpha\in\mathbf{R}$，有

$$[\tilde{f}]+[\tilde{g}]=([f]+[\tilde{g}])$$

$$\alpha[\tilde{f}]=(\alpha[\tilde{f}])$$

设 $f^1,f^2,\cdots,f^s\in C_p^\infty$，$F(y^1,y^2,\cdots,y^s)$ 是在点 $(f^1(p),f^2(p),\cdots,f^s(p))\in\mathbf{R}^s$ 的邻域内的光滑函数，则 $f=F(f^1,f^2,\cdots,f^s)\in C_p^\infty$，且有

$$(\mathrm{d}f)_p=\sum_{k=1}^{s}\left(\frac{\mathrm{d}F}{\partial f^k}\right)_{(f^1(p),f^2(p),\cdots,f^s(p))}(\mathrm{d}f^k)_p$$

有关余切矢量和余切空间，还有一些较好的性质。

对于 $\forall f,g\in C_p^\infty,\alpha\in\mathbf{R}$，有：

(1)线性：

$$\mathrm{d}(f+g)_p=\mathrm{d}(f)_p+\mathrm{d}(g)_p$$

$$\mathrm{d}(\alpha f)_p=\alpha\mathrm{d}(f)_p$$

(2)Leibniz 性：

$$\mathrm{d}(fg)_p=f(p)\mathrm{d}(g)_p+g(p)\mathrm{d}(f)_p$$

余切空间的维数与流形的维数相同，即

$$\dim T_p^*=\dim M$$

根据定义，$[f]-[g]\in H_p$ 当且仅当

$$\ll\gamma,[f]\gg=\ll\gamma,[g]\gg,\forall\gamma\in\Gamma_p$$

为此，不妨将所有与$[f]$在同一类的函数芽放在一起来定义曲线方向导数，即

$$\ll\gamma,(\mathrm{d}f)_p\gg=\ll\gamma,[f]\gg,\forall\gamma\in\Gamma_p,(\mathrm{d}f)_p\in T_p^*$$

如此一来，每一条光滑曲线 $\gamma\in\Gamma_p$ 在 T_p^* 上定义了一个线性函数$\ll\gamma,\cdot\gg$。很明显，这里的 $\gamma\mapsto\ll\gamma,\cdot\gg$并非单射。但是，我们可以将它转化为单射。最直接的办法就是将非单射中出现“多对一”的像原合在一起，这可以通过引入一个等价关系来完成。

设 $\gamma,\gamma'\in\Gamma_p$，称 $\gamma\sim\gamma'$，当且仅当：

$$\ll\gamma,(\mathrm{d}f)_p\gg=\ll\gamma',(\mathrm{d}f)_p\gg,\forall(\mathrm{d}f)_p\in T_p^*$$

这里的关系“$\sim$”显然是一个等价关系，γ 的$\sim$等价类记作$[\gamma]$。因此，可以定义：

$$\langle[\gamma],(\mathrm{d}f)_p\rangle=\ll\gamma,(\mathrm{d}f)_p\gg$$

这样，$[f]$与线性函数$\ll[\gamma],\cdot\gg:T_p^*\mapsto\mathbf{R}$之间一一对应。

在局部坐标 (U,u^k) 下，$\gamma\in\Gamma_p$ 由函数 $u^k=u^k(t)$，$1\leqslant k\leqslant m$ 给出，可得

$$\langle[\gamma],(\mathrm{d}f)_p\rangle = \sum_{k=1}^{m} a_k \xi^k$$

其中有

$$a_k = \left(\frac{\partial(f\circ\phi^{-1})}{\partial u^k}\right)_{\phi(p)},\xi^k = \left(\frac{\mathrm{d}u^k}{\mathrm{d}t}\right)_{t=0}$$

其中,系数 a_k 恰是余切矢量$(\mathrm{d}f)_p$ 关于自然基底$(\mathrm{d}u^k)_p$ 的分量。很明显,$\langle[\gamma],(\mathrm{d}f)_p\rangle$是 T_p^* 上的线性函数,这个函数由分量 ξ^k 完全确定。取 γ 为

$$u^k(t) = u^k(p) + \xi^k t$$

可见 ξ^k 能取任意的数值。这就是说,$\ll[\gamma],(\mathrm{d}f)_p\gg(\gamma\in\Gamma_p)$包括 T_p^* 上的全体线性函数,它们组成 T_p^* 的对偶空间 T_p,叫作 M 在 p 点的切空间(tangent space)。切空间中的元素称为切矢量(tangent vector)。

切矢量具有明显的几何意义:如果 $\gamma'\in\Gamma_p$ 由函数 $u^k = u'_k(t)$,$1\leqslant k\leqslant m$ 给出,则$[\gamma]=[\gamma']$的充分必要条件为

$$\left(\frac{\mathrm{d}u^k}{\mathrm{d}t}\right)_{t=0} = \left(\frac{\mathrm{d}u'^k}{\mathrm{d}t}\right)_{t=0}$$

因此,$\gamma\sim\gamma'$指的是这两条参数曲线在点 p 有同一个切矢量。流形 M 在点 p 的切矢量恰是全体在点 p 有相同切矢量的参数曲线的集合。

由上述讨论可知,函数 $\langle \boldsymbol{X},(\mathrm{d}f)_p\rangle$,$\boldsymbol{X} = [\gamma] \in T_p$,$(\mathrm{d}f)_p \in T_p^*$ 具有双线性。

在不会引起混淆的前提下,人们可以将切矢量和余切矢量的下标 p 省略。

[定义 13] 设 f 为一个定义在点 p 附近的 C^∞-函数,余切矢量$(\mathrm{d}f)_p\in T_p^*$ 也称为函数 f 在点 p 的微分(differential)。若微分$(\mathrm{d}f)_p=0$,则称 p 为 f 的临界点(critical point)。

流形中函数的临界点,类似于欧几里得空间微分学中函数的驻点。

[定义 14] 设 $\boldsymbol{X}\in T_p$,$f\in C_p^\infty$,称 $\boldsymbol{X}f = \langle\boldsymbol{X},(\mathrm{d}f)_p\rangle$ 为函数 f 沿切矢量 $\boldsymbol{X}$ 的方向导数(directional derivative)。

方向导数具有一些好的性质。$\boldsymbol{X}\in T_p$,$f,g\in C_p^\infty$,$\alpha,\beta\in\mathbf{R}$,则满足:

(1)线性:

$$\boldsymbol{X}(\alpha f + \beta g) = \alpha\boldsymbol{X}f + \beta\boldsymbol{X}g$$

(2)Leibniz 性:

$$\boldsymbol{X}(fg) = f(p)\boldsymbol{X}g + g(p)\boldsymbol{X}f$$

在局部坐标(U,u^k)之下，切矢量 $\boldsymbol{X}=[\gamma]\in T_p$ 和余切矢量 $\boldsymbol{h}=\mathrm{d}f\in T_p^*$ 分别可由自然基底线性表示：

$$\boldsymbol{X} = \sum_{k=1}^{m}\xi^k \frac{\partial}{\partial u^k},\boldsymbol{h} = \sum_{k=1}^{m}a_k \mathrm{d}u^k$$

式中，有

$$\xi^k = \frac{\mathrm{d}(u^k \circ \gamma)}{\mathrm{d}t},a_k = \frac{\partial f}{\partial u^k}$$

若有另一个局部坐标(U^*,u^{*k})，设 $\boldsymbol{X}$ 和 $\boldsymbol{h}$ 对相应的自然基底展开分量分别为ξ^{*k}和a_k^*，则存在如下变换关系：

$$\xi^{*j} = \sum_{k=1}^{m}\xi^k \frac{\partial u^{*j}}{\partial u^k}$$

$$a_k = \sum_{k=1}^{m}a_j^* \frac{\partial u^{*j}}{\partial u^k}$$

式中，

$$\frac{\partial u^{*j}}{\partial u^k} = \frac{\partial(\phi^* \circ \phi^{-1})}{\partial u^k}$$

是坐标变换 $\phi^*\circ\phi^{-1}$的雅克比(Jacobi)矩阵。

光滑流形之间的光滑映射可以分别诱导出切空间之间和余切空间之间的线性映射。设 $F:M\to N$ 是光滑映射，$p\in M,q=F(p)$，定义映射 $F^*:T_q^*\to T_p^*$ 如下：

$$F^*(\mathrm{d}f) = \mathrm{d}(f\circ F),\mathrm{d}f \in T_q^*$$

这是一个线性映射，称为映射 F 的微分。

考虑 F^* 的共轭映射 $F_*:T_p\to T_q$，对于 $\forall \boldsymbol{X}\in T_p,\boldsymbol{h}\in T_q^*$，有

$$\langle F_*\boldsymbol{X},\boldsymbol{h}\rangle = \langle \boldsymbol{X},F^*\boldsymbol{h}\rangle$$

其中，F_* 称为由 F 诱导的切映射。

2.3.4　子流形

在群论中，有子群的概念。在流形理论中，也有子流形结构。

设 M 为 m 维光滑流形，N 为 n 维光滑流形。给定光滑映射 $\phi:M\to N$，则对 $\forall p\in M$，在相应的切空间之间有诱导的切映射 $\phi_*:T_p(M)\to T_q(N)$，其中 $q=\phi(p)$。有趣的是，切映射 T_* 在点 $p\in M$ 的性质可以决定映射 ϕ 在点 p

的一个邻域内的性质。

首先,我们来回顾一下欧几里得空间微积分中的一个经典结论。

[**反函数定理**] 设 W 是 n 维欧几里得空间 $\mathbf{R}^n$ 的一个开子集,$f:W\to\mathbf{R}^n$ 是光滑映射。对于点 $x_0\in W$,若映射 f 的雅可比行列式

$$\det\left(\frac{\partial f^j}{\partial x^k}\right)\bigg|_{x_0}\neq 0$$

则映射 f 可以将 x_0 在 W 中的某一个邻域 U 映成 $f(x_0)$ 在 $\mathbf{R}^n$ 中的一个邻域 $V=f(U)$,且 f 在 V 上有光滑的反函数:

$$g=f^{-1}:V\to U$$

应该指出,映射 f 可以将 x_0 在 W 中的某一个邻域映成 $f(x_0)$ 在 $\mathbf{R}^n$ 中的一个邻域,这并不表示 f 可以将 x_0 在 W 中的任意一个邻域都映成 $f(x_0)$ 在 $\mathbf{R}^n$ 中的一个邻域。

根据切空间的相关理论,映射 f 的雅可比矩阵 $\left(\frac{\partial f^j}{\partial x^k}\right)$ 正好是线性切映射 f_* 在自然基底下的矩阵。因此 $\det\left(\frac{\partial f^j}{\partial x^k}\right)\bigg|_{x_0}\neq 0$ 表明线性映射:

$$F_*:T_{x_0}(W)\to T_{f(x_0)}(\mathbf{R}^n)$$

是一个同构。f^{-1} 是 f 的反函数有两层含义:

$$f^{-1}\circ f=\mathrm{id}:U\to U$$

$$f\circ f^{-1}=\mathrm{id}:V\to V$$

也就是说,反函数是相互的。在一般情况下,函数与反函数的复合是不可交换的,即 $f\circ f^{-1}\neq f^{-1}\circ f$。虽然从两个方向都可以返回,但出发点就是返回点,出发点不同,返回点也不同。

由于 f 和 f_{-1} 都是光滑映射,f 在 U 上的限制 $f|_U:U\to V$ 给出了从 U 到 V 的一个可微同胚。反函数定理表明,若光滑函数 f 的切映射 f_* 在某一点是同构,则 f 是从该点的一个邻域到 $\mathbf{R}^n$ 中一个邻域的可微同胚。

借助局部坐标系,可以很自然地将反函数定理推广到流形上。

设 M 和 N 是两个 n 维光滑流形,$f:M\to N$ 是光滑映射。若有一点 $p\in M$,切映射 $f_*:T_p(M)\to T_{f(p)}(N)$ 是同构,则存在点 p 在 M 中的邻域 U,使得 $V=f(U)$ 是点 $f(p)$ 在 N 中的一个邻域,且 $f|_U:U\to V$ 是可微同胚。

设 M 是 m 维光滑流形,N 是 n 维光滑流形,$f:M\to N$ 是光滑映射。若切

映射 $f_*:T_p(M)\to T_{f(p)}(N)$ 在点 $p\in M$ 是单一映射，则称切映射 f_* 在点 p 是非退化的。显然，必须有 $m\leqslant n$，且 f 的雅可比矩阵在点 p 处秩为 m。

设 M 是 m 维光滑流形，N 是 n 维光滑流形，$m<n$。$f:M\to N$ 是光滑映射。若切映射 $f_*:T_p(M)\to T_{f(p)}(N)$ 在点 p 是非退化的，则存在点 p 的局部坐标系 (U,u^k) 和点 $q=f(p)$ 的局部坐标系 (V,v^α)，使得 $f(U)\subset V$，且映射 $f|_U$ 可用局部坐标表示：

$$v^j(f(x))=u^j(x),1\leqslant j\leqslant m$$

$$v^\gamma(f(x))=0,m+1\leqslant\gamma\leqslant n$$

［定义 15］ 设 M 和 N 是两个 n 维光滑流形，若存在光滑映射 $f:M\to N$，使得在流形 M 上任意一点 p，切映射 $\phi_*:T_p(M)\to T_{f(p)}(N)$ 都是非退化的，则称 ϕ 是侵入，称 (ϕ,M) 是 N 的一个侵入子流形。若映射 ϕ 还是单一的，则称 (ϕ,M) 是 N 的一个光滑子流形(submanifold)或嵌入子流形。

［定义 16］ 设 (ϕ,M) 是光滑流形 N 的一个子流形。若 $\phi:M\to\phi(M)\subset N$ 是同胚映射，则称 (ϕ,M) 是 N 的正则子流形，或称 ϕ 是光滑流形 M 在 N 中的正则嵌入。

设 (ϕ,M) 是 n 维光滑流形 N 的 m 维子流形，则 (ϕ,M) 是 N 的正则子流形，当且仅当 (ϕ,M) 是 N 的一个开子流形的闭子流形。

子流形 (ϕ,M) 是光滑流形 N 的正则子流形的充分必要条件：对于 $\forall p\in M$，$\exists q=\phi(p)$ 在 N 的坐标卡 $(V,v^\alpha)(v^\alpha(q)=0)$，使得 $\phi(M)\cap V$ 是由 $v^{m+1}=v^{m+2}=\cdots=v^n=0$ 定义的。

设 (ϕ,M) 是光滑流形 N 的一个子流形，若 M 是紧致的，则 $\phi:M\to N$ 是正则嵌入。

设 M 是 m 维紧致的光滑流形，则 $\exists n\in\mathbf{Z}^+$ 和光滑映射 $\phi:M\to\mathbf{R}^n$，使得 (ϕ,M) 是 $\mathbf{R}^n$ 的正则子流形。

2.3.5　Frobenius 定理

流形 M 在点 p 的光滑函数集合记作 C_p^∞，切矢量 $\boldsymbol{X}_p$ 可看作定义在 C_p^∞ 上的实函数 $\boldsymbol{X}_p:C_p^\infty\to\mathbf{R}$。若对 $\forall p\in M$，X 可以指定一个切矢量 $\boldsymbol{X}_p$，则称 $\boldsymbol{X}$ 是流形 M 上的切矢量场。若 $f\in C^\infty(M)$，令

$$(\boldsymbol{X}f)(p)=\boldsymbol{X}_p(f)$$

$\boldsymbol{X}f$ 成为流形 M 上的实函数。

简言之,一个确定的切矢量 $\boldsymbol{X}_p$ 对函数作用的结果是一个实数,一个切矢量场 $\boldsymbol{X}$ 对函数作用的结果是一个实函数。

[定义 17] 设 $\boldsymbol{X}$ 是光滑流形 M 上的一个切矢量场,若对 $\forall f \in C^{\infty}(M)$ 总有 $\boldsymbol{X}f \in C^{\infty}(M)$,则称 $\boldsymbol{X}$ 为流形 M 上的光滑切矢量场。

显然,光滑切矢量场 $\boldsymbol{X}$ 可以看作从 $C^{\infty}(M)$ 到 $C^{\infty}(M)$ 的一个算子。矢量场的光滑性是通过它对函数的作用表现出来的。作为算子,$\boldsymbol{X}$ 有类似于导数的性质。

设 $f, g \in C^{\infty}(M)$, $\alpha, \beta \in \mathbf{R}$,则满足:

(1)线性:

$$\boldsymbol{X}(\alpha f + \beta g) = \alpha(\boldsymbol{X}f) + \beta(\boldsymbol{X}g)$$

(2)Leibniz 性:

$$\boldsymbol{X}(fg) = f\boldsymbol{X}g + g\boldsymbol{X}f$$

算子 $\boldsymbol{X}$ 可以看作 $\boldsymbol{X}_p$ 在整个流形上的复制,$\boldsymbol{X}$ 和 $\boldsymbol{X}_p$ 同样都满足线性和 Leibniz 性。

要想深入了解光滑切矢量场,就要观测它的局部特征。设 $\boldsymbol{X}$ 是流形 M 上的光滑切矢量场,则对 M 的任意非空子集 U,$\boldsymbol{X}$ 在 U 上的限制 $\boldsymbol{X}|_U$ 是开子流形 U 上的光滑切矢量场。我们需要通过矢量场对函数的作用效果来探测矢量场的光滑性。为了说明 $\boldsymbol{X}|_U$ 是光滑的,就要证明对于 $\forall f \in C^{\infty}(U)$,$\boldsymbol{X}|_U$ 仍是 U 上的光滑函数。

在光滑流形 M 上,切矢量场 $\boldsymbol{X}$ 光滑的充分必要条件是:对于 $\forall p \in M$,存在点 p 的局部坐标系 (U, u^k),使得

$$\boldsymbol{X}\Big|_U = \sum_{k=1}^{m} \xi^k \frac{\partial}{\partial u^k}$$

其中,$\xi^k(1 \leqslant k \leqslant m)$ 是 U 上的光滑函数。

这个结论相当于给出了光滑流形上光滑切矢量场的具体形式,不仅可以使我们一窥光滑切矢量场的庐山真面目,还有利于进行一些推理论证。

在一个流形 $\boldsymbol{M}$ 上,光滑切矢量场并不是唯一的,这些切矢量场可以相互作用。设 $\boldsymbol{X}$ 和 $\boldsymbol{Y}$ 是流形 M 上的两个光滑切矢量场,定义切矢量场的乘法如下:

$$(\boldsymbol{X}\boldsymbol{Y})f = \boldsymbol{X}(\boldsymbol{Y}f), f \in C^{\infty}(M)$$

定义切矢量场的 Poisson 括号积如下：

$$[\boldsymbol{X},\boldsymbol{Y}] = \boldsymbol{X}\boldsymbol{Y} - \boldsymbol{Y}\boldsymbol{X}$$

很显然，$\boldsymbol{XY}$ 和 $[\boldsymbol{X},\boldsymbol{Y}]$ 都是作用在 $C^\infty(M)$ 上的算子。对于 $\forall f,g\in C^\infty(M)$，$\alpha,\beta\in\mathbf{R}$，$[\boldsymbol{X},\boldsymbol{Y}]$ 满足以下性质：

(1)线性：

$$[\boldsymbol{X},\boldsymbol{Y}](\alpha f+\beta g) = \alpha[\boldsymbol{X},\boldsymbol{Y}]+\beta[\boldsymbol{X},\boldsymbol{Y}]g$$

(2)Leibniz 性：

$$[\boldsymbol{X},\boldsymbol{Y}](fg) = f[\boldsymbol{X},\boldsymbol{Y}]g+g[\boldsymbol{X},\boldsymbol{Y}]f$$

线性和 Leibniz 性表明，$[\boldsymbol{X},\boldsymbol{Y}]$ 也是流形 M 上的光滑切矢量场。换言之，Poisson 括号积对光滑切矢量场是封闭的，是切矢量场集合中的一个运算。既然 $[\boldsymbol{X},\boldsymbol{Y}]$ 是光滑切矢量场，也应该可以用局部坐标来表示。

[Poisson 括号积运算律]　设 $\boldsymbol{X},\boldsymbol{Y},\boldsymbol{Z}$ 是流形 M 上的光滑切矢量场，$f,g\in C^\infty(M)$，$\alpha,\beta\in\mathbf{R}$ 则 Poisson 括号积满足：

(1)双线性：

$$[\boldsymbol{X},\alpha\boldsymbol{Y}+\beta\boldsymbol{Z}] = \alpha[\boldsymbol{X},\boldsymbol{Y}]+\beta[\boldsymbol{X},\boldsymbol{Z}]$$

$$[\alpha\boldsymbol{X}+\beta\boldsymbol{Y},\boldsymbol{Z}] = \alpha[\boldsymbol{X},\boldsymbol{Z}]+\beta[\boldsymbol{Y},\boldsymbol{Z}]$$

(2)反对称性：

$$[\boldsymbol{Y},\boldsymbol{X}] = -[\boldsymbol{X},\boldsymbol{Y}]$$

(3)Jacobi 恒等式：

$$[[\boldsymbol{X},\boldsymbol{Y}],\boldsymbol{Z}]+[[\boldsymbol{Y},\boldsymbol{Z}],\boldsymbol{X}]+[[\boldsymbol{Z},\boldsymbol{X}],\boldsymbol{Y}] = 0$$

(4)全作用性：

$$[f\boldsymbol{X},g\boldsymbol{Y}] = fg[\boldsymbol{X},\boldsymbol{Y}]+f(\boldsymbol{X}g)\boldsymbol{Y}-g(\boldsymbol{Y}f)\boldsymbol{X}$$

[定义 18]　设 $\boldsymbol{X}$ 是流形 M 上的光滑切矢量场。若有点 $p\in M$ 使得 $X_p=0$，则称点 p 是 $\boldsymbol{X}$ 的一个奇点(singular point)。

在很多学科中，遇到奇点都相当于遇到麻烦。矢量场 $\boldsymbol{X}$ 在奇点附近的性质十分复杂，但光滑切矢量场在非奇点附近的性质还是相对容易把握的。

设 $\boldsymbol{X}$ 是流形 M 上的光滑切矢量场，若有点 $p\in M$ 使得 $\boldsymbol{X}_p\neq 0$，则存在点 p 的局部坐标系 (W,ω^k)，使得

$$\boldsymbol{X}|_W = \frac{\partial}{\partial\omega^1}$$

这一结论表明，在流形上任意非奇异点处，只要找到合适的坐标系，光滑

切矢量场总可以写成一个偏导算子。如此一来,切矢量场的作用进一步简化和具体化。

设 M 是一个 m 维光滑流形,在 M 上每一点 p 指定切空间 T_p 的一个 h 维子空间 $\boldsymbol{L}^h(p)$,从而 $\boldsymbol{L}^h$ 成为流形 M 上的 h 维切子空间场。若对 $\forall p \in M$,在 p 的一个邻域 U 上存在 h 个线性无关的光滑切矢量场 $\boldsymbol{X}_1, \boldsymbol{X}_2, \cdots, \boldsymbol{X}_h$,使得在 $\forall q \in U$,$\boldsymbol{L}^h(q)$ 总可以由 $\boldsymbol{X}_1(q), \boldsymbol{X}_2(q), \cdots, \boldsymbol{X}_h(q)$ 张成,则称 $\boldsymbol{L}^h$ 为流形 M 上的 h 维光滑切子空间场,或 M 上 h 维光滑分布,记作

$$\boldsymbol{L}^h|_U = \{\boldsymbol{X}_1, \boldsymbol{X}_2, \cdots \boldsymbol{X}_h\}$$

这 h 个线性无关的光滑切矢量场 $\boldsymbol{X}_1, \boldsymbol{X}_2, \cdots, \boldsymbol{X}_h$ 组成的集合 $\{\boldsymbol{X}_1, \boldsymbol{X}_2, \cdots, \boldsymbol{X}_h\}$ 称为 h 维光滑切子空间场 $\boldsymbol{L}^h$ 的一组基。应该指出,光滑切子空间场 $\boldsymbol{L}^h$ 的基并不是唯一的。令

$$\boldsymbol{Y}_\alpha = \sum_{\beta=1}^{h} a_\alpha^\beta \boldsymbol{X}_\beta, 1 \leqslant \alpha \leqslant h$$

其中,a_α^β 是 U 上的光滑函数,且在 $\forall q \in U$ 处 $\det(a_\alpha^\beta) \neq 0$。则 $\{\boldsymbol{Y}_1, \boldsymbol{Y}_2, \cdots, \boldsymbol{Y}_h\}$ 也是 $\boldsymbol{L}^h|_U$ 的一组基,即

$$\boldsymbol{L}^h|_U = \{\boldsymbol{Y}_1, \boldsymbol{Y}_2, \cdots, \boldsymbol{Y}_h\}$$

我们知道,流形 M 上的光滑切矢量场 $\boldsymbol{X}$ 在非奇异点处可以在局部坐标系中写成一个偏导算子。流形 M 上的 h 维光滑切子空间场 $\boldsymbol{L}^h$ 是否也可以由局部坐标系中的一组偏导算子张成呢?

假设存在局部坐标系(W, ω^k)使得

$$\boldsymbol{L}^h|_W = \left\{\frac{\partial}{\partial \omega^1}, \frac{\partial}{\partial \omega^2}, \cdots, \frac{\partial}{\partial \omega^h}\right\}$$

则切矢量场 $\boldsymbol{X}_\alpha$ 可表示为

$$\boldsymbol{X}_\alpha = \sum_{\beta=1}^{h} b_\alpha^\beta \frac{\partial}{\partial \omega^\beta}, 1 \leqslant \alpha \leqslant h$$

很显然,有

$$\left[\frac{\partial}{\partial \omega^\alpha}, \frac{\partial}{\partial \omega^\beta}\right] = 0$$

因此,有

$$[\boldsymbol{X}_\alpha, \boldsymbol{X}_\beta] = \sum_{\gamma=1}^{h} C_{\alpha\beta}^\gamma \boldsymbol{X}_\gamma$$

式中,有

$$C_{\alpha\beta}^{\gamma}=\sum_{\delta,\eta=1}^{h}\left(b_{\alpha}^{\delta}\frac{\partial b_{\beta}^{\eta}}{\partial\omega^{\delta}}-b_{\beta}^{\delta}\frac{\partial b_{\alpha}^{\eta}}{\partial\omega^{\delta}}\right)c_{\eta}^{\gamma}$$

其中,$\boldsymbol{b}=(b_{\beta}^{\alpha})$和 $\boldsymbol{c}=(c_{\beta}^{\alpha})$均为矩阵且 $\boldsymbol{c}=\boldsymbol{b}^{-1}$。

在以上假设成立的前提下,若$\{X_1,X_2,\cdots X_h\}$和$\{Y_1,Y_2,\cdots Y_h\}$为流形 M 上同一个 h 维光滑切子空间场 $\boldsymbol{L}^h$ 的两组基,且$[\boldsymbol{X}_\alpha,\boldsymbol{X}_\beta]$可以表示为 $\boldsymbol{X}_\gamma$ 的线性组合,则$[\boldsymbol{Y}_\alpha,\boldsymbol{Y}_\beta]$也可以表示为 $\boldsymbol{Y}_\gamma$ 的线性组合。

[Frobenius 条件]　设 $\boldsymbol{L}^h$ 是流形 M 上的 h 维光滑切子空间场。若在任意一个坐标域 U 上,只要 $\boldsymbol{L}^h$ 可由一组基$\{X_1,X_2,\cdots,X_h\}$张成,$[\boldsymbol{X}_\alpha,\boldsymbol{X}_\beta]1\leqslant\alpha,\beta\leqslant h$ 都可以表示成 $\boldsymbol{X}_\gamma$ 的线性组合,则称 $\boldsymbol{L}^h$ 适合 Frobenius 条件。

[Frobenius 定理]　设 $\boldsymbol{L}^h$ 是定义在光滑流形 M 的一个开子集 U 上的 h 维光滑切子空间场,则对 $\forall\, p\in M$,存在点 p 的局部坐标系(W,ω^k),$W\subset U$,使得

$$\boldsymbol{L}^h\,|_W=\left\{\frac{\partial}{\partial\omega^1},\frac{\partial}{\partial\omega^2},\cdots,\frac{\partial}{\partial\omega^h}\right\}$$

成立的充分必要条件是 $\boldsymbol{L}^h$ 适合 Frobenius 条件。

第 3 章　Lie 群与 Lie 代数

1870 年，挪威数学家 Sophus Lie 在借助微分几何和射影几何方法研究微分方程结构时引入连续变换群[11]，开创了微分方程对称性研究的先河。这种连续变换群后来被称为 Lie 群，相应的对称为连续对称或 Lie 对称。和 Lie 群有紧密联系的另外一种数学结构为 Lie 代数。

Lie 群和 Lie 代数是现代数学的重要基础，在科学与工程中有着广泛的应用。在理论物理、自动控制和人工智能等领域中，人们都大量用到 Lie 群和 Lie 代数的相关理论和方法。

本章将对 Lie 群和 Lie 代数中一些基本概念做一个简要的介绍，大部分结论不做证明。有兴趣深入研究的读者可以阅读相关的教材和著作[7,8,12,13]。

3.1　Lie 群

3.1.1　Lie 群的概念

［定义 1］　若集合 G 称为一个 Lie 群，应满足以下条件：

(1)G 具有群结构；

(2)G 具有流形结构；

(3)在群 G 中，映射

$$\psi: G \times G \to G$$
$$(g_1, g_2) \mapsto g_1 g_2^{-1}$$

是光滑的。

Lie 群同时具有流形结构和群结构，条件(3)反映了流形结构和群结构的相容性，称为相容条件。若 Lie 群 G 的流形结构是 m 维的，则称 Lie 群 G 也是 m 维的。在条件(1)，(2)成立的前提下，条件(3)有两层含义，即逆射

$$\tau: G \to G$$
$$g \mapsto g^{-1}$$

和乘法运算：

$$\phi: G \times G \to G$$
$$(g_1, g_2) \mapsto g_1 g_2$$

都是光滑映射。

显然有

$$\tau^2 = \mathrm{id}: G \to G$$
$$g \mapsto g$$

因此，逆射 τ 是 G 到 G 自身的可微同胚。

另外，G 还有左移和右移两组可微同胚。设 $g \in G$，g 在 G 上产生的左移 $L_g: G \to G$ 定义为

$$L_g(x) = \phi(g, x) = gx$$

g 在 G 上产生的右移 $R_g: G \to G$ 定义为

$$R_g(x) = \phi(x, g) = xg$$

显然，有

$$L_g^{-1} = L_{g^{-1}}; R_g^{-1} = R_{g^{-1}}$$

可见，L_g 和 R_g 都是 G 到 G 自身的可微同胚。

3.1.2　Lie 群的例子

［例 1］　d 维欧几里得空间 $\mathbf{R}^d$ 对矢量加法作成 Lie 群。

［例 2］　非零复数 C^* 对普通乘法作成 Lie 群。

［例 3］　单位圆 $S^1 \subset C^*$ 对复数乘法作成 Lie 群。

［例 4］　Lie 群 G 和 H 的积 $G \times H$ 对积流形结构和直积群结构作成 Lie 群，运算定义为 $(\sigma_1, \tau_1)(\sigma_2, \tau_2) = (\sigma_1\sigma_2, \tau_1\tau_2)$。

［例 5］　单位圆 S^1 的 n 次积称为 n 维环面 $T^n(n \in \mathbf{Z}^+)$，环面 T^n 作成 Lie 群。

［例 6］　有很多矩阵集合作成 Lie 群：

(1)一般线性群(general linear groups)$GL_n(\mathbf{R})$和 $GL_n(\mathbf{C})$；特殊线性群(special linear groups)$SL_n(\mathbf{R})$和 $SL_n(\mathbf{C})$。

(2)正交群(orthogonal groups)$O_n(\mathbf{R})$和 $O_n(\mathbf{C})$;特殊正交群(special orthogonal groups)$SO_n(\mathbf{R})$和 $SO_n(\mathbf{C})$。

(3)酉群(unitary groups)$U_n(\mathbf{C})$;特殊酉群(special unitary groups)$SU_n(\mathbf{C})$。

(4)海森堡群(Heisenberg group)H。

形如:

$$\mathbf{A} = \begin{bmatrix} 1 & a & b \\ 0 & 1 & c \\ 0 & 0 & 1 \end{bmatrix}, a, b, c \in \mathbf{R}$$

的矩阵对乘法运算和求逆运算都能保持原有的形式。经运算可得

$$\mathbf{A}^{-1} = \begin{bmatrix} 1 & -a & ac - b \\ 0 & 1 & -c \\ 0 & 0 & 1 \end{bmatrix}$$

设:

$$\mathbf{A}_1 = \begin{bmatrix} 1 & a_1 & b_1 \\ 0 & 1 & c_1 \\ 0 & 0 & 1 \end{bmatrix}, a_1, b_1, c_1 \in \mathbf{R}$$

$$\mathbf{A}_2 = \begin{bmatrix} 1 & a_2 & b_2 \\ 0 & 1 & c_2 \\ 0 & 0 & 1 \end{bmatrix}, a_2, b_2, c_2 \in \mathbf{R}$$

容易得到

$$\mathbf{A}_1\mathbf{A}_2 = \begin{bmatrix} 1 & a_1a_2 & b_1b_2 \\ 0 & 1 & c_1c_2 \\ 0 & 0 & 1 \end{bmatrix}$$

形如 $\mathbf{A}$ 的全体矩阵对乘法作成一个群,称为海森堡群。

(5)欧几里得群(Euclidean group)$E_n(\mathbf{R})$。

$\mathbf{R}^n$ 上所有等距一一映射:

$$f:\mathbf{R}^n \to \mathbf{R}^n, \mathrm{d}(f(x), f(y)) = \mathrm{d}(x, y), \forall x, y \in \mathbf{R}^n$$

作成一个 Lie 群,称为欧几里得群,记作 $E_n(\mathbf{R})$。$\mathbf{R}^n$ 上的所有线性等距一一映射作成正交群 $O_n(\mathbf{R})$,且 $O_n(\mathbf{R}) \leqslant E_n(\mathbf{R})$。

[定义 2] 若集合 H 称为 Lie 群 G 一个 Lie 子群,应满足以下条件:

(1)H 是 G 的子群；

(2)H 是 G 的子流形。

3.2　Lie 代数

3.2.1　Lie 代数的概念

域 $\mathbf{F}$ 上的一个 Lie 代数 ς 是一个带有算子$[,]:\varsigma\times\varsigma\to\varsigma$ 的矢量空间，对于 $\forall a,b\in\mathbf{F},\forall \boldsymbol{x},\boldsymbol{y},\boldsymbol{z}\in\varsigma$，满足：

(1)双线性(bilinearity)：

$$[a\boldsymbol{x}+b\boldsymbol{y},\boldsymbol{z}]=a[\boldsymbol{x},\boldsymbol{z}]+b[\boldsymbol{y},\boldsymbol{z}]$$

$$[\boldsymbol{x},a\boldsymbol{y}+b\boldsymbol{z}]=a[\boldsymbol{x},\boldsymbol{y}]+b[\boldsymbol{x},\boldsymbol{z}]$$

(2)反交换律(anti-commutativity)：

$$[\boldsymbol{y},\boldsymbol{x}]=-[\boldsymbol{x},\boldsymbol{y}]$$

(3)Jacobi 恒等式(Jacobi identity)：

$$[[\boldsymbol{x},\boldsymbol{y}],\boldsymbol{z}]+[[\boldsymbol{y},\boldsymbol{z}],\boldsymbol{x}]+[[\boldsymbol{z},\boldsymbol{x}],\boldsymbol{y}]=0$$

条件(1),(2),(3)称为 Lie 代数公理，满足以上性质的二元算子[,]称为 Lie 括号(Lie bracket)。条件(1),(2)相互作用，存在信息冗余。事实上，在有条件(1)存在的前提下，可以将条件(2) 改为：

(2)′厌旧性：

$$[\boldsymbol{x},\boldsymbol{x}]=0$$

3.2.2　Lie 代数的例子

[例 7]　数域 $\mathbf{F}$ 上的全体可逆 n 阶矩阵对矩阵乘法作成一个 Lie 代数，称为一般线性 Lie 代数(general linear algebras)，记作 $gl_n(\mathbf{F})$；数域 $\mathbf{F}$ 上全体行列式为 1 的 n 阶矩阵对矩阵乘法作成一个 Lie 代数，称为特殊线性 Lie 代数(special linear algebras)，记作 $sl_n(\mathbf{F})$。

[例 8]　数域 $\mathbf{F}$ 上的全体正交矩阵对矩阵乘法作成一个 Lie 代数，称为正交 Lie 代数(orthogonal algebras)，记作 $o_n(\mathbf{F})$；数域 $\mathbf{F}$ 上全体行列式为 1 的 n 阶正交矩阵对矩阵乘法作成一个 Lie 代数，称为特殊正交 Lie 代数(special orthogonal algebras)，记作 $so_n(\mathbf{F})$。

[例 9] 三维欧几里得空间 $\mathbf{R}^3$ 中的全体矢量集合对矢量叉乘作成一个 Lie 代数。

3.3 Lie 群与 Lie 代数的关系

Lie 代数是一个线性空间，可以运用线性代数的理论研究 Lie 代数，这就使得 Lie 代数比 Lie 群显得更为简单。Lie 群与 Lie 代数紧密相关，Lie 群所对应的 Lie 代数中携带了 Lie 群的很多信息。因此，人们可以通过分析 Lie 代数来研究 Lie 群。Lie 群与 Lie 代数，一个是形一个是神，可以看作同一事物的两个方面，通常是不可分离的。

对于 Lie 代数 ς，定义如下指数映射：

$$\exp(X) = \mathrm{e}^X = \sum_{m=0}^{\infty} \frac{X^m}{m!}$$

人们发现，Lie 群 G 和 Lie 代数 ς 之间存在如下漂亮的联系：

$$X \in \varsigma \Leftrightarrow \exp(tX) \in G, \forall t \in \mathbf{R}$$

显然，指数映射是联系 Lie 群 G 和 Lie 代数 ς 的重要纽带。称 G 为 Lie 代数 ς 的 Lie 群，称 ς 为 Lie 群 G 的 Lie 代数。

应该指出，在一般情况下，

$$\exp(X+Y) \neq \exp(X)\exp(Y)$$

这是与普通数的指数不同之处。但是，如果 X 与 Y 可交换，即

$$XY = YX$$

则有

$$\exp(X+Y) = \exp(X)\exp(Y) = \exp(Y)\exp(X)$$

3.4 Lie 变换群

变换群在几何学中有着特殊的意义。Klein 认为，几何学的研究对象是图形在一定变换群的作用下保持不变的性质，也就是所谓的守恒律。Lie 群

在流形上的作用表现为 Lie 变换群，是变换群的一种重要类型。

［定义 3］ 设 M 是 m 维光滑流形，现有光滑映射 $\phi: \mathbf{R}\times M\to M$，对 $\forall (t, p)\in \mathbf{R}\times M$，记：

$$\phi_t(p) = \phi(t, p)$$

若满足条件：

(1) $\phi_0(p)=p$；

(2) $\forall s, t\in R, \phi_s\circ\phi_t=\phi_{s+t}$。

则称 $\mathbf{R}$ 光滑地（左）作用在流形 M 上，或称 ϕ_t 是作用在 M 上的单参数可微变换群。

由映射 $\phi: \mathbf{R}\times M\to M$ 诱导出一族映射 $\{\phi_t: M\to M \mid t\in \mathbf{R}\}$。显然，$\phi_t$ 是光滑映射。由上面的条件(1)，(2)可得

$$\phi_t^{-1} = \phi_{-t}$$

也就是说，每一个 ϕ_t 都是可逆的。因此，ϕ_t 是 M 到 M 自身的可微同胚。取 $p\in M$，令：

$$\gamma_p(t) = \phi_t(p)$$

则 γ_p 是 M 上通过点 p 的一条参数曲线，称为单参数变换群 ϕ_t 通过点 p 的轨线。

这里 $\gamma_p(t)$ 和 $\phi_t(p)$ 看似相同，但看问题的角度不同。前者以 t 为变量，后者以 p 为变量。将同一个函数写成不同的形式，便于从不同的角度进行观察和分析。

由轨线 γ_p 在点 $p(t=0)$ 处的切矢量 $\boldsymbol{X}_p$ 得到的流形 M 上的光滑切矢量场 $\boldsymbol{X}$，称为单参数可微变换群 ϕ_t 在 M 上诱导的切矢量场。设 f 是 M 上的光滑函数，则

$$(\boldsymbol{X}f)(p) = \boldsymbol{X}_p f = \lim_{t\to 0}\frac{f(\gamma_p(t) - f(p))}{t} = \lim_{t\to 0}\frac{f(\phi(t, p) - f(p))}{t}$$

显然，$\boldsymbol{X}f$ 是 M 上的光滑函数，这表明 $\boldsymbol{X}$ 是光滑的。轨线 γ_p 是切矢量场 $\boldsymbol{X}$ 的积分曲线，即在轨线 γ_p 上任意一点 $q=\gamma_p(s)$，$\boldsymbol{X}_q$ 正是轨线 γ_p 在 $t=s$ 处的切矢量。实际上，因为 $\gamma_q(t)=\gamma_p(t+s)$，所以

$$\boldsymbol{X}_q = \lim_{t\to 0}\frac{\gamma_q(t) - q}{t} = \lim_{t\to 0}\frac{\gamma_p(s+t) - \gamma_p(s)}{t} = \lim_{t\to 0}\frac{\phi(s+t, p) - \phi(s, p)}{t}$$

从而有

$$\begin{aligned}\boldsymbol{X}_q f &= \lim_{t\to 0}\frac{f(\phi(s+t,p))-f(\phi(s,p))}{t}\\ &= \lim_{t\to 0}\frac{f\circ\phi_s(\gamma_p(t))-f\circ\phi_s(p)}{t}\\ &= \boldsymbol{X}_p(f\circ\phi_s)=((\phi_s)_*\boldsymbol{X}_p)f\end{aligned}$$

即

$$(\phi_s)_*\boldsymbol{X}_p=\boldsymbol{X}_{\gamma_p(s)}$$

由上述讨论可知,光滑流形上的单参数可微变换群可以诱导出一个光滑流形上的光滑切矢量场。我们不禁要问,如果在光滑流形上已经给定一个光滑矢量场,我们能否在这个光滑流形上找到诱导出这个矢量场的单参数可微变换群呢?

[定义 4] 设 M 是一个光滑流形,U 为 M 的一个开子集,光滑映射 ϕ:$(-\varepsilon,\varepsilon)\times U\to M$,对 $\forall p\in U$,$|t|<\varepsilon$,记 $\phi_t(p)=\phi(t,p)$。若满足下列条件:

(1) $\forall p\in U,\phi_0(p)=p$;

(2)在 $|s|<\varepsilon,|t|<\varepsilon,|t+s|<\varepsilon$,且 $\phi_t(p)\in U$ 的前提下,有

$$\phi_{s+t}(p)=\phi_s\circ\phi_t(p)$$

则称 ϕ_t 为作用在 U 上的局部单参数变换群。

光滑流形 M 的开子集 U 上的局部单参数变换群 ϕ_t 同样可以在 U 上诱导出光滑切矢量场。

设 $\boldsymbol{X}$ 是定义在光滑流形 M 上的光滑切矢量场,则在 M 上任意一点 p 存在一个邻域 U 和作用在 U 上的局部单参数变换群 ϕ_t,$|t|<\varepsilon$,使得 $\boldsymbol{X}|_U$ 正好是 ϕ_t 在 U 上所诱导的切矢量场。

这一结论告诉我们,只要给定光滑流形上的光滑切矢量场,总能找到诱导出这个光滑切矢量场的局部单参数变换群。

设 $\boldsymbol{X}$ 是紧致的光滑流形 M 上的光滑切矢量场,则 $\boldsymbol{X}$ 在 M 上决定一个单参数可微变换群。

如此观之,流形的紧致性具有将各处局部单参数变换群连成一个单参数可微变换群的粘接作用。

设 ϕ_t 是作用在光滑流形 M 上的单参数可微变换群,$\boldsymbol{X}$ 是 ϕ_t 在 M 上所诱导的切矢量场。若 $\psi:M\to M$ 是可微同胚,则 $\psi_*\boldsymbol{X}$ 是单参数可微变换群 $\psi\circ\phi_t\circ\psi^{-1}$ 在 M 上诱导的切矢量场。

［**定义 5**］　设 M 是 m 维光滑流形，G 是 r 维 Lie 群。若存在光滑映射

$$\theta: G \times M \to M$$
$$(g, x) \mapsto gx$$

满足下列条件：

(1)G 中的单位元对应恒等变换，即

$$ex = x, \forall x \in M$$

(2)G 中的结合律依旧保持，即

$$g_1(g_2 x) = (g_1 g_2)x, \forall x \in M, g_1, g_2 \in G$$

则称 G 是作用在 M 上的 Lie 变换群。

如果对 $\forall g \in G \setminus \{e\}$，$\exists x \in M$，使 $gx \neq x$，则称 G 在 M 上的作用是有效的。如果对 $\forall g \in G \setminus \{e\}$，$\forall x \in M$ 都有 $gx \neq x$，则称 G 在 M 上的作用没有不动点，或称 G 在 $\boldsymbol{M}$ 上的作用是自由的。

对固定的 $g \in G$，很显然，有

$$L_g: M \to M$$
$$(g, x) \mapsto gx$$

是光滑映射。再由 $L_g^{-1} = L_{g^{-1}}$，可知 L_g 是 M 到自身的可微同胚。不难看出，$\{L_g, g \in G\}$ 构成 M 的可微同胚群的子群。当 G 在 M 上的作用有效时，G 与 M 的可微同胚群的子群 $\{L_g, g \in G\}$ 同构。

在 m 维光滑流形 M 上存在一个有限维 Lie 代数，它是 Lie 群 G 的 Lie 代数的同态像。人们可以构造一个从 Lie 代数 G_e 到 M 上光滑切矢量场的空间的映射。

设 $\boldsymbol{X} \in G_e$，a_t 是由 $\boldsymbol{X}$ 决定的单参数子群，则 L_{a_t} 是作用在 M 上的单参数可微变换群。L_{a_t} 在 M 上诱导的切矢量场 $\widetilde{\boldsymbol{X}}$ 称为 $\boldsymbol{X}$ 在 M 上决定的基本切矢量场。根据定义

$$\widetilde{\boldsymbol{X}}_p = \lim_{t \to 0} \frac{L_{a_t}(p) - p}{t}$$

设 G 是作用在光滑流形 M 上的 Lie 变换群，则 M 上全体基本切矢量场构成一个 Lie 代数，它是 G 的 Lie 代数的同态像。若 G 在 M 上的作用是有效的，则 M 上基本切矢量场构成的 Lie 代数与 G_e 同构。

第 4 章　非线性演化方程研究概况

众所周知，在自然界和人类社会中广泛存在着各类非线性现象。为了使问题得以简化，人们有时将一些非线性效应当作线性微扰进行处理，这样做有助于一些问题的分析和求解，但有时可能会因为丢失一些重要信息而掩盖事物本身丰富的非线性特征[14]。20 世纪以来，人们对光纤通信、凝聚态物理、等离子体物理、流体力学和生物学等众多领域中诸多非线性问题进行了深入研究，发现了一些具有共性的非线性模型并发展了许多理论和方法。各种理论和方法相融合，逐步形成了“非线性科学”这一交叉学科[15]。一般认为，非线性科学包括孤子（soliton）、分形（fractal）和混沌（chaos）三大主要分支。

在对具体问题的研究中，人们发现，许多非线性现象可由非线性微分方程来描述，而非线性问题往往可以归结为非线性微分方程的分析和求解。在很多情况下，同一类非线性微分方程可用于描述多个领域中不同的非线性现象。因此，非线性科学的研究结果往往具有一定的普适性。

在各种非线性微分方程中，非线性演化方程具有重要的地位，这类方程广泛应用于理论物理、等离子体物理、流体力学、非线性光学、生物物理、大气科学和海洋科学等领域。非线性演化方程可用于描述科学与工程领域中许多实际问题[16-22]，从而引发了学者们浓厚的兴趣。一方面，人们致力于寻求非线性演化方程的解析解，发现一些非线性演化方程系统具有孤波解[23,27]、呼吸子解[18,28,29]、怪波解[18,19,26,30]、块状（lump）解[22]和相互作用解[28,31-34]，这些解有助于解释一些物理现象或解决一些实际问题。另一方面，人们也关注非线性演化方程的结构，包括对称性[9,23,29,35,36]、守恒律[29,35,36]、Bäcklund 变换[24,37]和 Hamilton 结构[30,38]等。

4.1　孤波和怪波

1834 年,英国工程师 Russell 在一条运河里观察到一种始终保持在水面之上且以几乎不变的形状和速度向前平移的水波[39,40]。该水波被命名为"孤波"[40]。1895 年,荷兰数学家 Korteweg 和 de Vries 建立了描述浅水波运动的 KdV 方程,并利用行波法求出了与 Russell 描述一致的孤波解。1965 年,美国科学家 Kruskal 和 Zabusky 利用数值计算方法详细研究了 KdV 方程两波相互作用的全过程,发现这种孤波的形状和速度保持不变而具有弹性碰撞的性质,称之为孤子。人们发现,在具有非线性特性的物质中,当粒子或元激发和线性波所受到的非线性作用等于或大于色散效应时,经过突变、自陷、凝聚、局域化或自聚焦等机制会产生孤子。孤子可以看作非线性基本模式的一个标准运动形态[14]。

从严格意义上讲,孤波是指非线性偏微分方程的局部行波解,人们发现有些孤波能发生弹性碰撞,具有类似粒子的性质,这种孤波被称为孤子[41]。通俗来说,孤子是一种在传输时不会发散的波包。在有些文献中,人们对孤子和孤波并不加以严格区分[42]。

从数学的角度看,孤子是非线性偏微分方程的一类在空间上局域化、能量有限且相互碰撞后仍保持原有速度和波形的特殊解[39,43]。随着现代科学技术的发展,人们在非线性光纤光学、凝聚态物理、等离子体物理和生物学等诸多学科领域中发现了孤子的存在,并开展了一些研究工作[39,42,44-49]。

从 20 世纪 60 年代开始,由于电子计算机的出现,加上孤子在众多领域中具有实际应用,人们对孤子的研究经历了从一维到多维、从纯理论研究到实际应用的发展过程[39]。

当一束电磁波与电介质中的束缚电子相互作用时,介质的响应通常与电磁波频率有关,这种现象称为色散。一般认为,色散与介质通过束缚电子的振荡吸收电磁辐射的特征谐振频率有关。在光纤通信中,光脉冲不同的频率分量以不同的速度传输,因而光纤色散在短光脉冲的传输中是一个必须考虑的问题。色散效应会导致脉冲展宽,不利于短光脉冲在光纤中的远距离传输。在高强度电磁场中,介质对电磁波的响应会变成非线性的,光纤也不例外。一般来说，介质非线性响应来源于外加电磁场影响下束缚电子的非谐振运动。在光纤中，大部分非线性效应来自非线性折射，即折射率与入射光强度有关。当色散效应和非线性效应达到某种平衡时，就会形成一种形状和速度稳定的波包，这就是光孤子。光孤子可以传输很长距离而不变形，这一特性使得它成为超长距离光纤通信的理想选择。

人们发现，有一种非线性波在传播过程中，其大小会发生周期性变化，即周期性地发散和汇聚，如同不断呼气和吸气的过程，这种非线性波称为呼吸子。呼吸子和许多非线性现象有着内在关联，研究呼吸子有助于解释怪波、湍流、飓风和海啸等极端现象，从而引起了学术界的广泛关注。2019 年，中国学者曾和平团队首次在实验室实现了超快激光脉冲呼吸子[50]。

怪波最早源自海洋物理学，是一种包含在随机波列中波高极大的单个异常大波浪，具有明显的非线性特征，出现很突然，持续时间短，能量很集中，破坏力极强[21,51]。

1826 年，法国科学家 Dumont d'Urville 在一次海洋考察中遭遇了超高的巨型海浪，这是关于怪波最早的记录。1965 年，英国科学家 Draper[21] 首次提出怪波的概念。海洋怪波在全球很多海域中都出现过，不管是深海还是近海，有强流还是没有强流，在风暴天气还是一般天气都会频繁出现。正是因为这些特征，海洋怪波对海洋航行和海洋工程作业具有很大的危害，从而引起越来越多的重视。几十年来，怪波已成为海浪研究领域的热点问题[51]。同时，怪波的研究也渗透进多个领域[21]。

2007 年，Solli 等人[52] 对光学怪波进行了实验观察和数值模拟。2010 年，Kibler 等人[53] 再次在光学中观测到 Peregrine 孤子。此后，关于光学怪波的研究迅速展开，人们已经在掺饵光纤和 Raman 光纤放大器中发现了光学怪波[54,55]。此外，研究者在声学、等离子体、Bose-Einstein 凝聚和毛细波中也都发现了相应的怪波[51,52,56-61]。这些结果表明，怪波可能是一种普遍存在的物理现象。不同领域中怪波的共性和区别正在引起人们的注意[62]。

目前，科学家尚未给怪波一个严格的定义。海洋学的研究者一般将波高大于有效波高 2 倍的波称为怪波[51]。非线性偏微分方程的一类在空间和时间上均局部化的有理解可作为怪波的数学表达，这是近年来人们在怪波解析研究上取得的进展[51,63,64]。怪波物理生成机制的研究目前也取得了较大的进展。学者们给出了诸多假说，部分假说正在被证明的过程中，其中波列演化的调制不稳定性[51,56]、孤波的相互作用[56,65]、呼吸子的碰撞[21]都被认为可能是怪波形成的原因。

4.2 解析方法

研究孤波和怪波等非线性现象的一个重要手段是求解非线性演化方程，而求解这类方程在本质上是一个积分过程，方程的可求解性对应着某种可积性。在处理非线性问题时，我们习惯上将方程和方程组统称为方程系统，或简称系统。根据不同方程系统的特点，人们发现了反散射可积、Liouvelle 可积、Lax 可积、Painlevé 可积和 CRE 可积等多种可积性。如果一个非线性偏微分方程系统的初值问题能通过反散射变换法来求解，那么这个系统一定具有 Lax 对、N 孤波解、无穷多个对称和无穷多个守恒律、Painlevé 性质、Darboux 变换、Bäcklund 变换和 Hirota 双线性表示等可积性质，因此称该系统是完全可积的[66]。

在研究非线性演化方程系统求解的过程中，人们发展了许多解析方法，如 Hirota 双线性变换法[67]、反散射变换法[68]、Darboux 变换法[69,70]、Bäcklund 变换法[68]、Painlevé 分析法[71]、Lie 对称法[38]、函数展开法[72]、行波法[73]、齐次平衡法[74]和 Wronski 行列式法[75]等。

Hirota 双线性变换法在本质上是通过引入因变量的适当变换，将非线性系统转化为双线性系统。对双线性系统中的因变量各以一个形式参数进行幂级数展开，令形式参数的各次幂项系数为零，构成一组方程，解这组方程即可得出原非线性系统的解。从双线性系统出发，还可以构造原系统的 Wronski 行列式解[75,76]、Bäcklund 变换[77]和 Lax 对[68]。

Darboux 变换在本质上是一种非局部对称变换，通过 Darboux 变换可由系统的已知解变换出未知解。人们有时可以由已知的平凡解经过 Darboux 变换得出非平凡解，比如由常数解经过 Darboux 变换得到孤波解。之所以有这种效果，一个理解是，Darboux 变换本身是一种不平凡的对称变换。借助 Darboux 变换，人们求出了许多非线性演化方程系统的孤波解、呼吸子解和怪波解。Darboux 变换有一个重要优点：可以一直迭代下去，从而变换出很多解。对于有些非线性演化方程系统，可由零解经过一次变换得到单孤波解，经过 N 次变换得到 N 孤波解。若初始解取某些非零值，则有望得到呼吸子解[78]。比较系统的求怪波解的方法来源于传统的 Darboux 变换，包括修正的 Darboux 变换[78]和广义 Darboux 变换[79]等。修正的 Darboux 变换和广义 Darboux 变换的基本思想均是采用非零初始解且每次迭代时变化的是特征向量中的映射关系[78,79]，而标准的 Darboux 变换每次迭代时变化的是谱参数[70]。

4.3 Painlevé 可积及检测

本书将要用到 CRE 法和 CTE 法。由于 CRE 可积性及 CTE 可积性与 Painlevé 可积性有密切关系，本节首先介绍 Painlevé 可积与检测。

如果一个非线性偏微分方程系统的解在其可移动奇异流形的邻域内是单值的，则称这个系统具有 Painlevé 性质，也称这个系统是 Painlevé 可积的[80]。具体来说，如果 N 阶非线性演化方程系统

$$u_t = K(u, u_x, \cdots) \tag{4-1}$$

在非本征的可移动奇异流形 $\phi(x,t)=0$ 的邻域内具有如下的 Laurent 级数解

$$u = \phi^{-\alpha}\sum_{j=0}^{+\infty} u_j \phi^j \quad (u_0 \neq 0) \tag{4-2}$$

且该级数解的所有分支都是单值的（要求 α 是整数且系数 u_j 所满足的方程具有自相容的解），其主分支含有与方程阶数 N 相同数目的任意函数，则称系统(4-1)是 Painlevé 可积的。

Painlevé 检测的基本思想是保证 Laurent 级数解(4-2)的所有分支都是单值的且主分支含有与方程阶数 N 相同数目的任意函数，具体分为三个步骤[80]：

第一步：首项分析。

将 Laurent 级数(4-2)的首项 $u \sim u_0\phi^{-\alpha}$ 代入系统(4-1)中，通过令主项（某些高阶非线性项和最高阶导数项）中 ϕ 的系数和阶数相等来平衡主项，从而确定 α 和 u_0 的值。若 α 不为整数，则意味着 Laurent 级数解具有代数分支，算法停止。若 α 为整数，则主项随之确定，继续进行第二步。值得注意的

是，α 为整数时，(α, u_0) 可能存在多种取值，它们分别对应 Laurent 级数解的不同分支，对于每一分支，都必须验证 Laurent 级数解是单值的。

第二步：共振分析。

将 $u \sim u_0\phi^{-\alpha} + u_j\phi^{-\alpha+j}$ 代入系统(4-1)的主项，提取 u_j 的一次项并令其为零，可得到共振方程：

$$S(j)u^j = 0 \tag{4-3}$$

其中，$S(j)$是一个关于 j 的多项式。$S(j)=0$ 意味着系数 u_j 可以是任意函数，使 $S(j)=0$ 的 j 值称为共振项。共振项数目等于 N 的分支称为 Laurent 级数解的主分支，它对应于系统(4-1)的通解；共振项数目小于 N 的分支称为 Laurent 级数解的次分支，它们对应着系统(4-1)的一些特解[81]。若存在两个重复 j 值或者某个 j 值不为整数，则意味着 Laurent 级数解有对数分支或者代数分支，算法停止。$j=1$ 对应着奇异流行 ϕ 的任意性。除"-1"以外，若其他共振项为非负互异的整数，则继续进行第三步。

第三步：相容分析。

将 $u = \phi^{-\alpha}\sum_{j=0}^{j_{\max}} u_j\phi^j$（$j_{\max}$ 为共振项中的最大值）代入到系统(4-1)中比较 ϕ 的同次幂项的系数，可以得到 u_j 的递推关系式为

$$S(j)u_j = F_j(\phi_x, \phi_t, \cdots, u_k); k < j \tag{4-4}$$

若存在一个共振项，使得关系式(4-4)的右边 $F_j \neq 0$，则不得不在 Laurent 级数解(4-2)中引入 $\phi^j\log\phi$ 类型的项，造成 Laurent 级数解是多值的，称系统(4-1)不能通过 Painlevé 检测。相反，对于某一分支，若在每一个共振项 j 处满足 $F_j \neq 0$，则系数 u_j 可以是任意函数，与第二步相容，称这个分支含有足够数目的任意函数。当所有分支含有足够数目的任意函数且主分支含有 N 个任意函数时，称系统(4-1)是 Painlevé 可积的。

实践证明，许多非线性演化方程系统可以通过 Painlevé 检测[82-84]。通过截断至零次幂项的 Painlevé 级数展开式可以推导出许多非线性系统的 Lax 对、Bäcklund 变换以及双线性变换等[85]。

4.4　CRE 可积与 CTE 可积

在非线性微分方程系统的研究中，寻找相互作用解是一项困难而有意义的

工作。楼森岳[86]结合 Painlevé 截断展开法、Riccati 函数展开法和 tanh 函数展开法，提出了相容 Riccati 展开(CRE)法和相容 tanh 函数展开(CTE)法，并利用 CRE 和 CTE 法来构造非线性系统的相互作用解。实践证明，CRE 和 CTE 法直接而有效，在非线性系统的求解中发挥着重要的作用。人们发现很多非线性系统是 CRE 和 CTE 可积的，比如 KdV 方程、mKdV 方程、Ablowitz-Kaup-Newell-Segur(AKNS)方程、Kadomtsev-Petviashvili(KP)方程、Sawada-Kortera 方程、Kaup-Kupershmidt 方程、Boussinesq 方程、sin-Gordon 方程、Burgers 方程、色散水波方程，以及修正的非对称 Veselov-Novikov 方程等，并且通过 CTE 法求出了孤波-椭圆波相互作用解[87-95]。

考虑 n 阶导数多项式微分方程系统[9]：

$$Q(x,t,u)=0 \tag{4-5}$$

其中，$x=(x^1,x^2,\cdots,x^p)$ 和 t 为自变量；$u=(u^1,u^2,\cdots,u^q)$ 为因变量；$Q=(Q^1,Q^2,\cdots,Q^q)$ 最多含有 x,t,u 及 u 关于 x 直到 n 阶的各种导数，且为 u 及 u 关于 x 的各阶导数的多项式形式。在经典的 Riccati 函数展开法中，设

$$u^\delta=\sum_{j=0}^{J_\delta}u_j^\delta R^j(\omega) \tag{4-6}$$

其中，正整数 $J_\delta(\delta=1,2,\cdots,q)$ 可由齐次平衡原则确定；ω 是一个关于 x 和 t 的任意函数。函数 $R(\omega)$ 满足 Riccati 方程：

$$R(\omega)=a_0+a_1R+a_2R^2 \tag{4-7}$$

其中，a_0,a_1,a_2 为任意常数。显然，$\tanh(\omega)$ 是 Riccati 方程的一个特解。将式(4-6)和(4-7)代入系统(4-5)中得到

$$Q^\delta(x,t,u)=\sum_{j=0}^{N_\delta}Q_j^\delta(x,t,u_k^m,w)R^j(\omega),\quad \delta=1,2,\cdots,q \tag{4-8}$$

其中，$\delta,m=1,2,\cdots,q$；$k=1,2,\cdots,J_m$；N_δ 为正整数；$Q_j^\delta(x,t,u_k^m,\omega)$ 为 x,t,u_k^m,ω 及 u_k^m,ω 的各阶导数的函数。为了求解系统(4-8)，令 $R^j(\omega)$ 的所有系数为零，即

$$Q_j^\delta(x,t,u_k^m,\omega)=0,\quad j=0,1,2,\cdots,N_\delta,\quad \delta=1,2,\cdots,q \tag{4-9}$$

由式(4-9)得到一个含有 M 个因变量 $\{u_k^m,\omega\}$，N 个方程的系统。其中，有

$$M=1+\sum_{\delta=1}^{q}(J_\delta+1)$$

$$N = \sum_{\delta=1}^{q}(N_\delta + 1)$$

一般情况下 $N>M$，系统(4-9)是超定的。幸运的是，在很多情况下运算结果表明这个超定方程组是相容的。

如果系统(4-9)是相容的，就称式(4-6)为系统(4-5)的相容 Riccati 展开(CRE)，也称系统(4-5)是 CRE 可积的。

在系统(4-5)中，令

$$u^\delta = \sum_{j=0}^{J_\delta} u_j^\delta \tanh^j(\omega) \tag{4-10}$$

将式(4-10)代入系统(4-5)，整理后令$\tanh^j(\omega)$的所有系数为零，得到一组关于 ω 的超定方程。只要这个超定方程组是相容的，就可以得到系统(4-5)的解，称系统(4-5)是 CTE 可积的。

第 5 章　Lie 对称方法

对称理论对数学、理论物理、经典力学和流体力学等领域的许多重要微分方程系统的研究发挥了作用，已经发展成为数学物理学中一个重要分支[9]。许多学者在微分方程系统的对称、强对称、遗传对称和 Lie 代数结构等方面做了大量工作[10,96-99]。

Lie 对称方法已被很多学者应用于非线性演化方程系统的研究[9,23,36,38,100]。在给定对称的情况下，可以通过有限对称变换由非线性演化方程系统的已知解析解得到一些未知解析解[9,100]，通过对称约束[101]得到新的可积系统，以及更一般地，通过对称约束[102]得到精确解，通过对称约化来减少非线性演化方程系统的自变量和因变量总数，从而将一些非线性演化方程系统约化为常微分方程系统[9,100]。对称还可用来构造非线性演化方程系统的守恒律[35,36,103]。

本章将对 Lie 对称理论和方法做一个简要的介绍，大部分结论不做证明。有兴趣深入研究的读者可以阅读相关的教材和著作[9,10]。

5.1　Lie 对称方法发展简史

1828 年，法国数学家 Galois 在研究一元五次以上的代数方程求解时，转而研究方程的结构，创立了群论。后来，群论逐渐发展为研究对称性的数学分支。1870 年，挪威数学家 Lie 在借助微分几何和射影几何方法研究微分方程结构时引入连续变换群[11]，开创了微分方程对称性研究的先河。这种连续变换群后来被称为 Lie 群，相应的对称为连续对称或 Lie 对称，简称对称。

Lie 对连续变换群在常微分方程中的应用做了全面系统的论述，之后又研究了热传导方程的局部 Lie 变换群，将群论应用到偏微分方程的研究中。1905 年，法国数学家 Poincaré 通过 Lorentz 变换推导出 Maxwell 方程的对称群。1918 年，德国数学家 Noether 发现了对称性和守恒律之间的紧密联系，这一重要结论后来被称为 Noether 定理[104]。Noether 的研究结果使更多的物理学规律有了数学理论支撑。例如，由旋转不变性得到角动量守恒定律，由空间平移不变性推导出动量守恒定律，由时间平移不变性可以得到能量守恒定律。1926 年，Wihner 提出了宇称守恒定律，将对称性和守恒律之间的联系延伸到微观世界。1956 年，物理学家杨振宁和李政道提出了“弱相互作用中的宇称不守恒”，这是 20 世纪理论物理的重要成果之一。1958 年左右，Ovsiannikov 研究了微分方程的群不变解[105]，进一步发展了 Lie 对称理论，并将其成功地应用到一系列数学物理方程之中[106]。

1969 年，Bluman 和 Cole[107]在研究热传导方程时提出了条件对称方法。这种对称方法通过引入不变曲面条件，将微分方程的对称性约束在该曲面和解流形的交集上，从而使得由无穷小决定方程组得到的解集比在经典情形下得到的更广，因此可推导出更多的对称性。但是，决定方程组变成了非线性的，这使得条件对称更难求解。条件对称方法可进一步推广为微分约束和弱对称。在 Noether 定理提出之后，有学者引入了更一般的对称，即 Lie-Bäcklund 对称[108]。1977 年，Olver[38]从递推算子的角度出发，对如何得到非线性偏微分方程的无穷多对称给出了详细的介绍。另外，Olver[9]证明了在 Lie-Bäcklund 对称变换下保持不变的微分方程在利用递推算子导出的无穷多此类对称变换下仍然是保持不变的。Fokas 和 Fuchssteiner 等人[109,110]在研究 KdV 方程的过程中发现了一些新的对称性及其代数结构。

1989 年，Clarkson 和 Kruskal[111]在研究 Boussinesq 方程时发现存在一些对称约化不能通过经典的 Lie 对称方法实现，进而提出了一种更为简单的方法。该方法不需要群论知识，可直接用来寻找所给方程全部可能的对称约化，并且能够覆盖由 Lie 对称方法约化得到的所有结果。这一方法后来被称为 CK 直接法。1990 年，楼森岳等人[112]建立了修正的 CK 直接法，使寻求微分方程对称群的过程变得更加直接。结合此方法，不仅能够推出利用传统方法所得到的连续对称群，还可以构造离散对称群。1994 年，Olver[113]证明如果一个微分方程自变量的无穷小关于相应的因变量是自控的，则 CK 直接法就等价于上述的条件对称。通过以上方法所得到的对称只依赖于原系统的自变量、因变量和因变量对自变量的各阶导数，并不依赖于因变量关于自变量的积分形式，都属于局部对称。

1980 年，Vinogradov 和 Krasil'shchik[114]提出利用非局部对称方法求解非线性微分方程系统。此后，非局部对称方法在非线性系统的研究中得到了快速的发展。人们发现，无论是获取还是应用，非局部对称都比局部对称复杂和困难得多。1982 年，Kapcov[115]借助递推算子导出一系列非线性演化方程系统的非局部对称。1988 年左右，Bluman 等人[100]借助非线性系统与守恒律相关势系统的 Lie 点对称推导出原系统的非局部对称，称为势对称。借助于非线性方程的双 Hamitonian 结构导出的非局部矢量环代数，Guthrie 和 Hickman[116]给出了 KdV 方程的非局部对称。1992 年，Galas[117]结合非线性方程的伪势提出非局部 Lie-Bäcklund 对称的概念，并给出了 KdV 方程、AKNS 系统和 Harry-Dym 方程的非局部伪势对称。Anco 和 Bluman[118]将非局部对称和非线性系统的非局部守恒律结合在一起，并研究了 Maxwell 方程的非局部性质。Reyes 考虑了非线性偏微分方程相关非局部对称的计算和几何性质[119]，以及 KdV 方程、Camassa-Holm 方程和 Hunter-Saxton 方程等浅水波模型的非局部对称[120,121]。楼森岳、胡星标和陈勇等人[122-125]借助 Darboux 变换和 Bäcklund 变换分别研究了 KdV 方程、势 KdV 方程、Davey-Stewartson 方程和 Kadomtsev-Petviashvili(KP)方程的非局部对称，并且构造了无穷多 Lax 对和无穷多非局部对称及可积梯队，给出了构造非线性系统的相似约化解、孤波-椭圆波相互作用解和负可积梯队的有效方法[126,127]，随后根据 Bäcklund 变换、伪势和 Lax 对等辅助系统构造出扩展系统，通过引入足够多的非局部变量及其导数和积分项使得扩展系统封闭，从而实现构造可积系统非局部对称的机械化[128]。借助 Painlevé 截断展开法，楼森岳等人[129]研究了玻色化超对称 KdV 方程的非局部对称，并通过相容 Riccati 展开(CRE)法及相容 tanh 函数展开(CTE)法[130]构造出非线性系统的孤波-椭圆波相互作用解。此外，楼森岳和 Guthrie 等人[131-133]还通过递推算子的逆算子推导出一系列非线性可积系统的非局部对称。屈长征等人[134,135]分别利用 Lie 点对称法、势对称法和条件对称法研究了一类非线性扩散方程的对称约化及群分类的问题。闫振亚[136]利用齐次平衡法研究了(2+1)维变系数 KP 方程的非局部对称。

5.2 代数方程的对称性

在考虑微分方程的对称性之前，我们先看看代数方程的对称性。应该说，Galois 是最早开始研究代数方程对称性的，他发展出一套 Galois 理论。在很多群论著作中都有对这套理论的介绍，有兴趣的读者可以阅读相关的材料[2]。

在研究代数方程的过程中，有时候要面对的是一个代数方程，而有时候要面对的是一个代数方程组，为了表述方便，统称为代数方程系统。

代数方程系统的一般形式可以写为

$$F_\nu(x) = 0, \quad \nu = 1,2,\cdots,l \tag{5-1}$$

其中，$F_1,F_2,\cdots,F_l$ 为某个光滑流形 M 上的实函数；x 为 M 的待定点。应该指出，这里并不要求 $F_\nu(x)(\nu=1,2,\cdots,l)$ 必须为多项式。这个系统的解就是在光滑流形 M 上可以使 $F_\nu(x)=0(\nu=1,2,\cdots,l)$ 成立的所有的点 x。若有一个作用在光滑流形 M 上的局部变换群 G，它的元素总是将系统(5-1)的解变换成解，这个局部变换群就称为系统(5-1)的对称群(symmetry group)。换言之，若 x 是系统(5-1)的解，则对于 $\forall g\in G$，gx 也是该系统的解。

如果将代数方程系统的所有解看作一个集合，此集合对系统的对称群作用具有封闭性。这些变换在解与解之间进行，可以做到肥水不流外人田。

5.2.1 集合与函数的不变性

1. 不变子集

为了顾及一般性，我们可以考虑一个给定光滑流形的任意子集的对称群。

[定义 1] 设 G 为一个作用在光滑流形 M 上的局部变换群，$H\subset M$。若对于 $\forall x\in H$，$\forall g\in G$，总有 $gx\in H$，则称子集 H 是 G-不变子集，称 G 为 H 的对称群。

很显然，不变子集和对称群相辅相成，是配套存在的。

2. 不变函数

由代数方程系统解集的不变性可以引出函数 $F(x)$ 的不变性。

[定义 2] 设 M 和 N 为光滑流形，G 为一个作用在 M 上的局部变换群。若函数 $F:M\to N$ 对于 $\forall x\in M$，$\forall g\in G$，总有 $F(gx)=F(x)$，则称 F 为一个 G-不变函数。

一个 G-不变实函数 $\zeta:M\to\mathbf{R}$ 又称为 G 的一个不变量。应该注意，函数 $F:M\to\mathbf{R}^l$ 为 G-不变函数当且仅当 $F=(F_1,F_2,\cdots,F_l)$ 的每一个分量 F_ν 都是 G 的不变量。

不变函数与不变子集之间有着密切的联系，可以通过不变子集来判定不变函数。

设 G 为一个作用在光滑流形 M 上的局部变换群，$F:M\to\mathbf{R}^l$ 为光滑函数，则 F 为 G-不变函数，当且仅当每一个水平集 $\{x\,|\,F(x)=c\}$ $(c\in\mathbf{R}^l)$ 都是 M 的 G-不变子集。

3. 无穷小不变性

设 G 为一个作用在光滑流形 M 上的连通变换群，$\zeta:M\to\mathbf{R}$ 是光滑实值函数，则 ζ 为 G-不变函数当且仅当 G 的每一个无穷小生成子 V 都满足 $V(\zeta)=0$，$\forall x\in M$。

设 $\mathfrak{S}$ 是由群 G 的无穷小生成子张成的 Lie 代数，且 $\{V_1,V_2,\cdots,V_r\}$ 为 $\mathfrak{S}$ 的一组基，则 $\zeta(x)$ 是一个不变量，当且仅当：

$$V_k(\zeta)=0,k=1,2,\cdots,r$$

在局部坐标系下，有

$$V_k=\sum_{j=1}^{m}\xi_k^j(x)\frac{\partial}{\partial x^j}$$

ζ 必须满足以下一阶齐次线性偏微分方程系统：

$$V_k(\zeta)=\sum_{j=1}^{m}\xi_k^j(x)\frac{\partial\zeta}{\partial x^j}=0,k=1,2,\cdots,r$$

通俗地说，函数 ζ 要想让 G 的所有无穷小生成子满意，只要让这个 Lie 代数的一组基满意就可以了。也就是说，在判定一个函数是否为不变量时，Lie 代数的任意一组基都有足够的发言权。

设 G 是作用在 m 维光滑流形 M 上的一个连通的局部 Lie 变换群，函数 $F:M\to\mathbf{R}^l(l\leqslant m)$ 确定了如下满秩的代数方程系统：

$$F_\nu(x)=0,\nu=1,2,\cdots,l$$

则 G 是这个系统的对称群，当且仅当 G 的每一个无穷小生成子 V 都满足：

$$V[F_\nu(x)] = 0, \nu = 1,2,\cdots,l$$

设 $F:M\to\mathbf{R}^l$ 在 $H_F=\{x|F(x)=0\}$ 上是满秩的，则实值函数 $f:M\to\mathbf{R}$ 在 H_F 上为零，当且仅当存在一组光滑函数 $Q_1(x),Q_2(x),\cdots,Q_l(x)$使得

$$f(x) = Q_1(x)F_1(x) + Q_2(x)F_2(x) + \cdots + Q_l(x)F_l(x), \forall x \in M$$

4. 局部不变性

[定义 3]　设 G 是作用在光滑流形 M 上的一个局部变换群，$H\subset M$。若对于 $\forall x\in H$，存在 G 的单位元 e 的一个邻域 G_x，对于 $\forall g\in G_x$，使得 $gx\in H$，则称 H 是局部 G-不变子集。设 U 是 M 的一个开子集，N 为另一个光滑流形，$F:U\to N$ 为光滑函数。若对于 $\forall x\in U$，存在 G 的单位元 e 的一个邻域 G_x，对于 $\forall g\in G_x$，使得 $F(gx)=F(x)$，则称函数 F 是局部 G-不变函数。若对于 $\forall x\in U$，对于 $\forall g\in G$，使得 $F(gx)=F(x)$，则称函数 F 是全局 G-不变函数。

5.2.2　函数相关性与不变量的构造

1. 不变量的函数相关性

在给定变换群的前提下，我们可以找到多个不变量。这些不变量会有什么联系呢？设 $\zeta^1(x),\zeta^2(x),\cdots,\zeta^k(x)$是一个变换群的一组不变量，若函数 $F(z^1,z^2,\cdots,z^k)$为任意光滑函数，则 $\zeta(x)=F(\zeta^1(x),\zeta^2(x),\cdots,\zeta^k(x))$也是一个不变量。从某种意义上来说，这个 $\zeta(x)$并不算一个新的不变量，而只是由前面那一组不变量衍生出来的不变量。为了描述不变量之间的亲疏关系，人们引入了函数相关与函数无关的概念。

[定义 4]　设 M 为光滑流形，$\zeta^1(x),\zeta^2(x),\cdots,\zeta^k(x)$是一组定义在 M 上的光滑实值函数。若 $\forall x\in M$，存在 x 的邻域 U 以及在 $\mathbf{R}^k$ 的任意开子集不恒为零的光滑实值函数 $F(z^1,z^2,\cdots,z^k)$，使得

$$F(\zeta^1(x),\zeta^2(x),\cdots,\zeta^k(x)) = 0, \forall x \in U$$

则称 $\zeta^1(x),\zeta^2(x),\cdots,\zeta^k(x)$是函数相关的。反之，称 $\zeta^1(x),\zeta^2(x),\cdots,\zeta^k(x)$是函数无关的。

函数的函数相关性与矢量的线性相关性有些类似。判定一组函数的函数相关性有可操作的办法。

设是一个从光滑流形 M 到欧几里得空间 $\mathbf{R}^k$ 的光滑函数，则 $\zeta^1(x),\zeta^2(x),$

$\cdots,\zeta^k(x)$是函数相关的当且仅当对于$\forall x\in M, \mathrm{d}\zeta|_x$ 的秩严格小于 k。

很显然，在变换群的作用下，找出所有函数无关的不变量是比较有意义的。一个变换群有多少个函数无关的不变量呢？

如果一个 Lie 群 G 作用在 m 维光滑流形 M 上的轨道是 s 维的，则有 $m-s$ 个函数无关的局部不变量。若在 $x_0\in M$ 的一个邻域内有 $m-s$ 个函数无关的局部不变量 $\zeta^1(x),\zeta^2(x),\cdots,\zeta^{m-s}(x)$，则在该邻域内任意局部不变量 $\zeta(x)$具有如下用光滑函数 F 表达的形式：

$$\zeta(x)=F(\zeta^1(x),\zeta^2(x),\cdots,\zeta^{m-s}(x))$$

称这一组不变量 $\zeta^1(x),\zeta^2(x),\cdots,\zeta^{m-s}(x)$为一个函数无关不变量完全集。只要我们找到这样一个完全集，其他不变量都可以写成这一组不变量的函数的形式。

2. 不变量的构造

如果给定光滑流形上的群作用，我们该如何构造不变量呢？假设 G 是一个作用在光滑流形 M 上的单参数变换群，对应的无穷小生成子在某一个给定的局部坐标系下具有如下形式：

$$V=\xi^1(x)\frac{\partial}{\partial x^1}+\xi^2(x)\frac{\partial}{\partial x^2}+\cdots+\xi^m(x)\frac{\partial\zeta}{\partial x^m}$$

则群 G 的一个局部不变量 $\zeta(x)$是一阶线性齐次偏微分方程：

$$V(\zeta)=\xi^1(x)\frac{\partial\zeta}{\partial x^1}+\xi^2(x)\frac{\partial\zeta}{\partial x^2}+\cdots+\xi^m(x)\frac{\partial\zeta}{\partial x^m}=0 \tag{5-2}$$

的一个解。为了获取方程(5-2)的通解，可以求解以下由常微分方程组成的特征系统：

$$\frac{\mathrm{d}x^1}{\xi^1(x)}=\frac{\mathrm{d}x^2}{\xi^2(x)}=\cdots=\frac{\mathrm{d}x^m}{\xi^m(x)} \tag{5-3}$$

系统(5-3)的通解为

$$\zeta^1(x^1,x^2,\cdots,x^m)=c_1,\cdots,\zeta^{m-1}(x^1,\cdots,x^m)=c_{m-1}$$

其中，$c_1,\cdots,c_{m-1}$为积分常数；$\zeta^j(x)$为不依赖于 $c_k(k=1,\cdots,m-1)$的函数。很显然，这一组函数 $\zeta^1,\cdots,\zeta^{m-1}$正是方程(5-2)的函数无关解。

5.3　微分方程的对称性

5.3.1　对称群的概念

与讨论代数方程的情况类似，为了表述的方便，我们也将微分方程和微分方程组统称为微分方程系统。对代数方程系统对称性的分析可以在一定程度上应用于微分方程系统。

假设一个微分方程系统 $\mathscr{F}$ 含有 p 个自变量 $x=(x^1,\cdots,x^p)$ 和 q 个因变量 $\omega=(\omega^1,\cdots,\omega^q)$。系统 $\mathscr{F}$ 的解可以表示为 $\omega=f(x)$ 或 $\omega^\alpha=f^\alpha(x^1,\cdots,x^p)$。令 $X=\mathbf{R}^p$ 为自变量空间，坐标为 $x=(x^1,\cdots,x^p)$。令 $W=\mathbf{R}^q$ 为因变量空间，坐标为 $\omega=(\omega^1,\cdots,\omega^q)$。设 G 是一个作用在某一个开子集 $M\subset X\times W$ 上的局部变换群，若 G 将系统 $\mathscr{F}$ 的解变换为解，则称 G 为系统 $\mathscr{F}$ 的一个对称群。在这种情况下，变换已经可以打破自变量和因变量之间的界限。

为了观测一个 Lie 变换群 G 中的一个元素 g 会将一个函数 $\omega=f(x)$ 变换成什么样子，本节引入函数 $\omega=f(x)$ 的图象：

$$\Gamma_f = \{(x,f(x)):x \in \Omega\} \subset X \times W$$

其中，$\Omega\subset X$，是函数的 $\omega=f(x)$ 定义域。显然，Γ_f 是 $X\times W$ 的某一个 $p+q$ 维子流形。对于 $g\in G$，有

$$g\Gamma_f = \{(\tilde{X},\tilde{\omega}) = g(x,\omega):(x,\omega) \in \Gamma_f\}$$

一般来说，$g\Gamma_f$ 不一定是另外一个单值函数的图象。但是，只要适当缩小定义域 Ω，同时让 g 足够靠近群 G 的单位元 e，就可以使变换结果 $g\Gamma_f=\Gamma_{\tilde{f}}$ 成为一个单值光滑函数 $\tilde{\omega}=\tilde{f}(\tilde{X})$ 的图象。

[定义 5]　设 $\mathscr{F}$ 为一个微分方程系统。一个局部变换群 G 作用在系统 $\mathscr{F}$ 自变量和因变量空间的一个开子集 M 上。对于系统 $\mathscr{F}$ 的任意解 $\omega=f(x)$，$\forall g\in G$，若 $\omega=gf(x)$，也是系统 $\mathscr{F}$ 的一个解，则称 G 为系统 $\mathscr{F}$ 的一个对称群。

[例 1]　常微分方程系统 $\omega_{xx}=0$，它的解是所有的线性函数。旋转群 $SO(2)$ 将一个线性函数变换为一个线性函数，为此，旋转群 $SO(2)$ 为这个系统的一个对称群。

[例 2] 热传导方程 $\omega_t = \omega_{xx}$。若 $\omega = f(x,t)$ 是方程的一个解，则 $\omega = f(x-\varepsilon a, t-\varepsilon b)(\varepsilon \in \mathbf{R})$ 也是方程的一个解。因此，平移变换群

$$(x,t,\omega) \mapsto (x+\varepsilon a, t+\varepsilon b, \omega), \varepsilon \in \mathbf{R}$$

是热传导方程的一个对称群。

5.3.2 微分延拓

一个微分方程系统通常含有自变量、因变量和因变量对自变量的各阶导数。如果我们暂时将因变量和各阶导数看作独立变量，就可以暂时将微分方程看作代数方程，可以尝试借助处理代数方程的办法处理微分方程。这种做法称为微分延拓，具体包括变量空间的延拓、参数曲线的延拓、群作用的延拓和矢量场的延拓。

对于给定的关于 p 个自变量的光滑实值函数 $f(x)=f(x^1,\cdots,x^p)$，它可能有很多个不同的 k 阶偏导数。不管多少阶偏导数，总可以看作逐次求导的结果，每次求导选中一个自变量。我们引入多重指标记号：

$$\partial_J f(x) = \frac{\partial^k f(x)}{\partial x^{j_1} \partial x^{j_2} \cdots \partial x^{j_k}}$$

来表示这些导数。在表达式中，$J=(j_1,j_2,\cdots,j_k)$ 是一个可重复的 k 重整数组，$1 \leqslant j_k \leqslant p$。应该指出，在高阶导数中，可以多次对同一个自变量进行求导。因此，对于 $1 \leqslant l, l \neq m, j_l = j_m$ 是可以允许的。

我们将每一种偏导数看作一个变量，并将所有的 k 阶偏导数 ω_J^α 所占有的欧几里得空间记作 W_k。引入笛卡儿积：

$$W^{(n)} = W \times W_1 \times \cdots \times W_n$$

$W^{(n)}$ 中的点记作 $\omega^{(n)}$，坐标包括函数 $\omega=f(x)$ 和所有直到 n 阶的导数。

给定一个光滑函数 $f: X \rightarrow W$，记作 $\omega=f(x)$，存在一个诱导函数：

$$\omega^{(n)} = \mathrm{pr}^{(n)} f(x)$$

称为函数 f 的 n 阶延拓，且有

$$\omega_J^\alpha = \partial f^\alpha(x)$$

[例 3] 在 $p=2, q=1$ 的情况下，给定光滑函数 $\omega=f(x,y)$，一阶延拓为

$$\omega^{(1)} = (\omega, \omega_x, \omega_y) = \left(f, \frac{\partial f}{\partial x}, \frac{\partial f}{\partial y}\right)$$

二阶延拓为

$$\omega^{(2)}=(\omega,\omega_x,\omega_y,\omega_{xx},\omega_{xy},,\omega_{yy})=\left(f,\frac{\partial f}{\partial x},\frac{\partial f}{\partial y},\frac{\partial^2 f}{\partial x^2},\frac{\partial^2 f}{\partial x\partial y},\frac{\partial^2 f}{\partial y^2}\right)$$

有时候，我们将自变量、函数和所有直到 n 阶的导数放在一起，取笛卡儿积

$$X\times W^{(n)}=X\times W\times W_1\times\cdots\times W_n$$

称为基本空间 $X\times W$ 的 n 阶喷射空间(jet space)。在有些情况下，微分方程的自变量和因变量只是定义在 $X\times W$ 的一个开子集 M 上，我们将 $M\subset X\times W$ 的喷射空间记作

$$M^{(n)}=M\times W_1\times\cdots\times W_n$$

微分延拓看起来并不难操作，只要把我们需要的各阶导数老老实实求出来，放在它们该在的位置就行了。空间延拓以后，再审视原来的微分方程系统，会有不一样的感觉。另外，原来的参数曲线、群作用和矢量场也都要进行适当的延拓。

函数 $\omega=f(x)$ 的图象

$$\Gamma_f=\{(x,f(x)):x\in\Omega\}\subset X\times W$$

做 n 阶延拓以后为

$$\Gamma_f^{(n)}=\{(x,\mathrm{pr}^{(n)},f(x)):x\in\Omega\}\subset X\times W^{(n)}$$

群作用：

$$g(x_0,\omega_0)=(\widetilde{X}_0,\widetilde{\omega}_0)$$

做 n 阶延拓以后为

$$\mathrm{pr}^{(n)}g(x_0,\omega_0^{(n)})=(\widetilde{X}_0,\widetilde{\omega}_0^{(n)})$$

［定义 6］ 设 M 为 $X\times W$ 的一个开子集，$\mathbf{V}$ 为定义在 M 上的一个矢量场，相应的局部单参数群为 $\exp(\varepsilon\mathbf{V})$。$\mathbf{V}$ 的 n 阶延拓 $\mathrm{pr}^{(n)}\mathbf{V}$ 为 n 阶喷射空间 $M^{(n)}$ 上的一个矢量场，可由相应的延拓单参数群 $\mathrm{pr}^{(n)}[\exp(\varepsilon\mathbf{V})]$ 的无穷小生成子来定义，即对于任意 $(x,\omega^{(n)})\in M^{(n)}$，有

$$\mathrm{pr}^{(n)}\mathbf{V}\big|_{(x,\omega^{(n)})}=\frac{\mathrm{d}}{\mathrm{d}\varepsilon}\bigg|_{\varepsilon=0}\mathrm{pr}^{(n)}[\exp(\varepsilon\mathbf{V})](x,\omega^{(n)})$$

对于矢量场

$$\mathbf{V}=\sum_{k=1}^{p}\xi^k(x,\omega)\frac{\partial}{\partial x^k}+\sum_{\alpha=1}^{q}\eta_\alpha(x,\omega)\frac{\partial}{\partial\omega^\alpha}$$

其中，其 n 阶延拓具有如下形式：

$$\mathrm{pr}^{(n)}\mathbf{V}=\sum_{k=1}^{p}\xi^k(x,\omega)\frac{\partial}{\partial x^k}+\sum_{\alpha=1}^{q}\sum_{J}\eta_\alpha^J(x,\omega^{(n)})\frac{\partial}{\partial\omega_J^\alpha},$$

系数 η_α^J 由 ω 的各阶导数确定。

设：

$$F_\nu(x,\omega^{(n)}) = 0, \nu = 1,2,\cdots,l$$

为定义在 $M \subset X \times W$ 的满秩微分方程系统，若对于群 G 的每一个无穷小生成子 $\mathbf{V}$，$F_\nu(x,\omega^{(n)})=0,\nu=1,2,\cdots,l$ 时都有

$$\mathrm{pr}^{(n)}\mathbf{V}F_\nu(x,\omega^{(n)}) = 0, \nu = 1,2,\cdots,l$$

则群 G 为这个系统的对称群。

有了这个结论，就可以通过求得待定矢量场来寻找系统的对称群。面对具体的微分方程系统时，可以根据方程系统中所含导数对待定矢量场进行延拓，然后逐步确定待定矢量场，最后给出方程系统的 Lie 对称代数。

[定义 7]　设 $P(x,\omega^{(n)})$ 是关于 x,ω 和 ω 的直到 n 阶导数的光滑函数，定义在 $X\times W^{(n)}$ 的一个开子集 $M^{(n)}$ 上。P 关于自变量 x^j 的全导数(total derivative)定义为

$$D_j P(x,\mathrm{pr}^{(n+1)} f(x)) = \frac{\partial}{\partial x^j}\{P(x,\mathrm{pr}^{(n)} f(x))\}$$

对于给定的 $P(x,\omega^{(n)})$，第 j 个全导数可写成如下形式：

$$D_j P = \frac{\partial P}{\partial x^j} + \sum_{\alpha=1}^{q}\sum_J \omega_{J,j}^\alpha \frac{\partial P}{\partial \omega_J^\alpha}$$

此处，有

$$\omega_{J,j}^\alpha = \frac{\partial \omega_J^\alpha}{\partial x^j} = \frac{\partial^{k+1}\omega^\alpha}{\partial x^j \partial x^{j_1}\cdots\partial x^{j_k}}$$

对于 k 重指标 $J=(j_1,j_2,\cdots,j_k)$，J 阶全导数算子可写为

$$D_J = D_{j_1} D_{j_2}\cdots D_{j_k}$$

设：

$$\mathbf{V} = \sum_{k=1}^{p}\xi^k(x,\omega)\frac{\partial}{\partial x^k} + \sum_{\alpha=1}^{q}\eta_\alpha(x,\omega)\frac{\partial}{\partial\omega^\alpha}$$

为定义在 $X\times W$ 的一个开子集 M 上的一个矢量场，则 $\mathbf{V}$ 的 n 阶延拓为

$$\mathrm{pr}^{(n)}\mathbf{V} = \mathbf{V} + \sum_{\alpha=1}^{q}\sum_J \eta_\alpha^J(x,\omega^{(n)})\frac{\partial}{\partial\omega_J^\alpha} \tag{5-4}$$

其中，第二个求和符号覆盖到所有的 k 重指标 $J=(j_1,j_2,\cdots,j_k)(1\leqslant j_k\leqslant p,1\leqslant k\leqslant n)$；系数 η_α^J 由下面的公式给出

$$\eta_\alpha^J(x,\omega^{(n)}) = D_J\left(\eta_\alpha - \sum_{j=1}^{p}\xi^j\omega_j^\alpha\right) + \sum_{j=1}^{p}\xi^j\omega_{J,j}^\alpha \tag{5-5}$$

此处，有

$$\omega_j^\alpha = \frac{\partial \omega^\alpha}{\partial x^j}, \omega_{J,j}^\alpha = \frac{\partial \omega_J^\alpha}{\partial x^j}$$

有时候，我们从系数 η_α^J 得出 $\eta_\alpha^{J,k}$ 更为便捷，可以用如下递推公式：

$$\eta_\alpha^{J,k} = D_k \eta_\alpha^J - \sum_{j=1}^{p} D_k \xi^j \omega_{J,j}^\alpha \tag{5-6}$$

[例 4]　两个自变量 x,t 和一个因变量 ω 的情况下，我们来看看延拓公式的具体形式。设 $\omega=f(x,t)$，此时 $X\times W$ 上矢量场的一般形式为

$$\mathbf{V} = \xi(x,t,\omega)\frac{\partial}{\partial x} + \tau(x,t,\omega)\frac{\partial}{\partial t} + \eta(x,t,\omega)\frac{\partial}{\partial \omega}$$

矢量场 $\mathbf{V}$ 的一阶延拓为

$$\mathrm{pr}^{(1)}\mathbf{V} = \mathbf{V} + \eta^x \frac{\partial}{\partial \omega_x} + \eta^t \frac{\partial}{\partial \omega_t}$$

矢量场 $\mathbf{V}$ 的二阶延拓为

$$\mathrm{pr}^{(2)}\mathbf{V} = \mathrm{pr}^{(1)}\mathbf{V} + \eta^{xx}\frac{\partial}{\partial \omega_{xx}} + \eta^{xt}\frac{\partial}{\partial \omega_{xt}} + \eta^{tt}\frac{\partial}{\partial \omega_{tt}}$$

运用式(5-5)可以求出

$$\begin{aligned}
\eta^x &= D_x(\eta - \xi\omega_x - \tau\omega_t) + \xi u_{xx} + \tau u_{xt} \\
&= D_x\eta - \omega_x D_x\xi - \omega_t D_x\tau \\
&= \eta_x + (\eta_\omega - \xi_x)\omega_x - \tau_x\omega_t - \xi_\omega\omega_x^2 - \tau_\omega\omega_x\omega_t \\
\eta^t &= D_t(\eta - \xi\omega_x - \tau\omega_t) + \xi u_{xt} + \tau\omega_{tt} \\
&= D_t\eta - \omega_x D_t\xi - \omega_t D_t\tau \\
&= \eta_t - \xi_t\omega_x + (\eta_\omega - \tau_t)\omega_t - \tau_\omega\omega_t^2 - \xi_\omega\omega_x\omega_t
\end{aligned}$$

运用式(5-5)或式(5-6)可以求出

$$\begin{aligned}
\eta^{xx} &= D_x^2(\eta - \xi\omega_x - \tau\omega_t) + \xi\omega_{xxx} + \tau\omega_{xxt} \\
&= D_x^2\eta - \omega_x D_x^2\xi - \omega_t D_x^2\tau - 2\omega_{xx}D_x\xi - 2\omega_{xt}D_x\tau \\
&= \eta_{xx} + (2\eta_{x\omega} - \xi_{xx})\omega_x - \tau_{xx}\omega_t + (\eta_{\omega\omega} - 2\xi_{x\omega})\omega_x^2 - 2\tau_{x\omega}\omega_x\omega_t - \xi_{\omega\omega}\omega_x^3 - \\
&\quad \tau_{\omega\omega}\omega_x^2\omega_t + (\eta_\omega - 2\xi_x)\omega_{xx} - 2\tau_x\omega_{xt} - 3\xi_\omega\omega_x\omega_{xx} - \tau_\omega\omega_t\omega_{xx} - 2\tau_\omega\omega_t\omega_{xt}
\end{aligned}$$

用类似的办法可以得到 η^{xt} 和 η^{tt}，此处从略。

矢量场的延拓也是一种运算，这种运算具有线性和保持 Lie 括号运算的作用。

设 $\mathbf{V}_1,\mathbf{V}_2$ 为 $X\times W$ 的开子集 M 上的光滑矢量场，则矢量场的延拓满足

(1)线性：

$$\mathrm{pr}^{(n)}(a\mathbf{V}_1+b\mathbf{V}_2)=a\mathrm{pr}^{(n)}\mathbf{V}_1+b\mathrm{pr}^{(n)}\mathbf{V}_2, a,b\in\mathbf{R}$$

(2)保持 Lie 括号：

$$\mathrm{pr}^{(n)}[\mathbf{V}_1,\mathbf{V}_2]=[\mathrm{pr}^{(n)}\mathbf{V}_1,\mathrm{pr}^{(n)}\mathbf{V}_2]$$

设 $\mathscr{F}$ 为定义在 $X\times W$ 的一个开子集 M 上的一个满秩微分方程系统，这个系统的所有无穷小对称组成的集合作成 M 上的矢量场 Lie 代数。如果这个 Lie 代数是有限维的，则这个系统的对称群是作用在 M 上的一个局部 Lie 变换群。

5.3.3 群不变解

设$\wp$为定义在 $X\times W$ 的一个开子集 M 上的一个偏微分方程系统，这里 X 和 W 分别为自变量和因变量空间，G 为作用在 M 上的一个局部变换群。如果系统$\wp$的一个解 $\omega=f(x)$ 在群 G 中所有变换的作用下保持不变，即 $\forall g\in G, gf$ 和 f 在共同的定义域上是一样的，则称 $\omega=f(x)$ 为系统 $\mathscr{F}$ 的一个群不变解。

对一个偏微分方程系统而言，群不变解是相对容易获取的。设偏微分方程系统 $\mathscr{F}$ 含有 p 个自变量和 q 个因变量，下面给出求得群不变解的具体步骤：

(1)运用延拓方法求出系统对称群的所有无穷小生成子。

(2)确定群不变解的对称程度 s，这里的 s 对应于全对称群的某个子群的轨道的维数，$1\leqslant s\leqslant p$。约化系统将会含有 $p-s$ 个自变量，为了将原偏微分方程系统 $\mathscr{F}$ 约化为常微分方程系统 $\mathscr{F}/G$，我们选择 $s=p-1$。

(3)找出(1)中全对称群的所有 s 维子群，也就是要找出无穷小对称 Lie 代数的所有 s 维 Lie 子代数。

(4)固定一个对称群 G，构造一个函数无关的自变量完全集，将这些自变量分为两组：

$$\begin{aligned}y^1&=\mu^1(x,\omega),\cdots,y^{p-s}=\mu^{p-s}(x,\omega)\\ v^1&=\zeta^1(x,\omega),\cdots,v^q=\zeta^q(x,\omega)\end{aligned}\tag{5-7}$$

其中，$y^1,\cdots,y^{p-s}$ 和 $\nu^1,\cdots,\nu^q$ 分别对应新的自变量和因变量。

(5)通过求解式(5-7)，可以得出 x 中的 $p-s$ 个，记作$\tilde{x}$。将$\tilde{x}$和 ω 写成用 y,v 和剩下 s 个参变量$\hat{x}$表示的形式：

$$\tilde{x} = \gamma(\hat{x}, y, v)$$
$$\omega = \delta(\hat{x}, y, v) \tag{5-8}$$

接下来，运用求导的链锁法则，求出 v 关于 y 和 $\hat{x}$ 的一些需要的导数，并将 ω 及导数表示出来：

$$\omega^{(n)} = \delta^{(n)}(\hat{x}, y, v^{(n)}) \tag{5-9}$$

(6)将式(5-7)和式(5-9)代入系统 $\mathscr{F}$，得到新的系统：

$$F/G(y, v^{(n)}) \tag{5-10}$$

(7)求解 $\mathscr{F}/G$，得 $v=h(y)$，通过回代得到原系统的群不变解：

$$\zeta(x, \omega) = h[\mu(x, \omega)] \tag{5-11}$$

5.4 局部对称

局部对称包括经典对称和条件对称，下面对这两种对称做一个简要介绍。

5.4.1 经典对称

经典对称有多种，只依赖于原系统自变量和因变量的对称为 Lie 点对称，依赖于原系统自变量、因变量和因变量对自变量一阶导数的对称为切对称，依赖于原系统的自变量、因变量和因变量对自变量一阶导数及某些高阶导数的对称为 Lie-Bäcklund 对称。本节将简要介绍 Lie 点对称。为表述简洁，在本书中采用重复指数的 Einstein 求和约定[36]。

给定一个含有 p 个自变量和 q 个因变量的 n 阶微分方程系统[9]：

$$F_\nu(x, \omega^{(n)}) = 0, \quad \nu = 1, 2, \cdots, l \tag{5-12}$$

其中，自变量 $x=(x^1, x^2, \cdots, x^p) \in X$；因变量 $\omega=(\omega^1, \omega^2, \cdots, \omega^q) \in W$；在 $F_\nu(x, \omega^{(n)})$ 中最多含有 x，ω 和 ω 关于 x 的各种直到 n 阶导数。由于 $\omega^{(n)}$ 均可由 ω 确定，从本质上讲，有

$$F_\nu(x, \omega^{(n)}) = E_\nu(x, \omega), \quad \nu = 1, 2, \cdots, l \tag{5-13}$$

为便于表述，将 $(p+q)$ 维空间 $X \times W$ 称为基本空间，而将 $X \times W^{(n)}$ 称为喷射空间。如果 $X \times W$ 中满足系统(5-12)的点 (x, ω) 移动到 $(\bar{x}, \bar{\omega})$ 后仍然满足系统(5-12)，即

$$F_\nu(\bar{x},\bar{\omega}^{(n)})=0,\quad \nu=1,2,\cdots,l \tag{5-14}$$

则称从(x,ω)到$(\bar{x},\bar{\omega})$这个“移动”为系统(5-12)的对称变换。进一步,如果满足系统(5-12)的点(x,ω)沿着矢量场:

$$\mathbf{V}=\xi^j(x,\omega)\hat{x}^j+\eta_\delta(x,\omega)\hat{\omega}^\delta$$

连续移动经过的所有点$(\bar{x},\bar{\omega})$都满足系统(5-12),则称系统(5-12)从(x,ω)沿着矢量场$\mathbf{V}$存在 Lie 对称变换。给出系统(5-12)的单参数 Lie 对称变换如下:

$$\bar{x}^j=x^j+\varepsilon\xi^j(x,\omega)+O(\varepsilon^2),\quad j=1,2,\cdots,p \tag{5-15a}$$

$$\bar{\omega}^\delta=\omega^\delta+\varepsilon\eta_\delta(x,\omega)+O(\varepsilon^2),\quad \delta=1,2,\cdots,q \tag{5-15b}$$

其中,ε为参数,$\xi^j(x,\omega)$和$\eta_\delta(x,\omega)$分别为自变量x^j和因变量ω^δ的无穷小变换,也称为各自的对称,记为

$$\sigma^{x^j}=\xi^j(x,\omega),j=1,2,\cdots,p \tag{5-16a}$$

$$\sigma^{\omega^\delta}=\eta_\delta(x,\omega),\delta=1,2,\cdots,q \tag{5-16b}$$

系统(5-12)的 Lie 对称变换作成一个 Lie 群,称之为 Lie 对称变换群,所对应的矢量场$\mathbf{V}$称为 Lie 对称变换群的无穷小生成子。为了简化表达,将矢量场$\mathbf{V}$写成如下算子形式:

$$\mathbf{V}=\xi^j(x,\omega)\frac{\partial}{\partial x^j}+\eta_\delta(x,\omega)\frac{\partial}{\partial\omega^\delta} \tag{5-17}$$

为何常将矢量场写成算子的形式呢?因为矢量场总以算子作用于函数,顺应自然便写成算子的形式。警察执勤时要穿着制服,有些人平时也干脆穿着制服,这样可以避免经常换衣服。把警察看作矢量场,穿着制服的警察就如同写成算子形式的矢量场。

根据对称性的定义,若矢量场$\mathbf{V}$为系统(5-12)Lie 对称变换的无穷小生成子,则函数E_ν在基本空间$X\times W$中沿矢量场$\mathbf{V}$的方向导数为零,即

$$V[E_\nu(x,\omega)]_{E=0}=0,\quad \nu=1,2,\cdots,l \tag{5-18}$$

由于E_ν中可能含有ω关于x的各阶导数,这使得E_ν沿着矢量场V的方向导数较难求得。不难看出,系统(5-12)在喷射空间$X\times W^{(n)}$中显得更为简单,此时可以暂时不考虑求导关系。在喷射空间$X\times W^{(n)}$中,可以很自然地引入$\mathbf{V}$的n阶延拓:

$$\mathrm{pr}^{(n)}\mathbf{V}=\xi^j(x,\omega)\frac{\partial}{\partial x^j}+\eta_\delta^J(x,\omega^{(n)})\frac{\partial}{\partial\omega_J^\delta} \tag{5-19}$$

其中，多重指数 $J=(j_1,j_2,\cdots,j_k)$，$1\leqslant j_k\leqslant p$，$0\leqslant k\leqslant n$。且有

$$\eta_\delta^J(x,\omega^{(n)}) = D_J(\eta_\delta - \xi^j\omega_j^\delta) + \xi^j\omega_{J,j}^\delta \tag{5-20}$$

式(5-20)中，有

$$\omega_j^\delta = \frac{\partial\omega^\delta}{\partial x^j},\omega_{J,j}^\delta = \frac{\partial\omega_J^\delta}{\partial x^j}$$

D_j 为全导数算子，且有

$$D_J = D_{j_1}D_{j_2}\cdots D_{j_k}$$

$$D_j = \frac{\partial}{\partial z^j} + \omega_j^\delta\frac{\partial}{\partial\omega^\delta} + \omega_{jk}^\delta\frac{\partial}{\partial\omega_k^\delta} + \omega_{jkl}^\delta\frac{\partial}{\partial\omega_{kl}^\delta} + \cdots \quad (j,k,l=1,2,\cdots,p)$$

引入延拓矢量场以后，系统(5-12)沿矢量场 $\boldsymbol{V}$ 存在 Lie 对称变换可以表述为函数 F_ν 在 n 阶喷射空间 $X\times W^{(n)}$ 中沿矢量场 $\mathrm{pr}^{(n)}\boldsymbol{V}$ 的方向导数为零，即

$$\mathrm{pr}^{(n)}\boldsymbol{V}[F_\nu(x,\omega^{(n)})]_{F=0} = 0,\quad \nu=1,2,\cdots,l \tag{5-21}$$

由式(5-21)得到一组关于 ξ^j 和 η_δ 的决定方程，这组方程通常是线性的。求解决定方程即可得到 ξ^j 和 η_δ 的表达式，从而得到矢量场 $\boldsymbol{V}$。

将 Lie 对称变换的无穷小生成子视为系统(5-12)的约束条件，可以使系统(5-12)得到简化。利用式(5-17)中的矢量场 $\boldsymbol{V}$ 对系统(5-12)进行约化，称为对称约化。在实际操作中，可以通过引入特征方程：

$$\frac{\mathrm{d}x^1}{\xi^1} = \frac{\mathrm{d}x^2}{\xi^2} = \cdots = \frac{\mathrm{d}x^p}{\xi^p} = \frac{\mathrm{d}\omega^1}{\eta_1} = \frac{\mathrm{d}\omega^2}{\eta_2} = \cdots = \frac{\mathrm{d}\omega^q}{\eta_q} \tag{5-22}$$

使系统(5-12)减少一个独立变量。这种约化可能会缩小求解范围，所求出的解称为群不变解。

我们还可以利用式(5-17)中的矢量场 $\boldsymbol{V}$ 构造系统(5-12)的 Lie 对称变换群。在实际操作中，求解初值问题：

$$\left.\begin{aligned}\frac{\partial\,\bar{\omega}^j(\varepsilon)}{\partial\varepsilon} &= \xi^j,\bar{x}^j(0) = x^j\\ \frac{\partial\,\bar{\omega}^\delta(\varepsilon)}{\partial\varepsilon} &= \eta_\delta,\bar{\omega}^\delta(0) = \omega^\delta\end{aligned}\right\} \tag{5-23}$$

可得到相应的单参数 Lie 对称变换群：

$$g:(x,\omega)\mapsto(\bar{x},\bar{\omega}) = \exp(\varepsilon V)(x,\omega) \tag{5-24}$$

在众多的 Lie 对称中，有些对称具有明显的几何意义和物理意义。下面列举几种常见的 Lie 对称变换。

平移变换：

$$\mathbf{V}_1 = \frac{\partial}{\partial x^j}$$

$$G_1: x^j \mapsto x^j + \varepsilon$$

伸缩变换：

$$\mathbf{V}_2 = x^j \frac{\partial}{\partial x^j}$$

$$G_2: x^j \mapsto e^{\varepsilon} x^j$$

旋转变换：

$$\mathbf{V}_3 = -x^k \frac{\partial}{\partial x^j} + x^j \frac{\partial}{\partial x^k}$$

$$G_3: x^j \mapsto x^j \cos\varepsilon - x^k \sin\varepsilon$$

$$x^k \mapsto x^j \sin\varepsilon + x^k \cos\varepsilon$$

伽利略(Galileo)变换：

$$\mathbf{V}_4 = x^k \frac{\partial}{\partial x^j}$$

$$G_4: x^j \mapsto x^j - \varepsilon x^k$$

5.4.2 条件对称

1969 年，Bluman 和 Cole 在研究一维热传导方程时提出了条件对称方法[107]。与经典 Lie 对称方法相比，该方法引入了如下不变曲面条件：

$$\omega^\delta - \xi^j \omega_j^\delta = 0 \tag{5-25}$$

在求解无穷小生成子的时候，将会面对一组超定的非线性决定方程，求解难度较大。但是，运用条件对称方法有望导出更加丰富的对称，且有助于求得更加丰富的解。

5.5 非局部对称

微分方程系统的对称包括局部对称和非局部对称两大类。不可否认，局部对称在非线性系统的研究中发挥了巨大的作用。但是，人们也发现，局部对称存在诸多局限性。在一般情况下，通过局部对称约化或相应的有限对称变换得不到孤波和怪波等具有明确物理意义的解。在实践中，本研究发现很多看似复杂的系统，比如非线性 Schrödinger 方程系列中的一些方程，通过标准的 Lie 对称方法只能找到平移对称和旋转对称。这些平凡的对称对于寻求方程的非平凡解往往帮助有限。因此，人们开展了更加深入的对称研究。

如果 Lie 对称变换无穷小生成子的系数依赖于某些非局部变量，则称此对称为非局部对称[114,137]。非局部对称不仅仅依赖于所研究方程系统中自变量、因变量和因变量对自变量的某些高阶导数，还依赖于某些在系统中没有出现的函数，比如因变量的积分，反映了无穷小变换下解的整体行为。

从 20 世纪末开始，人们逐渐意识到非局部对称的重要作用。学者们提出了很多寻求非局部对称的方法[117,125,127-129]，并借助非局部对称求得一些非线性系统的解[116,118-124,126,129]。本节将简要介绍由 Painlevé 截断展开法导出非局部对称的过程。

考虑一个含有 p 个自变量和 q 个因变量的 n 阶导数多项式微分方程系统：

$$P(\omega)=0 \tag{5-26}$$

其中，自变量 $x=(x^1,x^2,\cdots,x^p)$；因变量 $\omega=(\omega^1,\omega^2\cdots,\omega^q)$；$P=(P^1,P^2,\cdots,P^m)$ 最多含有 x,ω 及 ω 关于 x 的各种直到 n 阶导数，且为 ω 及 ω 关于 x 的各阶导数的多项式形式。设系统(5-26)是 Painlevé 可积的，且存在如下 Painlevé 截断展开：

$$\omega^\delta=\sum_{k=0}^{k_\delta}\omega_k^\delta\phi^{-k},\delta=1,2,\cdots,q \tag{5-27}$$

其中，ω_k^δ 和 ϕ 是关于 x 的函数。将式(5-27)代入系统(5-26)，把关于 ϕ 的同类项合并，令 ϕ 的各次幂项系数为零，可将 ω_k^δ 写成如下用 ϕ 及其各阶导数表达的形式：

$$\omega_k^\delta=W_k^\delta(\phi),\delta=1,2,\cdots,q,k=0,1,\cdots,k_\delta \tag{5-28}$$

从而，系统(5-26)化为关于 ϕ 的系统，此系统可以写成 Schwartz 形式：

$$P_x(\phi)=0 \tag{5-29}$$

可以证明，系统(5-29)在 ϕ 的 Möbius 变换：

$$\phi\rightarrow\frac{a_1+a_2\phi}{a_3+a_4\phi}\quad(a_1a_4\neq a_2a_3)$$

保持形式不变，这意味着系统(5-29)具有 Lie 点对称：

$$\sigma^\phi=\kappa_0+\kappa_1\phi+\kappa_2\phi^2 \tag{5-30}$$

其中，κ_0，κ_1 和 κ_2 为任意常数。为了计算的方便，本研究选择

$$\sigma^{\phi} = -\phi^2 \tag{5-31}$$

如果 ϕ 是系统(5-29)的解，则有

$$\omega^{\delta} = W_0^{\delta}(\phi) \tag{5-32}$$

为系统(5-26)的一个解。由式(5-32)得到线性化系统，并将式(5-31)代入即可将 ω^{δ} 的对称 $\sigma^{\omega^{\delta}}$ 用 ϕ 及其各阶导数表示出来：

$$\sigma^{\omega^{\delta}} = M_{\delta}(\phi) \tag{5-33}$$

由于引入了非局部变量 ϕ，式(5-33)给出了系统(5-26)的一个非局部对称。为了将这个非局部对称局部化，我们引入 s 个由 ϕ 及其各阶导数表示的辅助变量 $r=(r^1,r^2,\cdots,r^s)$：

$$r^k = R_k(\phi), k = 1,2,\cdots,s \tag{5-34}$$

将式(5-31)代入系统(5-34)的线性化方程系统不难得出 r^k 的对称 σ^{r^k}。将系统(5-26)的非局部对称(5-33)化为由系统(5-26)、系统(5-29)和系统(5-34)所构成扩展系统的局部 Lie 点对称：

$$\sigma^{\omega^{\delta}} = N_{\delta}(x,\phi,r) \tag{5-35a}$$

$$\sigma^{\phi} = -\phi^2 \tag{5-35b}$$

$$\sigma^{r^k} = K_k(x,\phi,r) \tag{5-35c}$$

相应的无穷小生成子为

$$\mathbf{V} = N_{\delta}(x,\phi,r)\frac{\partial}{\partial\omega^{\delta}} - \phi^2\frac{\partial}{\partial\phi} + K_k(x,\phi,r)\frac{\partial}{\partial r^k} \tag{5-36}$$

根据矢量场(5-36)，可以得到初值问题：

$$\left.\begin{aligned}
&\frac{\partial\,\overline{\omega}^{\delta}(\varepsilon)}{\partial\varepsilon} = N_{\delta}(x,\overline{\phi},\overline{r}),\overline{\omega}^{\delta}(0) = \omega^{\delta}\\
&\frac{\partial\,\overline{\phi}(\varepsilon)}{\partial\varepsilon} = -\overline{\phi}^2(\varepsilon),\overline{\phi}(0) = \phi\\
&\frac{\partial\,\overline{r}^k(\varepsilon)}{\partial\varepsilon} = K_k(x,\overline{\phi},\overline{r}),\overline{r}^k(0) = r^k
\end{aligned}\right\} \tag{5-37}$$

求解初值问题(5-37)，得到对称变换：

$$G:(\omega^{\delta},\phi,r^k) \rightarrow (\overline{\omega}^{\delta}(\varepsilon),\overline{\phi}(\varepsilon),\overline{r}^k(\varepsilon)) \tag{5-38}$$

如果 $\{\omega^{\delta},\phi,r^k\}$ 为由式(5-26)、式(5-29) 和式(5-34) 构成的扩展系统的解，则 $\{\overline{\omega}^{\delta}(\varepsilon),\overline{\phi}(\varepsilon),\overline{r}^k(\varepsilon)\}$ 也是该扩展系统的解。运用对称变换(5-38)，可以

由已知解得到更丰富的解。此外,还可以利用式(5-36)中的 **V** 对扩展系统进行约化和求解。

5.6　对称与守恒律

守恒律在自然界中扮演着十分重要的角色,众所周知的质量守恒定律、动量守恒定律、电荷守恒定律和能量守恒定律等能够很好地解释诸多自然现象。所谓对称,指的是某事物在某种变换下的某种不变性,而守恒律在本质上就是对某种对称性的数学表达。事实上,对称是一种非常普遍的现象,在自然和社会中几乎无处不在。从广义上讲,只要有规律之处就有对称,而对称总是具体表现为某种守恒。

先看一个平面几何的例子。

[例 1]　如图 5-1 所示,有两个直角三角形 ABC 和 $A'B'C'$,这里$\angle ABC$ 和$\angle A'B'C'$为直角,$\overline{AB}=x$,$\overline{BC}=y$,$\overline{CA}=z$,$\overline{A'B'}=x'$,$\overline{B'C'}=y'$,$\overline{C'A'}=z'$。直角三角形 $A'B'C'$可以看作由直角三角形 ABC 经过变换 T 变换而来,在变换过程中,三角形保持了一个直角,这就是一种对称性,从而变换 T 是一种对称变换。这个变换过程中,具有不变量$\angle ABC$,以及

$$F(x,y,z) = x^2 + y^2 - z^2$$

守恒律有$\angle ABC=\pi/2$,以及

$$x^2 + y^2 - z^2 = 0$$

实际上,从直角三角形 ABC 变换到直角三角形 $A'B'C'$的过程中,对称和守恒律还有很多,此处不一一陈述。

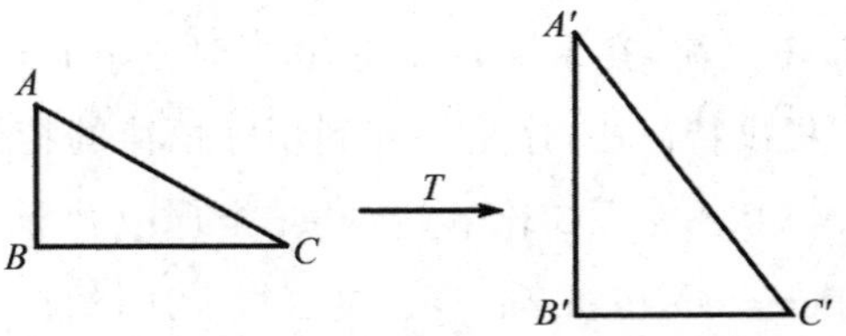

图 5-1　从直角三角形 *ABC* 到直接三角形 *A′B′C′*的变换

再看一个经典力学的例子。

[例 2]　如图 5-2 所示,在某惯性系中有两个质点 C 和 C',质量、位置和

受力分别为$(m,\boldsymbol{r},\boldsymbol{F})$和$(m,\boldsymbol{r}',\boldsymbol{F}')$。质点$C'$可以看作由质点$C$变换而来，在变换过程中，质点$C$仅保持了“质点”这一属性，这也是一种对称性，变换$T$为相应的对称变换。这个变换过程中，由 Newton 第二定律给出不变量

$$G(m,\boldsymbol{r},\boldsymbol{F}) = \boldsymbol{F} - m\frac{\partial^2 \boldsymbol{r}}{\partial t^2}$$

和守恒律

$$\boldsymbol{F} - m\frac{\partial^2 \boldsymbol{r}}{\partial t^2} = 0$$

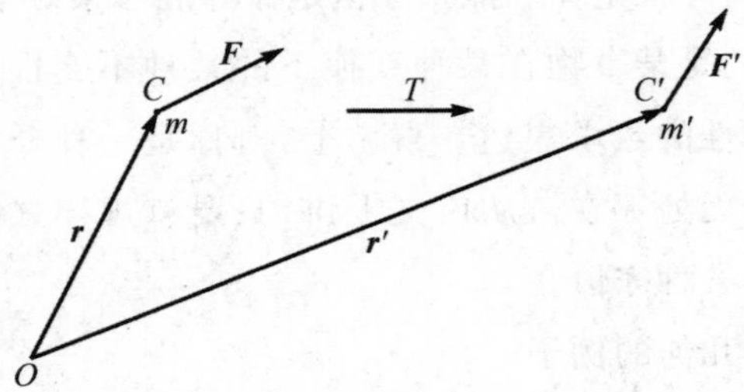

图 5-2 从质点 C 到质点 C' 的变换

在微分方程系统的研究中，Noether 定理给出了 Lie 对称下守恒律的数学形式。守恒律不仅在物理学中有着广泛的应用，在数学中也发挥着重要的作用。守恒律不但能够描述一些非线性演化方程系统的物理性质，而且对于数值解法也有重要的帮助。守恒律对于研究非线性演化方程系统的可积性以及非线性偏微分方程系统的线性化等也起到十分重要的作用。在计算数学中，守恒律有助于建立一些稳定的差分格式。因此，构造守恒律具有重要的理论意义和实践意义。

Noether 定理存在局限性，它要求方程系统存在变分及变分对称，而在实际应用中大多数非线性偏微分方程不存在变分。另一方面，根据 Noether 定理求出的守恒律为局部守恒律，在求非局部守恒律时 Noether 定理则不再适用。1962 年，Steudel[138] 提出特征法，这是一套利用守恒律的特征形式求守恒律的理论[138,139]。1967 年，Boyer[140] 简化了 Noether 定理中的 Noether 变换，减少了计算量。1982 年，Benjamin 和 Olver[141] 改进了特征法，给出了寻求守恒律的变分方法，用这种方法在求解特征的决定方程时更为简便。1996 年，Anco 和 Bluman[142] 从势对称出发，给出了求非局部守恒律的直接方法。1997 年，Anco 和 Bluman[143] 又给出了求局部守恒律的直接方法。该方法在求守恒律时，不要求

原方程存在 Lagrange 函数。1998 年，Ibragimov 和Kara[144]根据 Noether 守恒量与 Lie-Bäcklund 对称之间的关系，给出了求守恒律的对称条件方法。2002 年，Anco 和 Bluman[145,146]给出了乘子方法，该方法适用于一般非线性偏微分方程。2006 年，Kara 和 Mahomed[147]利用截断 Lagrange 函数以及截断 Noether 对称来构造守恒律，虽然该方法的构造过程与 Noether 定理类似，然而该方法对不存在 Lagrange 函数的非线性偏微分方程也适用，而且还可以构造常微分方程的首次积分。2007 年，Ibragimov[36,148]提出求非线性偏微分方程守恒律的伴随方程法，这种方法直接易操作，普适性强。

本节将对 Ibragimov 的伴随方程法做一个简要介绍。

5.6.1　非线性自伴

按照 Ibragimov 等人的理论[36]，微分方程系统的非线性自伴性对于构造局部守恒律相当重要。为此，本节先对非线性自伴性做一个简要的介绍。设 $z=\{z^1,z^2,\cdots,z^p\}$ 为一组自变量。考虑两组因变量 $\{\omega^1,\omega^2,\cdots,\omega^q\}$ 和 $\{W^1,W^2,\cdots,W^q\}$，关于 z 的偏导数如下：

$$\omega_{(1)}=\{\omega^\nu_{j_1}\},\omega_{(2)}=\{\omega^\nu_{j_1j_2}\},\cdots,\omega_{(n)}=\{\omega^\nu_{j_1j_2\cdots j_n}\}$$

$$W_{(1)}=\{W^\nu_{j_1}\},W_{(2)}=\{W^\nu_{j_1j_2}\},\cdots,W_{(n)}=\{W^\nu_{j_1j_2\cdots j_n}\}$$

式中，有

$$\omega^\nu_{j_1}=D_{j_1}(\omega^\nu),\omega^\nu_{j_1j_2}=D_{j_1}D_{j_2}(\omega^\nu),\cdots,\omega^\nu_{j_1j_2\cdots j_n}=D_{j_1}D_{j_2}\cdots D_{j_n}(\omega^\nu)$$

$$W^\nu_{j_1}=D_{j_1}(W^\nu),W_{j_1j_2}=D_{j_1}D_{j_2}(W^\nu),\cdots,W_{j_1j_2\cdots j_n}=D_{j_1}D_{j_2}\cdots D_{j_n}(W^\nu)$$

$$\nu=1,2,\cdots,m,\quad j_1,j_2,\cdots,j_n=1,2,\cdots,p$$

D_j 表示全导数算子：

$$D_j=\frac{\partial}{\partial z^j}+\omega^\nu_j\frac{\partial}{\partial\omega^\nu}+W^\nu_j\frac{\partial}{\partial W^\nu}+\omega^\nu_{jk}\frac{\partial}{\partial\omega^\nu_k}+W^\nu_{jk}\frac{\partial}{\partial W^\nu_k}+$$
$$\omega^\nu_{jkl}\frac{\partial}{\partial\omega^\nu_{kl}}+W^\nu_{jkl}\frac{\partial}{\partial W^\nu_{kl}}+\cdots\quad(j,k,l=1,2,\cdots,p)$$

考虑一个由 q 个微分方程构成的系统

$$F_\nu[z,\omega,\omega_{(1)},\omega_{(2)},\cdots,\omega_{(s)}]=0,\quad\nu=1,2,\cdots,q\tag{5-39}$$

系统(5-39)的伴随系统可写为

$$\hat{F}_{\nu}[z,\omega,\omega_{(1)},W_{(1)},\omega_{(2)},W_{(2)},\cdots,\omega_{(n)},W_{(n)}]=0,\nu=1,2,\cdots,q \tag{5-40}$$

式(5-40)中$\hat{F}_{\nu}$定义为

$$\hat{F}_{\nu}[z,\omega,W,\omega_{(1)},W_{(1)},\omega_{(2)},W_{(2)},\cdots,\omega_{(n)},W_{(n)}]=\frac{\delta L}{\delta\omega^{\nu}} \tag{5-41}$$

式(5-41)中 L 为形式 Lagrange 量，定义为

$$L=W^{\mu}F_{\mu}[z,\omega,\omega_{(1)},\omega_{(2)},\cdots,\omega_{(n)}] \tag{5-42}$$

且

$$\frac{\delta}{\delta\omega^{\nu}}=\frac{\partial}{\partial\omega^{\nu}}+\sum_{s=1}^{\infty}(-1)^{s}D_{j_1}D_{j_2}\cdots D_{j_s}\frac{\partial}{\partial\omega^{\nu}_{j_1j_2\cdots j_s}} \tag{5-43}$$

为变分导数。

根据 Ibragimov 所述，如果存在以下不全为零的函数：

$$W^{\nu}=\Phi^{\nu}(z,\omega),\quad \nu=1,2,\cdots,q \tag{5-44}$$

满足含待定系数 $\lambda_{\nu\mu}(\nu,\mu=1,2,\cdots,q)$的方程

$$\begin{aligned}&\hat{F}_{\nu}[z,\omega,W,\omega_{(1)},W_{(1)},\omega_{(2)},W_{(2)},\cdots,\omega_{(n)},W_{(n)}]\\&=\lambda_{\nu\mu}F_{\mu}[z,\omega,\omega_{(1)},\omega_{(2)},\cdots,\omega_{(n)}]\end{aligned} \tag{5-45}$$

则称系统(5-39)是非线性自伴的。

根据 Zhang[149] 所述，如果存在以下不全为零的函数

$$W^{\nu}=\Phi^{\nu}(z,\omega,\omega_{(1)},\omega_{(2)},\cdots,\omega_{(r)}),\quad \nu=1,2,\cdots,q \tag{5-46}$$

满足含待定系数 $\lambda_{\nu\mu},\lambda_{\nu\mu}^{k_1},\cdots,\lambda_{\nu\mu}^{k_1,\cdots,k_r}$ 的方程

$$\begin{aligned}&\hat{F}_{\nu}[z,\omega,W,\omega_{(1)},W_{(1)},\omega_{(2)},W_{(2)},\cdots,\omega_{(n)},W_{(n)}]\\&=(\lambda_{\nu\mu}+\lambda_{\nu\mu}^{k_1}D_{k_1}+\cdots+\lambda_{\nu\mu}^{k_1,\cdots,k_r}D_{k_1,\cdots,k_r})F_{\mu}[z,\omega,\omega_{(1)},\omega_{(2)},\cdots,\omega_{(n)}]\end{aligned} \tag{5-47}$$

则称系统(5-39)是广义非线性自伴的。

5.6.2 守恒律

根据 Ibragimov[36] 所述，由系统(5-39)的 Lie 点对称、切对称、Lie-BäcklundBäc 对称或非局部对称：

$$\boldsymbol{X}=\xi^{j}(z,\omega,\omega_{(1)},\omega_{(2)},\cdots)\frac{\partial}{\partial z^{j}}+\eta_{\nu}(z,\omega,\omega_{(1)},\omega_{(2)},\cdots)\frac{\partial}{\partial\omega^{\nu}} \tag{5-48}$$

可以构造守恒律

$$D_j(C^j)=0,\quad j=1,2,\cdots,p \tag{5-49}$$

式(5-49)中，有

$$\begin{aligned}C^j=&\xi^j L+M^\nu\left[\frac{\partial L}{\partial\omega_j^\nu}-D_k\left(\frac{\partial L}{\partial\omega_{jk}^\nu}\right)+D_kD_l\left(\frac{\partial L}{\partial\omega_{jkl}^\nu}\right)-\cdots\right]+\\&D_k(M^\nu)\left[\frac{\partial L}{\partial\omega_{jk}^\nu}-D_l\left(\frac{\partial L}{\partial\omega_{jkl}^\nu}\right)+\cdots\right]+\\&D_kD_l(M^\nu)\left[\frac{\partial L}{\partial\omega_{jkl}^\nu}-\cdots\right]\end{aligned} \tag{5-50}$$

且有

$$M^\nu=\eta_\nu-\xi^j\omega_j^\nu \tag{5-51}$$

第 6 章　GDNLS 方程的 Lie 对称研究

介质波导是导波器件和集成光学系统的基本结构单元，具有限制、传输和耦合光波的作用，因此被广泛应用于微波和光纤通信[150-154]。典型的介质波导是光纤，通常具有圆形横截面。

人们发展了定性分析方法以寻找非线性系统的解析解[17,155,156]。人们展示了非线性能量方程组[155-156]的等效平面动力系统的相图。人们发现，不同类型的解析解对应于相图中不同类型的轨迹。通过定性分析，人们研究了某些非线性 Schrödinger 方程，包括具有非 Kerr 效应项的高阶非线性 Schrödinger 方程[156]和具有幂律非线性的扰动非线性 Schrödinger 方程[17]。

非线性 Schrödinger 方程可用于描述单模波在非线性色散介质中的传播[157]，其中色散效应和非线性效应之间的平衡可能会产生孤波。研究人员发现，当非线性项与色散项相比较小时，这一平衡消失，因此非线性 Schrödinger 方程不再是非线性调制波列传播的合适模型[157]。

本章将采用李对称约化方法来研究 GDNLS 方程。本章将通过李对称约化将 GDNLS 方程约化为常微分系统，并推导出二维平面动力系统。通过定性分析获取 GDNLS 方程的周期波、扭结和钟形孤波解。将证明 GDNLS 方程是非线性自伴的，并构造与方程相关的守恒定律。

6.1　GDNLS 方程的研究现状

人们构造出了广义导数非线性 Schrödinger(generalized derivative nonlinear schrödinger，GDNLS)方程[157-163]。有一个 GDNLS 方程已用于描述 Kerr 介质波导中的单模波传输[161]，当考虑到高阶非线性时：

$$\mathrm{i}q_x + q_{tt} = a_1 q|q|^2 + a_2 q|q|^4 + \mathrm{i}a_3(q|q|^2)_t + (a_4 + \mathrm{i}a_5)q(|q|^2)_t \tag{6-1}$$

其中，$a_k(k=1,\cdots,5)$ 为实常数，且 $(a_3,a_4,a_5)\neq(0,0,0)$；x 是传播空间坐标；t 是约化时间坐标，这两者都相对于真实物理量进行了重整化[161]；$q=q(x,t)$ 是表示缓慢变化的电场幅度的复函数；下标表示偏导数；$a_1q|q|^2$ 表示 Kerr 效应；$a_2q|q|^4$ 表示非线性饱和的一阶贡献；$a_3(q|q|^2)_t$ 和 $a_5q(|q|^2)_t$ 表示非线性色散；$a_4q(|q|^2)_t$ 表示 Raman 效应[161]。对于瞬时 Raman 响应，即 $a_4=0$，可以将方程(6-1)转换为完全可积形式[161]。有学者研究了方程(6-1)的平稳解、加速解和自相似解[161]。

6.2 Lie 对称约化

本节将研究方程(6-1)的李对称约化。设：

$$q=u+\mathrm{i}v \tag{6-2}$$

其中，u 和 v 是关于 x 和 t 的实函数。将方程(6-1)转换为

$$\begin{aligned}E_1\equiv{}&u_{tt}-v_x-a_1u^3-a_1uv^2-a_2u^5-2a_2u^3v^2-\\&a_2uv^4+a_3u^2v_t+2(a_3+a_5)uvu_t+\\&(3a_3+2a_5)v^2v_t-2a_4u^2u_t-2a_4uvv_t=0\end{aligned} \tag{6-3a}$$

$$\begin{aligned}E_2\equiv{}&v_{tt}+u_x-a_1v^3-a_1u^2v-a_2v^5-2a_2u^2v^3-\\&a_2u^4v-a_3v^2u_t-2(a_3+a_5)uvv_t-\\&(3a_3+2a_5)u^2u_t-2a_4v^2v_t-2a_4uvu_t=0\end{aligned} \tag{6-3b}$$

由于系统(6-3)等价于方程(6-1)，在本章的某些部分研究了系统(6-3)代替方程(6-1)。根据文献[159,161]，系统(6-3)的 Lie 对称代数由以下四个无穷小生成子张成：

$$Y_1=\frac{\partial}{\partial x} \tag{6-4a}$$

$$Y_2=\frac{\partial}{\partial t} \tag{6-4b}$$

$$Y_3=-v\frac{\partial}{\partial u}+u\frac{\partial}{\partial v} \tag{6-4c}$$

$$Y_4=\frac{2x}{a_1}\frac{\partial}{\partial x}+\left(\frac{2x}{a_3}+\frac{t}{a_1}\right)\frac{\partial}{\partial t}-\left(\frac{u}{2a_1}+\frac{tv}{a_3}\right)\frac{\partial}{\partial u}+\left(\frac{tu}{a_3}-\frac{v}{2a_1}\right)\frac{\partial}{\partial v} \tag{6-4d}$$

式(6-4)中各无穷小生成子的交换关系如表 6-1 所示。

表 6-1　系统(6-3)的 Lie 代数交换表

无穷小生成子	Y_1	Y_2	Y_3	Y_4
Y_1	0	0	0	$\frac{2}{a_1}Y_1+\frac{2}{a_3}Y_2$
Y_2	0	0	0	$\frac{1}{a_1}Y_2+\frac{1}{a_3}Y_2$
Y_3	0	0	0	0
Y_4	$-\left(\frac{2}{a_1}Y_1+\frac{2}{a_3}Y_2\right)$	$-\left(\frac{1}{a_1}Y_2+\frac{1}{a_3}Y_3\right)$	0	0

下面将研究方程(6-1)的对称约化。考虑无穷小生成子 Y_1、Y_2 和 Y_3 的组合，即 $\mu Y_1+\nu Y_2+Y_3(\mu\neq 0,\nu\neq 0)$，推导出方程(6-1)的相似变量如下：

$$y=\nu x-\mu t \tag{6-5a}$$

$$q=X(y)\mathrm{e}^{\mathrm{i}\left[\frac{x}{\mu}+G(y)\right]} \tag{6-5b}$$

其中，μ 和 ν 为实常数；y 为自变量；X 和 G 为因变量。将式(6-5)代入方程(6-1)可得常微分方程系统：

$$X_{yy}-XG_y^2-\frac{\nu}{u^2}XG_y-\frac{a_3}{u}X^3G_y-\frac{1}{u^3}X-\frac{a_1}{u^2}X^3-\frac{a_2}{u^2}X^5+\frac{2a_4}{u}X^2X_y=0 \tag{6-6a}$$

$$XG_{yy}+2X_yG_y+(3a_3+2a_5)\frac{1}{\mu}X^2X_y+\frac{\nu}{\mu^2}X_y=0 \tag{6-6b}$$

假设

$$3a_3+2a_5=0,a_4=0 \tag{6-7}$$

令

$$G=-\frac{\nu}{2\mu^2}y \tag{6-8}$$

将式(6-7)和(6-8)代入系统(6-6)可得

$$X_{yy}=PX+QX^3+RX^5 \tag{6-9}$$

此处与文献[156]类似，设 $Y=X_y$，可将方程(6-9)化为如下二维平面动力系统：

$$X_y=Y \tag{6-10a}$$

$$Y_y = PX + QX^3 + RX^5 = f(X) \tag{6-10b}$$

6.3　周期波解与孤波解

不难看出，系统(6-10)是一个 Hamilton 系统。系统(6-10)的 Hamilton 量为

$$h = \frac{1}{2}Y^2 - \frac{1}{2}PX^2 - \frac{1}{4}QX^4 - \frac{1}{6}RX^6 \tag{6-11}$$

对于系统(6-10)，假设 $R\neq 0$，考虑以下三种情况：

(1)若 $PR>\frac{Q^2}{4}$ 或 $QR>0,0\leqslant PR\leqslant\frac{Q^2}{4}$，则 $f(X)$ 仅有一个实根：$X_0=0$；

(2)若 $QR>0,PR<0$ 或 $QR<0,PR<0$ 则 $f(X)$ 有三个不同的实根：

$$X_0 = 0, X = -\sqrt{\frac{-\frac{Q}{R}+\sqrt{\frac{Q^2}{R^2}-4\frac{P}{R}}}{2}}, X_2 = \sqrt{\frac{-\frac{Q}{R}+\sqrt{\frac{Q^2}{R^2}-4\frac{P}{R}}}{2}},$$

分别对应于系统(6-10)的不动点 P_0，P_1 和 P_2；

(3)若 $QR<0,0<PR<\frac{Q^2}{4}$，则 $f(X)$ 有五个不同的实根：

$$X_0 = 0, X_1 = -\sqrt{\frac{-\frac{Q}{R}+\sqrt{\frac{Q^2}{R^2}-4\frac{P}{R}}}{2}}, X_2 = \sqrt{\frac{-\frac{Q}{R}+\sqrt{\frac{Q^2}{R^2}-4\frac{P}{R}}}{2}},$$

$$X_3 = -\sqrt{\frac{-\frac{Q}{R}-\sqrt{\frac{Q^2}{R^2}-4\frac{P}{R}}}{2}}, X_4 = \sqrt{\frac{-\frac{Q}{R}-\sqrt{\frac{Q^2}{R^2}-4\frac{P}{R}}}{2}}$$

分别对应于系统(6-10)的不动点 P_0，P_1，P_2，P_3 和 P_4。

定义

$$F_h(X) = h + \frac{1}{2}PX^2 + \frac{1}{4}QX^4 + \frac{1}{6}RX^6 \tag{6-12}$$

且有

$$h_1 = |F_0(X_1)| = |F_0(X_2)| \tag{6-13a}$$

$$h_2 = |F_0(X_3)| = |F_0(X_4)| \tag{6-13b}$$

本节将试图获取方程(6-1)的周期波解、扭结孤波解和钟形孤波解。令

$Z=X^2$，可将方程 $F_h(X)=0$ 转换为如下三次方程：

$$h+\frac{1}{2}PZ+\frac{1}{4}QZ^2+\frac{1}{6}RZ^3=0 \tag{6-14}$$

方程(6-16)的解 Z_1,Z_2 和 Z_3 由 P,Q,R 和 h 的值确定。

根据平面动力系统的定性理论[17]，并考虑到式(6-5)，即可得到系统(6-1)的周期波解和孤波解。

6.3.1 周期波解

情形 1：$a_2>0,a_1-\frac{\nu}{2\mu}a_3>0,4\mu-\nu^2<0$ 或 $a_2>0,a_1-\frac{\nu}{2\mu}a_3<0,4\mu-\nu^2<0$ 且 $0<h<h_1$。

方程(6-16)有两个正根 $Z_1<Z_2$ 和一个负根 Z_3。可以得到方程(6-1)的如下周期波解：

$$q=\pm\frac{\sqrt{Z_1}\sqrt{-Z_3}\,\mathrm{sn}\left[\sqrt{Z_2}\sqrt{Z_1-Z_3}\sqrt{\frac{R}{3}}(\nu x-\mu t),\sqrt{\frac{Z_1}{Z_2}}\sqrt{\frac{Z_2-Z_3}{Z_1-Z_3}}\right]}{\sqrt{-Z_3+Z_1\mathrm{cn}^2\left[\sqrt{Z_2}\sqrt{Z_1-Z_3}\sqrt{\frac{R}{3}}(\nu x-\mu t),\sqrt{\frac{Z_1}{Z_2}}\sqrt{\frac{Z_2-Z_3}{Z_1-Z_3}}\right]}}\mathrm{e}^{\mathrm{i}\left(\frac{2\mu-\nu^2}{2\mu^2}x+\frac{\nu}{2\mu}t\right)} \tag{6-15}$$

情形 2：$a_2<0,a_1-\frac{\nu}{2\mu}a_3<0,4\mu-\nu^2>0$ 或 $a_2<0,a_1-\frac{\nu}{2\mu}a_3>0,4\mu-\nu^2>0$ 且 $-h_1<h<0$。

方程(6-16)有两个正根 $Z_1<Z_2$ 和一个负根 Z_3。可以得到方程(6-1)的如下周期波解：

$$q=\pm\frac{\sqrt{Z_1Z_2}}{\sqrt{Z_2-(Z_2-Z_1)\mathrm{sn}^2\left[\sqrt{Z_2}\sqrt{Z_1-Z_3}\sqrt{\frac{-R}{3}}(\nu x-\mu t),\frac{\sqrt{-Z_3}}{\sqrt{Z_2}}\sqrt{\frac{Z_2-Z_1}{Z_1-Z_3}}\right]}}\mathrm{e}^{\mathrm{i}\left(\frac{2\mu-\nu^2}{2\mu^2}x+\frac{\nu}{2\mu}t\right)} \tag{6-16}$$

情形 3：$a_2>0,a_1-\frac{\nu}{2\mu}a_3<0,0<(4\mu-\nu^2)a_2<\mu^2\left(a_1-\frac{\nu}{2\mu}a_3\right)^2$ 且 $0<h<h_1$。

方程(6-16)有两个正根 $Z_1<Z_2$ 和一个负根 Z_3。可以得到方程(6-1)的如下周期波解：

$$q=\pm\frac{\sqrt{Z_1}\sqrt{-Z_3}\,\mathrm{sn}\left[\sqrt{Z_2}\sqrt{Z_1-Z_3}\sqrt{\frac{R}{3}}(\nu x-\mu t),\sqrt{\frac{Z_1}{Z_2}}\sqrt{\frac{Z_2-Z_3}{Z_1-Z_3}}\right]}{\sqrt{-Z_3+Z_1\mathrm{cn}^2\left[\sqrt{Z_2}\sqrt{Z_1-Z_3}\sqrt{\frac{R}{3}}(\nu x-\mu t),\sqrt{\frac{Z_1}{Z_2}}\sqrt{\frac{Z_2-Z_3}{Z_1-Z_3}}\right]}}=\mathrm{e}^{\mathrm{i}\left(\frac{2\mu-\nu^2}{2\mu^2}x+\frac{\nu}{2\mu}t\right)}\tag{6-17}$$

情形 4：$4\mu-\nu^2>0,a_1-\frac{\nu}{2\mu}a_3<0,0<(4\mu-\nu^2)a_2<\mu^2\left(a_1-\frac{\nu}{2\mu}a_3\right)^2$ 且 $-h_2<h<0$。

方程(6-16)有三个正根 $Z_1<Z_2<Z_3$。可以得到方程(6-1)的如下周期波解：

$$q=\pm\frac{\sqrt{Z_1}\sqrt{Z_2}}{\sqrt{Z_2-(Z_2-Z_1)\mathrm{sn}^2\left[\sqrt{Z_2}\sqrt{Z_3-Z_1}\sqrt{\frac{R}{3}}(\nu x-\mu t),\frac{\sqrt{Z_3}}{\sqrt{Z_2}}\sqrt{\frac{Z_2-Z_1}{Z_3-Z_1}}\right]}}\mathrm{e}^{\mathrm{i}\left(\frac{2\mu-\nu^2}{2\mu^2}x+\frac{\nu}{2\mu}t\right)}\tag{6-18}$$

情形 5：$a_2<0,a_1-\frac{\nu}{2\mu}a_3>0,0<(4\mu-\nu^2)a_2<\mu^2\left(a_1-\frac{\nu}{2\mu}a_3\right)^2$ 且 $0<h<h_2$。

方程(6-16)有三个正根 $Z_1<Z_2<Z_3$。我们可以得到方程(6-1)的如下周期波解：

$$q=\pm\frac{\sqrt{Z_1}\sqrt{Z_3}}{\sqrt{Z_3-(Z_3-Z_1)\mathrm{dn}^2\left[\sqrt{Z_2}\sqrt{Z_3-Z_1}\sqrt{\frac{-R}{3}}(\nu x-\mu t),\frac{\sqrt{Z_1}}{\sqrt{Z_2}}\sqrt{\frac{Z_3-Z_2}{Z_3-Z_1}}\right]}}\mathrm{e}^{\mathrm{i}\left(\frac{2\mu-\nu^2}{2\mu^2}x+\frac{\nu}{2\mu}t\right)}\tag{6-19}$$

和

$$q=\pm\frac{\sqrt{Z_1}\sqrt{Z_3}\,\mathrm{sn}\left[\sqrt{Z_2}\sqrt{Z_3-Z_1}\sqrt{\frac{-R}{3}}(\nu x-\mu t),\frac{\sqrt{Z_1}}{\sqrt{Z_2}}\sqrt{\frac{Z_3-Z_2}{Z_3-Z_1}}\right]}{\sqrt{(Z_3-Z_1)+Z_1\mathrm{sn}^2\left[\sqrt{Z_2}\sqrt{Z_3-Z_1}\sqrt{\frac{-R}{3}}(\nu x-\mu t),\frac{\sqrt{Z_1}}{\sqrt{Z_2}}\sqrt{\frac{Z_3-Z_2}{Z_3-Z_1}}\right]}}\mathrm{e}^{\mathrm{i}\left(\frac{2\mu-\nu^2}{2\mu^2}x+\frac{\nu}{2\mu}t\right)}\tag{6-20}$$

解(6-15)、解(6-16)、解(6-17)、解(6-18)、解(6-19)和解(6-20)所对应的周期波分别如图 6-1(a)、图 6-1(b)、图 6-1(c)、图 6-1(d)、图 6-1(e)和图 6-1(f)所示。

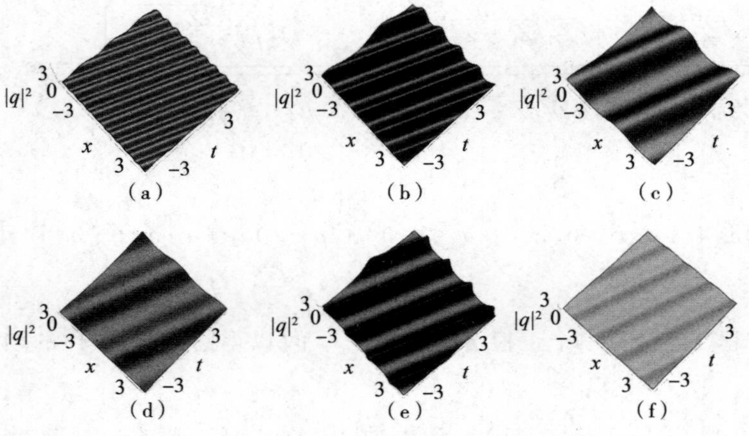

图 6-1　周期波

(a)解 (6-15)：$\mu=1,\nu=2.83,a_1=-2,a_2=1,a_3=-0.71,h=0.2$；

(b)解 (6-16)：$\mu=0.5,\nu=1.32,a_1=-2,a_2=-0.25,a_3=-1.7,h=-0.5$；

(c)解 (6-17)：$\mu=0.5,\nu=1.32,a_1=-2,a_2=0.25,a_3=-1.06,h=0.04$；

(d)解 (6-18)：$\mu=0.5,\nu=1.32,a_1=-2,a_2=0.25,a_3=-1.06,h=-0.06$；

(e)解 (6-19)：$\mu=0.5,\nu=1.5,a_1=-2,a_2=-0.25,a_3=-1.73,h=0.06$；

(f)解 (6-20)：$\mu=0.5,\nu=1.5,a_1=-2,a_2=-0.25,a_3=-1.73,h=0.06$。

6.3.2　结形孤波解

情形 6：$a_2>0,a_1-\frac{\nu}{2\mu}a_3>0$，或 $a_2>0,a_1-\frac{\nu}{2\mu}a_3<0,4\mu-\nu^2<0$ 且 $h=h_1$。

方程(6-16)有两个正根 $Z_1=Z_2$ 和一个负根 Z_3。可以得到方程(6-1)的如下结形孤波解：

$$q=\pm\frac{\sqrt{Z_1}\ \sqrt{-Z_3}\tanh\left[\sqrt{Z_1}\ \sqrt{Z_1-Z_3}\sqrt{\frac{R}{3}}(\nu x-\mu t)\right]}{\sqrt{-Z_3+Z_1\operatorname{sech}^2\left[\sqrt{Z_1}\ \sqrt{Z_1-Z_3}\sqrt{\frac{R}{3}}(\nu x-\mu t)\right]}}\mathrm{e}^{\mathrm{i}\left(\frac{2\mu-\nu^2}{2\mu^2}x+\frac{\nu}{2\mu}t\right)} \tag{6-21}$$

情形 7：$a_2>0,a_1-\frac{\nu}{2u}a_3<0,0<(4\mu-\nu^2)a_2<\mu^2\left(a_1-\frac{\nu}{2\mu}a_3\right)^2$ 且 $h=h_1$。

方程(6-16)有三个正根 $Z_1=Z_2$ 和一个负根 Z_3。可以得到方程(6-1)的如下结形孤波解：

$$q=\pm\frac{\sqrt{Z_1}\ \sqrt{-Z_3}\tanh\left[\sqrt{Z_1}\ \sqrt{Z_1-Z_3}\ \sqrt{\frac{R}{3}}(\nu x-\mu t)\right]}{\sqrt{-Z_3+Z_1\operatorname{sech}^2\left[\sqrt{Z_1}\ \sqrt{Z_1-Z_3}\ \sqrt{\frac{R}{3}}(\nu x-\mu t)\right]}}e^{i\left(\frac{2\mu-\nu^2}{2\mu^2}x+\frac{\nu}{2\mu}t\right)} \tag{6-22}$$

情形 8：$a_2<0,a_1-\frac{\nu}{2\mu}a_3>0,0<(4\mu-\nu^2)a_2<\mu^2\left(a_1-\frac{\nu}{2\mu}a_3\right)^2$ 且 $h=h_2$。

方程(6-16)有三个正根 $Z_1=Z_2<Z_3$。可以得到方程(6-1)的如下结形孤波解：

$$q=\pm 2\sqrt{Z_3}\ \frac{\Delta_1}{1+\Delta_1^2}e^{i\left(\frac{2\mu+\nu^2}{2\mu^2}x-\frac{\nu}{2\mu}t\right)} \tag{6-23}$$

式(6-23)中，有

$$\begin{aligned}\Delta_1=&\sqrt{\frac{Z_3-Z_1}{Z_1}\coth^2\left[\sqrt{Z_1}\ \sqrt{Z_3-Z_1}\ \sqrt{\frac{-R}{3}}(\nu x-\mu t)\right]+1}\\&-\sqrt{\frac{Z_3-Z_1}{Z_1}}\coth\left[\sqrt{Z_1}\ \sqrt{Z_3-Z_1}\ \sqrt{\frac{-R}{3}}(\nu x-\mu t)\right]\end{aligned} \tag{6-24}$$

解(6-21)、解(6-22)和解(6-23)所对应的结形孤波分别如图 6-2(a)、图 6-2(b)和图 6-2(c)所示。

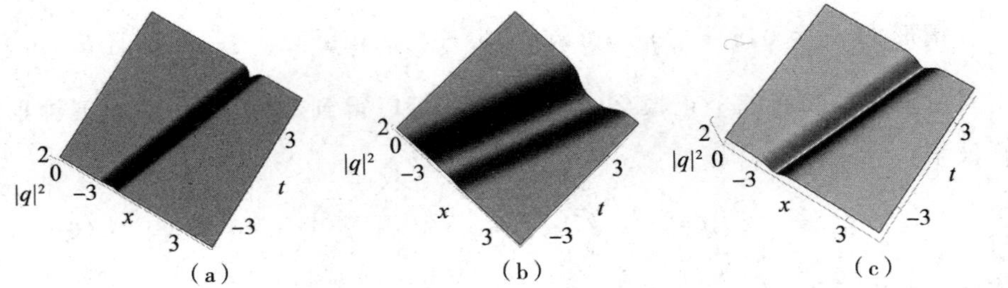

图 6-2　结形孤波

(a)解(6-21)：$\mu=1,\nu=2.83,a_1=-2,a_2=1,a_3=-0.71,h=0.76$；

(b)解(6-22)：$\mu=0.5,\nu=1.32,a_1=-2,a_2=0.25,a_3=-1.06,h=0.07$；

(c)解(6-23)：$\mu=1,\nu=2.83,a_1=-2,a_2=-1,a_3=-3.11,h=0.12$。

6.3.3　钟形孤波解

情形 9：$a_2<0,a_1-\frac{\nu}{2\mu}a_3<0,4\mu-\nu^2>0$ 或 $a_2<0,a_1-\frac{\nu}{2\mu}a_3>0,4\mu-\nu^2>$

0 且 $h=0$。

方程(6-16)有三个实根：$Z_1=0$，正根 Z_2 和负根 Z_3。可以得到方程(6-1)的如下钟形孤波解：

$$q=\pm\sqrt{\frac{(Z_2-Z_3)\Delta_2}{1+\Delta_2^2}-\frac{-Z_3-Z_2}{2}}\,\mathrm{e}^{\mathrm{i}\left(\frac{2\mu-\nu^2}{2\mu^2}x+\frac{\nu}{2\mu}t\right)} \tag{6-25}$$

式(6-25)中，有

$$\Delta_2=\pm\frac{2\sqrt{Z_2}\sqrt{-Z_3}}{-Z_3-Z_2}\tanh\left[\sqrt{Z_2}\sqrt{-Z_3}\sqrt{\frac{-R}{3}}(\nu x-\mu t)\right]+\frac{Z_2-Z_3}{-Z_3-Z_2} \tag{6-26}$$

情形 10：$a_2>0, a_1-\dfrac{\nu}{2\mu}a_3<0, 0<(4\mu-\nu^2)a_2<\mu^2\left(a_1-\dfrac{\nu}{2\mu}a_3\right)^2$ 且 $h=0$。

方程(6-16)有三个实根：$Z_1=0$ 和两个正根 $Z_2<Z_3$。可以得到方程(6-1)的如下钟形孤波解：

$$q=\pm\sqrt{\frac{Z_2+Z_3}{2}+\frac{Z_3-Z_2}{2}\,\frac{Z_2+Z_3\tanh^2\left[\sqrt{Z_2}\sqrt{Z_3}\sqrt{\frac{R}{3}}(\nu x-\mu t)\right]}{Z_2-Z_3\tanh^2\left[\sqrt{Z_2}\sqrt{Z_3}\sqrt{\frac{R}{3}}(\nu x-\mu t)\right]}}\,\mathrm{e}^{\mathrm{i}\left(\frac{2\mu-\nu^2}{2\mu^2}x+\frac{\nu}{2\mu}t\right)} \tag{6-27}$$

情形 11：$a_2<0, a_1-\dfrac{\nu}{2\mu}a_3>0, 0<(4\mu-\nu^2)a_2<\mu^2\left(a_1-\dfrac{\nu}{2\mu}a_3\right)^2$ 且 $h=h_2$。

方程(6-16)有三个正根 $Z_1=Z_2<Z_3$。可以得到方程(6-1)的如下钟形孤波解：

$$q=\pm 2\sqrt{Z_3}\,\frac{\Delta_3}{1+\Delta_3^2}\mathrm{e}^{\mathrm{i}\left(\frac{2\mu-\nu^2}{2\mu^2}x+\frac{\nu}{2\mu}t\right)} \tag{6-28}$$

式(6-28)中，有

$$\begin{aligned}\Delta_3=&\sqrt{\frac{Z_3-Z_1}{Z_1}\tanh^2\left[\sqrt{Z_1}\sqrt{Z_3-Z_1}\sqrt{\frac{-R}{3}}(\nu x-\mu t)\right]+1}-\\&\sqrt{\frac{Z_3-Z_1}{Z_1}}\tanh\left[\sqrt{Z_1}\sqrt{Z_3-Z_1}\sqrt{\frac{-R}{3}}(\nu x-\mu t)\right]\end{aligned} \tag{6-29}$$

解(6-25)、解(6-27)和解(6-28)所对应的钟形孤波分别如图 6-3(a)、图 6-3(b)和图 6-3(c)所示。发现解(6-27)所对应的孤波在物理上不存在。

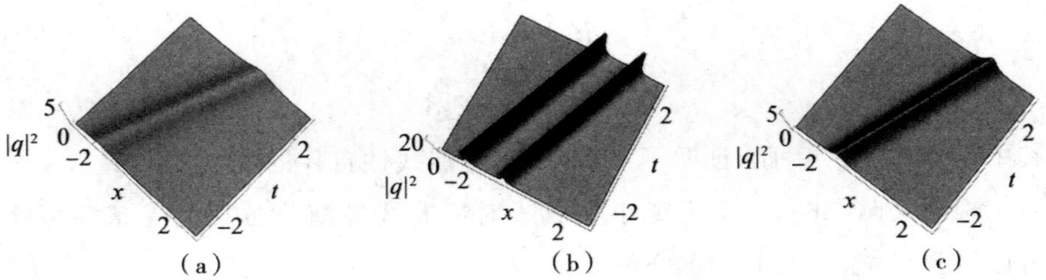

图 6-3　钟形孤波

(a)解(6-25):$\mu=0.5,\nu=1.32,a_1=-2,a_2=-0.25,a_3=-1.70,h=0$;

(b)解(6-27):$\mu=0.5,\nu=1.32,a_1=-2,a_2=0.25,a_3=-1.06,h=0$;

(c)解(6-28):$\mu=1,\nu=2.83,a_1=-2,a_2=-1,a_3=-3.11,h=0.12$。

6.4　非线性自伴与守恒律

运用文献[36]中方法,得到系统(6-3)的伴随方程组:

$$\begin{aligned}\hat{E}_1 \equiv &(-3a_1u^2-a_1v^2-5a_2u^4-6a_2u^2v^2-a_2v^4-2a_4vv_t-2a_5uv_t)U+\\&(-2a_1uv-4a_2u^3v-4a_2uv^3+2a_4uv_t-2a_5vv_t)V-\\&[2(a_3+a_5)uv-2a_4u^2]U_t+[a_3v^2+(3a_3+2a_5)u^2+2a_4uv]V_t-\\&V_x+U_{tt}=0\end{aligned}\tag{6-30a}$$

$$\begin{aligned}\hat{E}_2 \equiv &(-2a_1uv-4a_2u^3v-4a_2uv^3+2a_4vu_t+2a_5uu_t)U+\\&(-3a_1v^2-a_1u^2-5a_2v^4-6a_2u^2v^2-a_2u^4-2a_4uu_t+2a_5vu_t)V-\\&[a_3u^2+(3a_3+2a_5)v^2-2a_4uv]U_t+[2(a_3+a_5)uv+2a_4v^2]V_t+\\&U_x+V_{tt}=0\end{aligned}\tag{6-30b}$$

其中,U 和 V 是对应于 x 和 t 的因变量。将式

$$U=cv\tag{6-31a}$$

$$V=-cu\tag{6-31b}$$

代入式(6-30),并考虑到系统(6-3),可得

$$\hat{E}_1 = cE_2 \tag{6-32a}$$

$$\hat{E}_2 = -cE_1 \tag{6-32b}$$

其中,c 是常数。因此,证明了系统(6-3)是非线性自伴的。

根据文献[36],一个无穷小生成子对应非线性演化方程的一条守恒律,可以得到系统(6-3)的如下守恒律:

(1)对于 $Y_2=\dfrac{\partial}{\partial t}$,相对应的守恒律为

$$u^3u_{tt}+uv^2u_{tt}+v^3v_{tt}+u^2vv_{tt}+3u^2u_t^2+v^2u_t^2+3v^2v_t^2+u^2v_t^2+4uvu_tv_t=0 \tag{6-33}$$

(2)对于 $Y_4=\dfrac{2x}{a_1}\dfrac{\partial}{\partial x}+\left(\dfrac{2x}{a_3}+\dfrac{t}{a_1}\right)\dfrac{\partial}{\partial t}-\left(\dfrac{u}{2a_1}+\dfrac{tv}{a_3}\right)\dfrac{\partial}{\partial u}+\left(\dfrac{tu}{a_3}-\dfrac{v}{2a_1}\right)\dfrac{\partial}{\partial v}$,相对应的守恒律为

$$u^3u_t+uv^2u_t+v^3v_t+u^2vv_t=0 \tag{6-34}$$

6.5 本章小结

介质波导被广泛应用于微波和光纤通信之中。本章运用李对称约化研究了描述 Kerr 介质波导中单模波的一个 GDNLS 方程,即方程(6-1)。在方程中,$q=q(x,t)$是一个表示电场缓慢变化幅度的复函数,$a_1q|q|^2$ 表示 Kerr 效应,$a_2q|q|^4$ 表示非线性饱和的一阶贡献,$a_3(q|q^2)_t$ 和 $a_5q(|q|^2)_t$ 表示非线性色散。通过李对称约化导出了方程(6-1)的约化系统(6-6)。在约束条件(6-7)之下,本章将方程(6-1)转换为二维平面动力系统,即系统(6-10)。

在 Kerr 介质波导中,对于不同程度的 Kerr 效应、非线性饱和和非线性色散,本章发现电场可以周期波的形式传播,对应解(6-15)、解(6-16)、解(6-17)、解(6-18)、解(6-19)和解(6-20),也可以结形孤波传播,对应解(6-21)、解(6-22)和解(6-23),也可以钟形孤波传播,对应解(6-25)、解(6-27)和解(6-28),分别如图 6-1、图 6-2 和图 6-3 所示。

本章证明了与方程(6-1)等价的系统(6-3)是非线性自伴的,并得出与李对称性相关的系统(6-3)的守恒律,即表达式(6-33)和式(6-34)。

第 7 章　DEGM 系统的 Lie 对称研究

在光通信中，人们利用光纤来传输高比特率数据[164-166]。随着光纤通信技术的迅猛发展，已经有研究者在实验室环境下实现了在单个通道中以超短光脉冲为载波的高比特率数据传输[167]。人们发现，非线性光纤中超短光脉冲的传输可由 Dodd-Eilkck-Gibbon -Moms(DEGM)系统来描述[168-171]。

在大气或海洋系统中，人们研究了斜压不稳定性[172]，讨论了不稳定平均流势能转化为扰动动能的过程[173]。有学者发现了不稳定系统中产生这些扰动的两种不同能量来源[174]。一种是平均运动的水平(南-北)切变，另一种是与南北密度梯度和垂直切变有关的势能[175]。在双层模型中，每一层内的速度都是不变的，但速度切变不为零[172]。在最小临界垂直切变附近，边缘不稳定斜压波包时空演化的双层模型可用 DEGM 系统[168,169,176]来描述。

在某些物理环境下，非线性光纤、大气或海洋系统中的介质是非均匀的，并且边界两边可能存在不一致[177]。因此，有些研究人员开始关注时变系数 DEGM 系统，该系统可描述超短脉冲在非均匀光纤中的传播，以及大气或海洋系统中非均匀介质边缘不稳定斜压波包时空演化的两层模型[168,170,171,178]。

本章将运用 Lie 对称方法研究 DEGM 系统的相关特性。第 7.1 节简要介绍 DEGM 系统的研究现状；第 7.2 节导出 DEGM 系统的 Lie 对称；第 7.3 节运用 Lie 对称对常系数 DEGM 系统进行约化和求解；第 7.4 节运用 Lie 对称对 DEGM 系统的孤波解进行变换；第 7.5 节导出 DEGM 系统的非线性自伴性，并利用 Lie 对称构造 DEGM 系统的守恒律；第 7.6 节对本章进行小结。

7.1　DEGM 系统的研究现状

常系数 DEGM 系统具有如下简化形式[169-171]：

$$A_{xt} = \alpha A + \beta AB \tag{7-1a}$$

$$B_x = -\frac{1}{2}\gamma(|A|^2)_t \tag{7-1b}$$

系统(7-1)中的下标表示求偏导，x 和 t 分别表示归一化空间和时间坐标。在光纤中，α 和 β 是两个度量原子与电场之间耦合程度的物理量，有些情况下 $\alpha=\beta$，γ 用于度量群速，复值函数 A 为电场复振幅，实值函数 B 与占有数有关，而占有数用于度量原子数反转[168]。在大气或海洋系统中，α 描述基本流的状态，β 反映波包和平均流之间的相互作用，γ 刻画非均匀群速度，复值函数 A 是波包的复振幅，而实值函数 B 用于度量基本流的修正量[168]。若 $|x|\to\infty$ 时 $A\to 0$，$B\to \pm 1$，则系统(7-1)存在守恒律[168]：

$$|A_t|^2 + B^2 = 1$$

时变系数 DEGM 系统具有如下形式[170,171,178]：

$$A_{xt} = \alpha(t)A + \beta(t)AB \tag{7-2a}$$

$$B_x = -\frac{1}{2}\gamma(|A|^2)_t \tag{7-2b}$$

其中，系数 α，β 和 γ 均为 t 的函数。

显然，系统(7-2)是系统(7-1)的推广。Kamchatnov 等人[169]给出了系统(7-1)的 Lax 对。当 A 为实数时，系统(7-1)可以转化为 sin-Gordon 方程；当 A 为虚数时，系统(7-1)可以转化为自感应透明系统。对于系统(7-2)，Guo[170]进行了 Painlevé 分析，给出了守恒律、孤子解和呼吸子解，并研究了孤子相互作用，Wang 和 Xie 等人[171,178]给出了怪波解。

7.2 Lie 点对称

本节将导出系统(7-2)的 Lie 对称。为便于表述，对系统(7-2)进行预处理。令

$$A = u + \mathrm{i}v \tag{7-3}$$

其中，u 和 v 是关于 x 和 t 的实值函数。将系统(7-2)化为

$$E_1 \equiv u_{xt} - [\alpha(t) + \beta(t)B]u = 0 \tag{7-4a}$$

$$E_2 \equiv v_{xt} - [\alpha(t) + \beta(t)B]v = 0 \tag{7-4b}$$

$$E_3 \equiv B_x + \gamma(t)(uu_t + vv_t) = 0 \tag{7-4c}$$

由于系统(7-4)与系统(7-2)等价，本书在某些部分研究系统(7-4)代替系统(7-2)。设系统(7-4)Lie 对称变换的无穷小生成子为

$$\boldsymbol{X}=\xi\frac{\partial}{\partial x}+\tau\frac{\partial}{\partial t}+\phi\frac{\partial}{\partial u}+\psi\frac{\partial}{\partial v}+\eta\frac{\partial}{\partial B} \tag{7-5}$$

式(7-5)中：

$$\xi=\xi(x,t,u,v,B),\tau=\tau(x,t,u,v,B)$$

$$\phi=\phi(x,t,u,v,B),\psi=\psi(x,t,u,v,B),\eta=\eta(x,t,u,v,B)$$

均为关于自变量和因变量的函数。将 Lie 方法[9]应用到系统(7-4)中，我们得到系统(7-4)在两种情况下的 Lie 对称，下面的结果中用撇号“′”表示对 t 求导。

情形 1：

$$[\beta(t)\gamma(t)]'=0$$

此时，有

$$\xi=c_1+c_3x \tag{7-6a}$$

$$\tau=\sigma'(t) \tag{7-6b}$$

$$\phi=-c_2v-c_3u \tag{7-6c}$$

$$\psi=c_2u-c_3v \tag{7-6d}$$

$$\eta=-c_3\left[B+\frac{\alpha(t)}{\beta(t)}\right]-\left\{\left[\sigma'(t)+\frac{\beta'(t)\sigma(t)}{\beta(t)}\right]B+\left[\frac{\alpha(t)\sigma'(t)}{\beta(t)}+\frac{\alpha'(t)\sigma(t)}{\beta(t)}\right]\right\} \tag{7-6e}$$

其中，c_1，c_2 和 c_3 为任意常数；$\sigma(t)$为任意可微函数。系统(7-4)的 Lie 对称代数由以下矢量场展成：

$$\boldsymbol{X}_1=\frac{\partial}{\partial x} \tag{7-7a}$$

$$\boldsymbol{X}_2=-v\frac{\partial}{\partial u}+u\frac{\partial}{\partial v} \tag{7-7b}$$

$$\boldsymbol{X}_3=x\frac{\partial}{\partial x}-u\frac{\partial}{\partial u}-v\frac{\partial}{\partial v}-\left[B+\frac{\alpha(t)}{\beta(t)}\right]\frac{\partial}{\partial B} \tag{7-7c}$$

$$\boldsymbol{X}_\infty=\sigma(t)\frac{\partial}{\partial t}-\left\{\left[\sigma'(t)+\frac{\beta'(t)\sigma(t)}{\beta(t)}\right]B+\left[\frac{\alpha(t)\sigma'(t)}{\beta(t)}+\frac{\alpha'(t)\sigma(t)}{\beta(t)}\right]\right\}\frac{\partial}{\partial B} \tag{7-7d}$$

式(7-7)所对应 Lie 代数的一个 Lie 子代数由以下矢量场展成：

$$\boldsymbol{Z}_1 = \frac{\partial}{\partial x} \tag{7-8a}$$

$$\boldsymbol{Z}_2 = \frac{\partial}{\partial t} \tag{7-8b}$$

$$\boldsymbol{Z}_3 = -v\frac{\partial}{\partial u} + u\frac{\partial}{\partial v} \tag{7-8c}$$

$$\boldsymbol{Z}_4 = x\frac{\partial}{\partial x} - t\frac{\partial}{\partial t} - u\frac{\partial}{\partial u} - v\frac{\partial}{\partial v} \tag{7-8d}$$

根据交换关系，可以得到式(7-8)中各矢量场具有如下最优组合：

$$\boldsymbol{Z}_1,\quad a_1\boldsymbol{Z}_1 + \boldsymbol{Z}_2,\quad a_2\boldsymbol{Z}_1 + a_3\boldsymbol{Z}_2 + \boldsymbol{Z}_3,\quad a_4\boldsymbol{Z}_3 + \boldsymbol{Z}_4$$

其中，a_1，a_2，a_3 和 a_4 为任意常数。

情形 2：

$$[\beta(t)\gamma(t)]' \neq 0$$

此时，有

$$\xi = c_1 + c_4 x \tag{7-9a}$$

$$\tau = -2c_3K(t) - 2c_4K(t) \tag{7-9b}$$

$$\phi = -c_2 v + c_3 u \tag{7-9c}$$

$$\psi = c_2 u + c_3 v \tag{7-9d}$$

$$\eta = c_3[P(t)B + Q(t)] + c_4\left\{[P(t)-1]B + \left[Q(t) - \frac{\alpha(t)}{\beta(t)}\right]\right\} \tag{7-9e}$$

其中，c_1，c_2，c_3 和 c_4 为任意常数。系统(7-4)的 Lie 对称代数由以下矢量场展成：

$$\boldsymbol{Y}_1 = \frac{\partial}{\partial x} \tag{7-10a}$$

$$\boldsymbol{Y}_2 = -v\frac{\partial}{\partial u} + u\frac{\partial}{\partial v} \tag{7-10b}$$

$$\boldsymbol{Y}_3 = -2K(t)\frac{\partial}{\partial t} + u\frac{\partial}{\partial u} + v\frac{\partial}{\partial v} + [P(t)B + Q(t)]\frac{\partial}{\partial B} \tag{7-10c}$$

$$\boldsymbol{Y}_4 = x\frac{\partial}{\partial x} - 2K(t)\frac{\partial}{\partial t} + \left\{[P(t)-1]B + \left[Q(t) - \frac{\alpha(t)}{\beta(t)}\right]\right\}\frac{\partial}{\partial B} \tag{7-10d}$$

式(7-10)中，有

$$K(t)=\frac{\beta(t)\gamma(t)}{[\beta(t)\gamma(t)]'},P(t)=\frac{2}{\beta(t)}[\beta(t)K(t)]',Q(t)=\frac{2}{\beta(t)}[\alpha(t)K(t)]'$$

7.3　常系数 DEGM 系统的 Lie 对称约化与解析解

7.3.1　Lie 对称约化

考虑到系统(7-1)与系统(7-4)之间的关系，根据矢量场 $\mathbf{Z}_1+\mathbf{Z}_2+\mathbf{Z}_3$，系统(7-1)有一种群不变解可以写成如下形式：

$$A=X(y)\mathrm{e}^{\mathrm{i}[x+G(y)]} \tag{7-11a}$$

$$B=B(y) \tag{7-11b}$$

其中，$y=x-t$；$X=X(y)$；$G=G(y)$和 $B=B(y)$为全局不变量。将式(7-11)代入系统(7-1)可得到以下约化系统：

$$X_{yy}+(\alpha+\beta B-G_y-G_y^2)X=0 \tag{7-12a}$$

$$X_y(2G_y+1)+XG_{yy}=0 \tag{7-12b}$$

$$B_y-\gamma XX_y=0 \tag{7-12c}$$

将式(7-12c)两边对 y 积分，令积分常数为零，可得

$$B=\frac{\gamma}{2}X^2 \tag{7-13}$$

不难看出：

$$G=-\frac{1}{2}y \tag{7-14}$$

满足方程(7-12b)。将式(7-13)和式(7-14)代入系统(7-12)得到

$$X_{yy}=MX+NX^3 \tag{7-15}$$

式(7-15)中，有

$$M=-\left(\frac{1}{4}+\alpha\right)$$

$$N=-\frac{\beta\gamma}{2}$$

令 $Y=X_y$，式(7-15)等价于如下二维平面动力系统：

$$X_y = Y \tag{7-16a}$$

$$Y_y = MX + NX^3 \tag{7-16b}$$

7.3.2 解析解

系统(7-16)是一个 Hamilton 系统,相应的 Hamilton 量为

$$h = \frac{1}{2}Y^2 - \frac{1}{2}MX^2 - \frac{1}{4}NX^4 \tag{7-17}$$

根据平面动力系统的定性理论[17],并考虑到式(7-3),我们得到了系统(7-1)的如下周期波解和孤波解。

1. 周期波解

情形 1:$\alpha > -\frac{1}{4}$,$\beta\gamma > 0$ 且 $h > 0$。

$$A = \pm \delta_1 \mathrm{cn}\left[\sqrt{\frac{-N(\delta_1^2+\delta_2^2)}{2}}(x-t), \frac{\delta_1}{\sqrt{\delta_1^2+\delta_2^2}}\right]\mathrm{e}^{\mathrm{i}\left(\frac{x}{2}+\frac{t}{2}\right)} \tag{7-18a}$$

$$B = \frac{\gamma}{2}\delta_1^2 \mathrm{cn}^2\left[\sqrt{\frac{-N(\delta_1^2+\delta_2^2)}{2}}(x-t), \frac{\delta_1}{\sqrt{\delta_1^2+\delta_2^2}}\right] \tag{7-18b}$$

式(7-18)中,有

$$\delta_1 = \sqrt{\frac{-M-\sqrt{M^2-4Nh}}{N}}, \delta_2 = \sqrt{\frac{-M+\sqrt{M^2-4Nh}}{-N}}$$

由解(7-18)给出的一个周期波如图 7-1 所示。

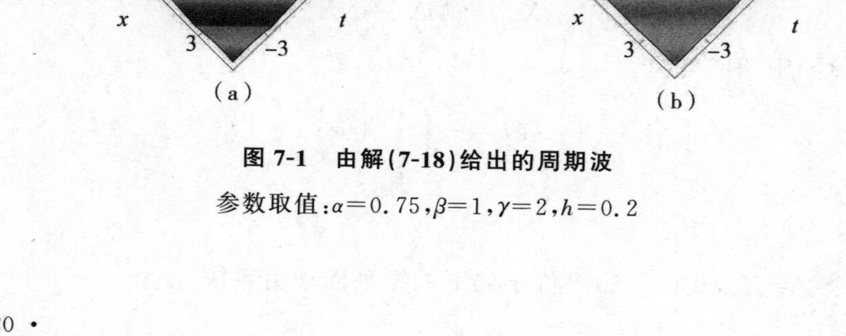

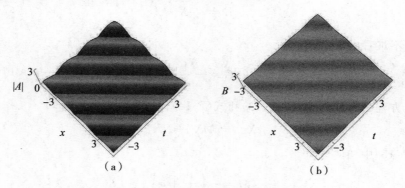

图 7-1 由解(7-18)给出的周期波

参数取值:$\alpha=0.75$,$\beta=1$,$\gamma=2$,$h=0.2$

情形 2：$\alpha > -\frac{1}{4}, \beta\gamma < 0$ 且 $0 < h < \frac{M^2}{4N}$。

$$A = \pm \delta_3 \operatorname{sn}\left[\delta_4 \sqrt{\frac{N}{2}}(x-t), \frac{\delta_3}{\delta_4}\right] e^{i\left(\frac{x}{2}+\frac{t}{2}\right)} \tag{7-19a}$$

$$B = \frac{\gamma}{2}\delta_3^2 \operatorname{sn}^2\left[\delta_4 \sqrt{\frac{N}{2}}(x-t), \frac{\delta_3}{\delta_4}\right] \tag{7-19b}$$

式(7-19)中，有

$$\delta_3 = \sqrt{\frac{-M+\sqrt{M^2-4Nh}}{N}}, \quad \delta_4 = \sqrt{\frac{-M-\sqrt{M^2-4Nh}}{N}}$$

由解(7-19)给出的一个周期波如图 7-2 所示。

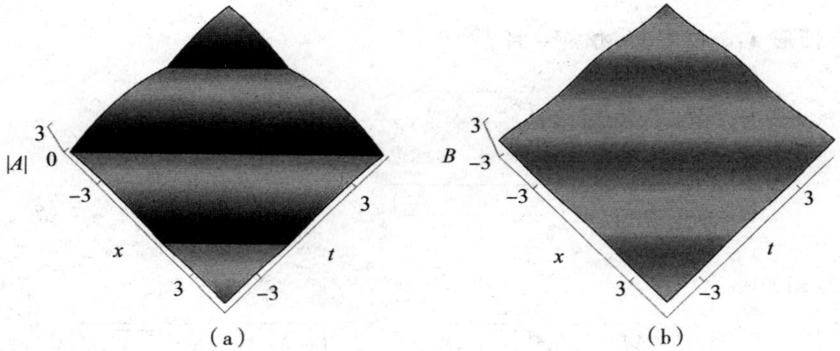

图 7-2　由解(7-19)给出的周期波

参数取值：$\alpha=0.75, \beta=1, \gamma=-2, h=0.125$

情形 3：$\alpha < -\frac{1}{4}, \beta\gamma > 0$ 且 $\frac{M^2}{4N} < h < 0$。

$$A = \pm \delta_6 \operatorname{dn}\left[\delta_6 \sqrt{\frac{-N}{2}}(x-t), \frac{\sqrt{\delta_6^2-\delta_5^2}}{\delta_6}\right] e^{i\left(\frac{x}{2}+\frac{t}{2}\right)} \tag{7-20a}$$

$$B = \frac{\gamma}{2}\delta_6^2 \operatorname{dn}^2\left[\delta_6 \sqrt{\frac{-N}{2}}(x-t), \frac{\sqrt{\delta_6^2-\delta_5^2}}{\delta_6}\right] \tag{7-20b}$$

式(7-20)中，有

$$\delta_5 = \sqrt{\frac{-M+\sqrt{M^2-4Nh}}{N}}, \quad \delta_6 = \sqrt{\frac{-M-\sqrt{M^2-4Nh}}{N}}$$

由解(7-20)给出的一个周期波如图 7-3 所示。

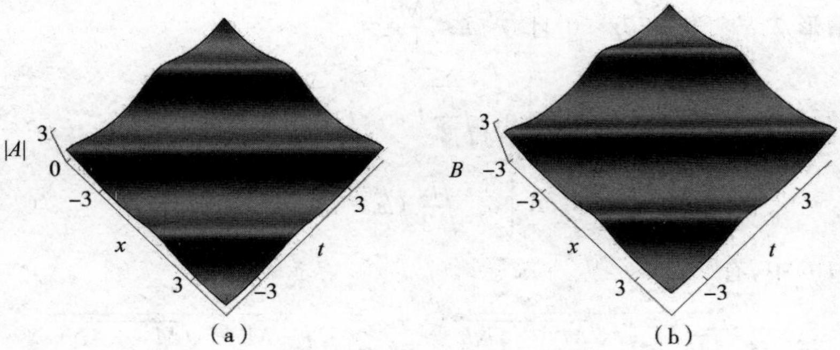

图 7-3　由解(7-20)给出的周期波

参数取值：$\alpha=-1.25,\beta=1,\gamma=2,h=-0.125$

情形 4：$\alpha<-\frac{1}{4},\beta\gamma>0$ 且 $h>0$。

$$A=\delta_7\mathrm{cn}\left[\sqrt{\frac{-N(\delta_7^2+\delta_8^2)}{2}}(x-t),\frac{\delta_7}{\sqrt{\delta_7^2+\sigma_8^2}}\right]\mathrm{e}^{\mathrm{i}\left(\frac{x}{2}+\frac{t}{2}\right)} \tag{7-21a}$$

$$B=\frac{\gamma}{2}\delta_7^2\mathrm{cn}^2\left[\sqrt{\frac{-N(\delta_7^2+\delta_8^2)}{2}}(x-t),\frac{\delta_7}{\sqrt{\delta_7^2+\delta_8^2}}\right] \tag{7-21b}$$

式(7-21)中，有

$$\delta_7=\sqrt{\frac{-M-\sqrt{M^2-4Nh}}{N}},\delta_8=\sqrt{\frac{-M+\sqrt{M^2-4Nh}}{-N}}$$

由解(7-21)给出的一个周期波如图 7-4 所示。

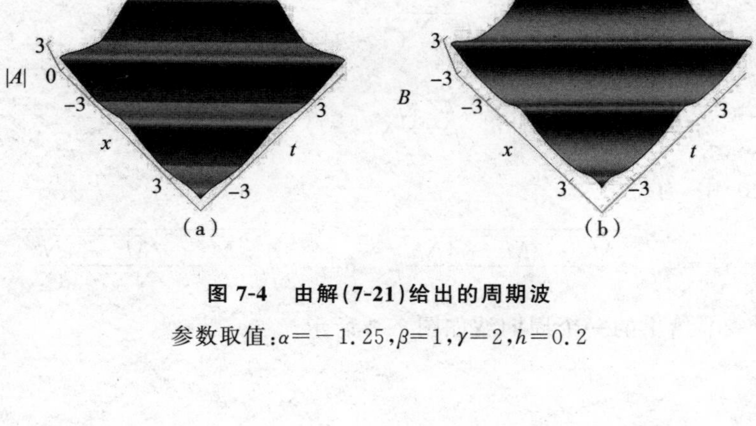

图 7-4　由解(7-21)给出的周期波

参数取值：$\alpha=-1.25,\beta=1,\gamma=2,h=0.2$

2. 钟形孤波解

情形 5：$\alpha < -\dfrac{1}{4}, \beta\gamma > 0$ 且 $h=0$。

$$A = \pm\sqrt{\frac{2M}{-N}}\operatorname{sech}[\sqrt{M}(x-t)]e^{i\left(\frac{x}{2}+\frac{t}{2}\right)} \tag{7-22a}$$

$$B = -\frac{\gamma}{2}\frac{2M}{N}\operatorname{sech}^2[\sqrt{M}(x-t)] \tag{7-22b}$$

由解(7-22)给出的一个钟形孤波如图 7-5 所示。

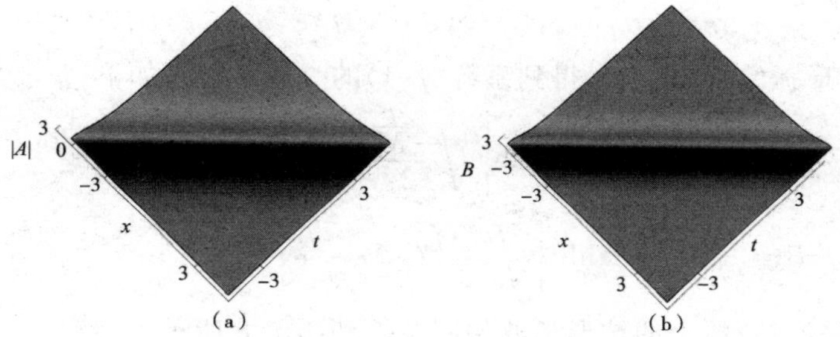

图 7-5　由解(7-22)给出的钟形孤波

参数取值：$\alpha=-1.25, \beta=1, \gamma=2$

3. 结形孤波解

情形 6：$\alpha > -\dfrac{1}{4}, \beta\gamma < 0$ 且 $h=\dfrac{M^2}{4N}$。

$$A = \pm\sqrt{\frac{-M}{N}}\tanh\left[\sqrt{\frac{-M}{2}}(x-t)\right]e^{i\left(\frac{x}{2}+\frac{t}{2}\right)} \tag{7-23a}$$

$$B = -\frac{\gamma}{2}\frac{M}{N}\tanh^2\left[\sqrt{\frac{-M}{2}}(x-t)\right] \tag{7-23b}$$

由解(7-23)给出的一个结形孤波如图 7-6 所示。

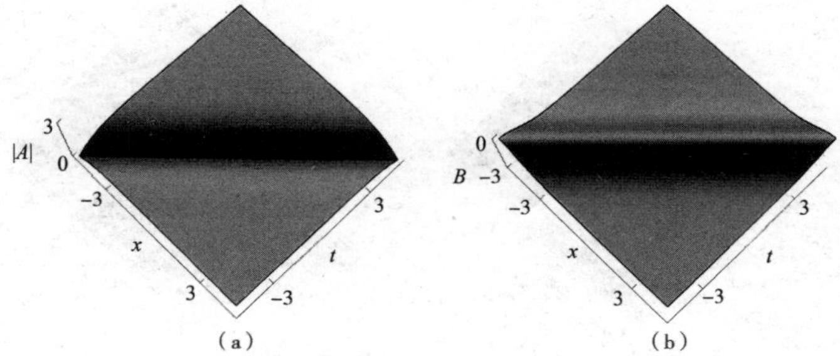

图 7-6　由解(7-23)给出的结形孤波

参数取值：$\alpha=0.75, \beta=1, \gamma=-2$

7.4 Lie 对称变换

7.4.1 常系数 DEGM 系统的 Lie 对称变换

将群参数为 ε 的 Lie 对称变换：

$$\kappa:(x,t,u,v,B)\mapsto(e^{\varepsilon}x,e^{-\varepsilon}t,e^{-\varepsilon}u,e^{-\varepsilon}v,B) \tag{7-24}$$

应用于结形孤波解(7-23)，得到系统(7-1)的一族孤波解如下：

$$A=\pm e^{-\varepsilon}\sqrt{\frac{-M}{N}}\tanh\left[\sqrt{\frac{-M}{2}}(e^{-\varepsilon}x-e^{\varepsilon}t)\right]e^{i\left(\frac{e^{-\varepsilon}x}{2}+\frac{e^{\varepsilon}t}{2}\right)} \tag{7-25a}$$

$$B=-\frac{\gamma}{2}\frac{M}{N}\tanh^{2}\left[\sqrt{\frac{-M}{2}}(e^{-\varepsilon}x-e^{\varepsilon}t)\right] \tag{7-25b}$$

由解(7-25)给出的结形孤波如图 7-7 和图 7-8 所示。

(a)　　(b)

图 7-7　由解(7-25)给出的孤波

参数取值：$\alpha=0.75,\beta=1,\gamma=-2,\varepsilon=-1$

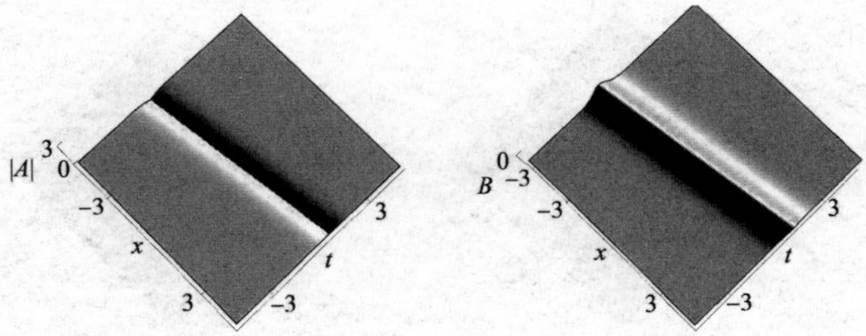

(a)　　(b)

图 7-8　由解(7-25)给出的孤波

参数取值：$\alpha=0.75,\beta=1,\gamma=-2,\varepsilon=1$

对比图 7-7 和图 7-6，我们发现群参数 $\varepsilon<0$ 导致 A 具有更大的振幅、更窄的宽度和更低的速度，而使 B 具有更窄的宽度和更低的速度，但 B 的振幅保持不变。相反，$\varepsilon>0$ 使得 A 振幅更小、宽度更宽、速度更快，B 宽度更宽、速度更快，如图 7-8 所示。

将 Lie 对称变换(7-24)应用于钟形孤波解(7-22)也可以得到一族钟形孤波解。我们可以通过 Lie 对称变换来调整孤波的振幅、宽度和速度。在光通信中，Lie 对称变换可以帮助工程师寻找合适的超短脉冲，以实现高速数据传输。

7.4.2　时变系数 DEGM 系统的 Lie 对称变换

根据无穷小生成子，我们可以导出系统(7-4)的 Lie 对称变换，并由系统(7-2)的已知解变换出一族解。在 $[\beta(t)\gamma(t)]'=0$ 的情况下，为了简单起见，令 $\sigma(t)=0$。此时，由表达式(7-7)中的 $X_k(k=1,2,3)$ 生成的单参数 Lie 对称变换 g_k 为

$$g_1:(x,t,u,v,B)\mapsto(x+\varepsilon_1,t,u,v,B) \tag{7-26a}$$

$$g_2:(x,t,u,v,B)\mapsto(x,t,u\cos\varepsilon_2-v\sin\varepsilon_2,u\sin\varepsilon_2+v\cos\varepsilon_2,B) \tag{7-26b}$$

$$g_3:(x,t,u,v,B)\mapsto\left(e^{\varepsilon_3}x,t,e^{-\varepsilon_3}u,e^{-\varepsilon_3}v,e^{-\varepsilon_3}B+(e^{-\varepsilon_3}-1)\frac{\alpha(t)}{\beta(t)}\right) \tag{7-26c}$$

其中，ε_1，ε_2 和 ε_3 为群参数。对于系统(7-2)，由给定解：

$$A=f(x,t)+\mathrm{i}g(x,t) \tag{7-27a}$$

$$B=h(x,t) \tag{7-27b}$$

通过 Lie 对称变换(7-26)可得如下形式的一族解：

$$A=e^{-\varepsilon_3}\left[f(e^{-\varepsilon_3}x-\varepsilon_1,t)e^{\mathrm{i}\varepsilon_2}+g(e^{-\varepsilon_3}x-\varepsilon_1,t)e^{\mathrm{i}\left(\varepsilon_2+\frac{\pi}{2}\right)}\right] \tag{7-28a}$$

$$B=e^{-\varepsilon_3}h(e^{-\varepsilon_3}x-\varepsilon_1,t)+(e^{-\varepsilon_3}-1)\frac{\alpha(t)}{\beta(t)} \tag{7-28b}$$

考虑系统(7-2)的如下孤波解[170]：

$$A=-2\mathrm{i}(\lambda-\lambda^*)\operatorname{sech}(\theta+\theta^*)\exp(\theta-\theta^*) \tag{7-29}$$

$$B=\frac{\alpha(t)}{2\beta(t)\lambda\lambda^*}(\lambda-\lambda^*)^2\operatorname{sech}^2(\theta+\theta^*) \tag{7-30}$$

这里有

$$\theta=-\mathrm{i}\lambda x-\int\frac{\alpha(t)}{4\mathrm{i}\lambda}\mathrm{d}t$$

将变换(7-28)应用于解(7-29)，我们可得到系统(7-2)的如下解：

$$A=\mathrm{e}^{-\varepsilon_3}\{\mathrm{Re}[-2\mathrm{i}(\lambda-\lambda^*)\mathrm{sech}(\widetilde{\theta}+\widetilde{\theta}^*)\exp(\widetilde{\theta}-\widetilde{\theta}^*)]\mathrm{e}^{\mathrm{i}\varepsilon_2}+$$
$$\mathrm{Im}[-2\mathrm{i}(\lambda-\lambda^*)\mathrm{sech}(\widetilde{\theta}+\widetilde{\theta}^*)\exp(\widetilde{\theta}-\widetilde{\theta}^*)]\mathrm{e}^{\mathrm{i}\left(\varepsilon_2+\frac{\pi}{2}\right)}\} \quad (7\text{-}31\mathrm{a})$$

$$B=\mathrm{e}^{-\varepsilon_3}\frac{\alpha(t)}{2\beta(t)\lambda\lambda^*}(\lambda-\lambda^*)^2\mathrm{sech}^2(\widetilde{\theta}+\widetilde{\theta}^*)+(\mathrm{e}^{-\varepsilon_3}-1)\frac{\alpha(t)}{\beta(t)} \quad (7\text{-}31\mathrm{b})$$

且有

$$\widetilde{\theta}=-\mathrm{i}\lambda(\mathrm{e}^{-\varepsilon_3}x-\varepsilon_1)-\int\frac{\alpha(t)}{4i\lambda}\mathrm{d}t$$

其中，λ 为参数；星号“ * ”表示复共轭；Re 和 Im 分别表示求复值函数的实部和虚部。当 $\varepsilon_1=0,\varepsilon_2=0,\varepsilon_3=0$ 时，解(7-30)退化为解(7-29)。

不难看出，由解(7-30)给出孤波的振幅 R'_A 和 R'_B，宽度 W'_A 和 W'_B，速度 S'_A 和 S'_B 满足：

$$\begin{aligned}R'_A &= \mathrm{e}^{-\varepsilon_3}R_A, \quad R'_B = \mathrm{e}^{-\varepsilon_3}R_B\\ W'_A &= \mathrm{e}^{\varepsilon_3}W_A, \quad W'_B = \mathrm{e}^{\varepsilon_3}W_B\\ S'_A &= \mathrm{e}^{\varepsilon_3}S_A, \quad S'_B = \mathrm{e}^{\varepsilon_3}S_B\end{aligned} \quad (7\text{-}32)$$

其中，R_A、W_A 和 W_B、S_A 和 S_B 分别是解(7-29)中孤波的振幅、宽度和速度。

图 7-9 至图 7-14 展示了由解(7-30)所得到的孤波。分别比较图 7-11 和图7-9，以及图 7-12 和图 7-10，发现群参数 $\varepsilon_3<0$ 时得到的 A 和 B 比 $\varepsilon_3=0$ 时具有更大的振幅、更窄的宽度和更低的速度。相反，当 $\varepsilon_3>0$ 时，得到振幅更小、宽度更宽、速度更快的孤波，如图 7-13 和图 7-14 所示。不论群参数 ε_3 取何值，A 的背景都是零平面，如图 7-9(a)、图 7-10(a)、图 7-11(a)、图 7-12(a)、图 7-13(a)和图 7-14(a)所示。值得注意的是，B 的背景取决于群参数 ε_3 和比值$\frac{\alpha(t)}{\beta(t)}$。当$\frac{\alpha(t)}{\beta(t)}$为常数时，无论 ε_3 取值多少，B 的背景都是平面，如图 7-9(b)、图 7-11(b)和图 7-13(b)所示。如果$\varepsilon_3=0$，则 B 的背景是零平面，如图 7-9(b)所示；如果 $\varepsilon_3<0$，则 B 的背景在零平面之上，如图 7-11(b)所示；如果 $\varepsilon_3>0$，则 B 的背景位于零平面之下，如图 7-13(b)所示。当$\frac{\alpha(t)}{\beta(t)}$是周期函数且 $\varepsilon_3=0$ 时，B 的背景仍为平面，如图 7-10(b)所示，而当 $\varepsilon_3\neq 0$ 时，B 具有周期背景，如图 7-12(b)和图 7-14(b)所示。

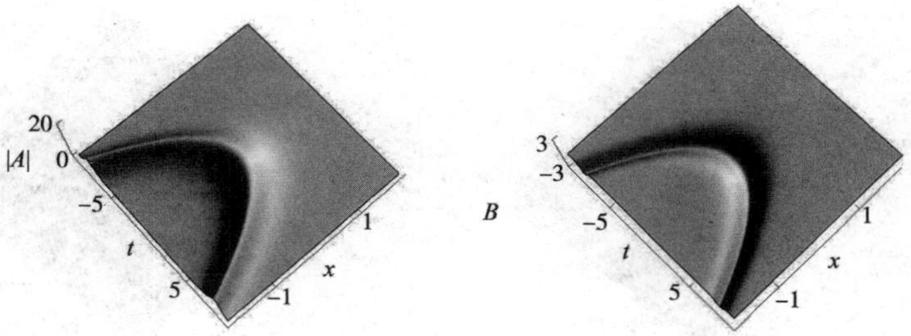

(a)　　(b)

图 7-9　由解(7-30)得到的孤波

参数取值：$\lambda = 1 + 1.8\mathrm{i}, \alpha(t) = t, \beta(t) = t, \gamma(t) = \frac{1}{t}, \varepsilon_1 = 0, \varepsilon_2 = 0$ 且 $\varepsilon_3 = 0$

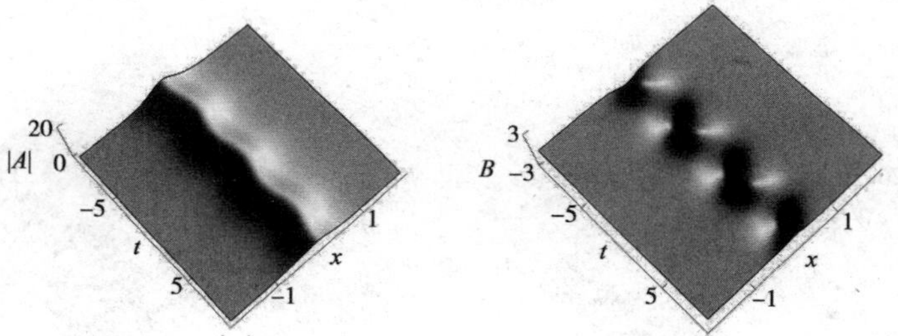

(a)　　(b)

图 7-10　由解(7-30)得到的孤波

参数取值：$\lambda = 1 + 1.8\mathrm{i}, \alpha(t) = \sin t, \beta(t) = 1, \gamma(t) = 1, \varepsilon_1 = 0, \varepsilon_2 = 0$ 且 $\varepsilon_3 = 0$

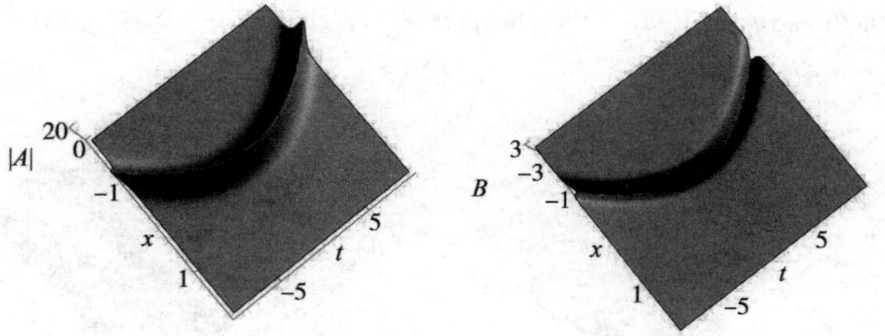

(a)　　(b)

图 7-11　由解(7-30)得到的孤波

参数取值为：$\lambda = 1 + 1.8\mathrm{i}, \alpha(t) = \sin t, \beta(t) = 1, \gamma(t) = 1, \varepsilon_1 = 0, \varepsilon_2 = 0$ 且 $\varepsilon_3 = -1$

(a) (b)

图 7-12 由解(7-30)得到的孤波

参数取值：$\lambda = 1 + 1.8\mathrm{i}, \alpha(t) = \sin t, \beta(t) = 1, \gamma(t) = 1, \varepsilon_1 = 0, \varepsilon_2 = 0$ 且 $\varepsilon_3 = -1$

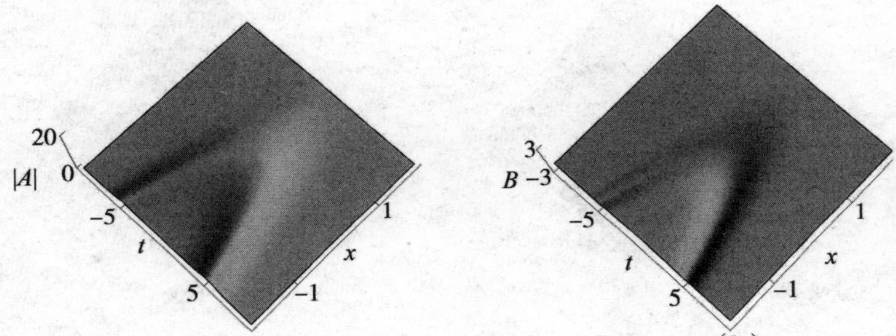

(a) (b)

图 7-13 由解(7-30)得到的孤波

参数取值：$\lambda = 1 + 1.8\mathrm{i}, \alpha(t) = \sin t, \beta(t) = 1, \gamma(t) = 1, \varepsilon_1 = 0, \varepsilon_2 = 0$ 且 $\varepsilon_3 = 1$

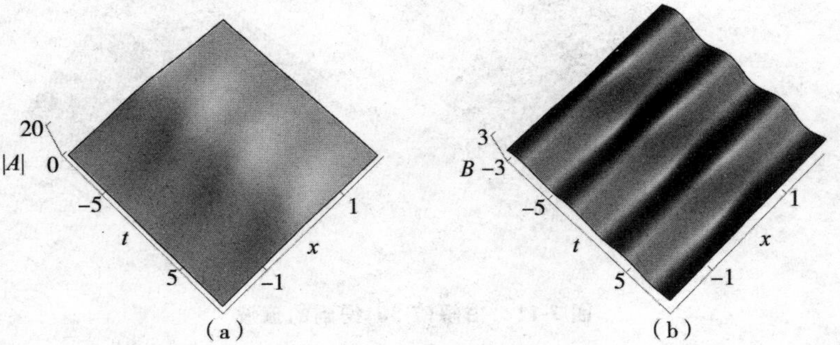

(a) (b)

图 7-14 由解(7-30)得到的孤波

参数取值：$\lambda = 1 + 1.8\mathrm{i}, \alpha(t) = \sin t, \beta(t) = 1, \gamma(t) = 1, \varepsilon_1 = 0, \varepsilon_2 = 0$ 且 $\varepsilon_3 = 1$

7.5 非线性自伴与守恒律

7.5.1 非线性自伴

为了运用 Ibragimov[36] 方法导出系统(7-4)的非线性自伴性，引入形式 Lagrange 量：

$$L \equiv UE_1 + VE_2 + TE_3 \tag{7-32}$$

其中，U、V 和 T 是关于 x 和 t 的非局部因变量。考虑到式(7-4)和式(7-32)，可以得到系统(7-4)的伴随系统如下：

$$\hat{E}_1 \equiv U_{xt} - [\alpha(t) + \beta(t)B]U - \gamma(t)uT_t = 0 \tag{7-33a}$$

$$\hat{E}_2 \equiv V_{xt} - [\alpha(t) + \beta(t)B]V - \gamma(t)vT_t = 0 \tag{7-33b}$$

$$\hat{E}_3 \equiv -T_x - \beta(t)(uU + vV) = 0 \tag{7-33c}$$

如果存在下列不全为零的函数：

$$U = \Phi(x,t,u,v,B) \tag{7-34a}$$

$$V = \Psi(x,t,u,v,B) \tag{7-34b}$$

$$T = \Omega(x,t,u,v,B) \tag{7-34c}$$

满足含有待定系数 $\lambda_{\nu\mu}(\nu,\mu=1,2,3)$ 的方程：

$$\hat{E}_1 = \lambda_{11}E_1 + \lambda_{12}E_2 + \lambda_{13}E_3 \tag{7-35a}$$

$$\hat{E}_2 = \lambda_{21}E_1 + \lambda_{22}E_2 + \lambda_{23}E_3 \tag{7-35b}$$

$$\hat{E}_3 = \lambda_{31}E_1 + \lambda_{32}E_2 + \lambda_{33}E_3 \tag{7-35c}$$

则称系统(7-4)是非线性自伴的。将系统(7-4)、(7-33)和系统(7-34)代入方程组(7-35)，我们得到：

$$\begin{gathered} \lambda_{11} = 0, \quad \lambda_{12} = c_1, \quad \lambda_{13} = 0, \\ \lambda_{21} = -c_1, \quad \lambda_{22} = 0, \quad \lambda_{23} = 0, \\ \lambda_{31} = 0, \quad \lambda_{32} = 0, \quad \lambda_{33} = 0 \end{gathered} \tag{7-36}$$

且有

$$\Phi(x,t,u,v,B)=c_1 v \tag{7-37a}$$

$$\Psi(x,t,u,v,B)=-c_1 u \tag{7-37b}$$

$$\Omega(x,t,u,v,B)=\frac{c_2}{\gamma(t)} \tag{7-37c}$$

其中，c_1 和 c_2 是常数。至此，我们已经证明系统(7-4)是非线性自伴的。

7.5.2 守恒律

本节运用 Ibragimov[36] 方法来构造系统(7-4)的守恒律。将 Ibragimov 理论应用于系统(7-4)和式(7-5)中的矢量场一般形式，我们得到以下形式的守恒律：

$$D_x(C^x)+D_t(C^t)=0 \tag{7-38}$$

式(7-38)中，有

$$\begin{aligned}C^x=&c_2\xi(uu_t+vv_t)-c_1v_t(\phi-\xi u_x)+c_1u_t(\psi-\xi v_x)+\frac{c_2}{\gamma(t)}(\eta-\tau B_t)-\\&c_1u(\psi_t+\psi_u u_t+\psi_v v_t+\psi_B B_t-\xi_t v_x-\xi_u v_x u_t-\xi_v v_x v_t-\\&\xi_B v_x B_t-\tau_t v_t-\tau_u u_t v_t-\tau_v v_t^2-\tau_B v_t B_t-\tau v_{tt})-\\&c_1u(\psi_t+\psi_u u_t+\psi_v v_t+\psi_B B_t-\xi_t v_x-\xi_u v_x u_t-\xi_v v_x v_t-\\&\xi_B v_x B_t-\tau_t v_t-\tau_u u_t v_t-\tau_v v_t^2-\tau_B v_t B_t-\tau v_{tt})\end{aligned} \tag{7-39a}$$

$$\begin{aligned}C^t=&\frac{c_2}{\gamma(t)}\tau B_x+c_2\tau(uu_t+vv_t)+(\phi-\xi u_x-\tau u_t)(c_2u-c_1v_x)+\\&(\psi-\xi v_x-\tau v_t)(c_2v+c_1u_x)+c_1v(\phi_x+\phi_u u_x+\phi_v v_x+\\&\phi_B B_x-\xi_x u_x-\xi_u u_x^2-\xi_v u_x v_x-\xi_B u_x B_x-\xi u_{xx}-\tau_x u_t-\\&\tau_u u_x u_t-\tau_v v_x u_t-\tau_B B_x u_t)-c_1u(\psi_x+\psi_u u_x+\psi_v v_x+\\&\psi_B B_x-\xi_x v_x-\xi_u u_x v_x-\xi_v v_x^2-\xi_B v_x B_x-\xi v_{xx}-\tau_x v_t-\\&\tau_u u_x v_t-\tau_v v_x v_t-\tau_B B_x v_t)\end{aligned} \tag{7-39b}$$

将式(7-38)和式(7-39)分别应用于式(7-7)和式(7-10)中的矢量场，得到了系统(7-4)相应的守恒律。

情形 1：$[\beta(t)\gamma(t)]'=0$。

(1)$\mathbf{X}_1=\dfrac{\partial}{\partial x}$时，有

$$C^x = c_1(u_x v_t - v_x u_t) + c_2(uu_t + vv_t) \tag{7-40a}$$

$$C^t = c_1(uv_{xx} - vu_{xx}) - c_2(uu_x + vv_x) \tag{7-40b}$$

守恒律为

$$u_x v_{xt} - v_x u_{xt} - vu_{xxt} + uv_{xxt} = 0 \tag{7-41}$$

(2) $\boldsymbol{X}_3 = x\frac{\partial}{\partial x} - u\frac{\partial}{\partial u} - v\frac{\partial}{\partial v} - \left[B + \frac{\alpha(t)}{\beta(t)}\right]\frac{\partial}{\partial B}$时，有

$$\begin{aligned} C^x =& 2c_1(uv_t - vu_t) + c_1(xu_x v_t - xv_x u_t) + \\ & c_2(xuu_t + xvv_t) - \frac{c_2}{\gamma(t)}\left[\omega + \frac{\alpha(t)}{\beta(t)}\right] \end{aligned} \tag{7-42a}$$

$$\begin{aligned} C^t =& 3c_1(uv_x - vu_x) + c_1(xuv_{xx} - xvu_{xx}) - \\ & c_2(u^2 + v^2) - c_2(xuu_x + xvv_x) \end{aligned} \tag{7-42b}$$

守恒律为

$$\begin{aligned} & 5c_1(uv_{xt} - vu_{xt}) + c_1(xu_x v_{xt} - xv_x u_{xt} - xvu_{xxt} + xuv_{xxt}) - \\ & c_2(uu_t + vv_t) - \frac{c_2}{\gamma(t)}\omega_x = 0 \end{aligned} \tag{7-43}$$

(3) $\boldsymbol{X}_\infty = \sigma(t)\frac{\partial}{\partial t} - \left[\sigma'(t)B + \frac{\alpha(t)\sigma'(t)}{\beta(t)}\right]\frac{\partial}{\partial B}$时，有

$$\begin{aligned} C^x =& c_1\sigma(t)(uv_{tt} - vu_{tt}) + c_1\sigma'(t)(uv_t - vu_t) - \\ & \frac{c_2}{\gamma(t)}\left\{\left[B + \frac{\alpha(t)}{\beta(t)}\right]\sigma'(t) + \sigma(t)B_t\right\} \end{aligned} \tag{7-44a}$$

$$C^t = c_1\sigma(t)(v_x u_t - u_x v_t) + \frac{c_2}{\gamma(t)}\sigma(t)B_x \tag{7-44b}$$

守恒律为

$$\sigma(t)(u_t v_{xt} - v_t u_{xt} - vu_{xxt} + uv_{xxt}) + \sigma'(t)(uv_{xt} - vu_{xt}) = 0 \tag{7-45}$$

情形 2：$[\beta(t)\gamma(t)]' \neq 0$。

(1) $\boldsymbol{Y}_3 = -2K(t)\frac{\partial}{\partial t} + u\frac{\partial}{\partial u} + v\frac{\partial}{\partial v} + [P(t)B + Q(t)]\frac{\partial}{\partial B}$时，有

$$\begin{aligned} C^x =& 2c_1(vu_t - uv_t) + 2c_1K(t)(vu_{tt} - uv_{tt}) + \\ & 2c_1K'(t)(vu_t - uv_t) + \frac{c_2}{\gamma(t)}[P(t)B + Q(t)] + \\ & 2\frac{c_2}{\gamma(t)}K(t)B_t \end{aligned} \tag{7-46a}$$

$$C^t = 2c_1(vu_x - uv_x) + 2c_1K(t)(u_xv_t - v_xu_t) + c_2(u^2 + v^2) - 2\frac{c_2}{\gamma(t)}K(t)B_x \tag{7-46b}$$

守恒律为

$$c_1[K'(t) + 2](vu_{xt} - uv_{xt}) + c_1K(t)(vu_{xtt} - uv_{xtt}) + c_1K(t)(u_{xt}v_t - v_{xt}u_t) + c_2(uu_t + vv_t) + \frac{c_2}{\gamma(t)}B_x = 0 \tag{7-47}$$

(2)$\mathbf{Y}_4 = x\dfrac{\partial}{\partial x} - 2K(t)\dfrac{\partial}{\partial t} + \left\{[P(t)-1]B + \left[Q(t) - \dfrac{\alpha(t)}{\beta(t)}\right]\right\}\dfrac{\partial}{\partial B}$时，有

$$C^x = c_1(xu_xv_t - xv_xu_t) + 2c_1K(t)(vu_{tt} - uv_{tt}) + 2c_1K'(t)(vu_t - uv_t) + \frac{c_2}{\gamma(t)}\left\{2K(t)B_t + [P(t)-1]B + Q(t) - \frac{\alpha(t)}{\beta(t)}\right\} + c_2(xuu_t + xvv_t) \tag{7-48a}$$

$$C^t = c_1(uv_x - vu_x) + c_1(xuv_{xx} - xvu_{xx}) + 2c_1K(t)(u_xv_t - v_xu_t) - c_2(xuu_x + xvv_x) - 2K(t)\frac{c_2}{\gamma(t)}\omega_x \tag{7-48b}$$

守恒律为

$$c_1(xu_xv_{xt} - xv_xu_{xt}) + c_1(xuv_{xxt} - xvu_{xxt}) + 2c_1K(t)(u_{xt}v_t - v_{xt}u_t) + 2c_1K(t)(vu_{xtt} - uv_{xtt}) + c_1[2K'(t) - 1](vu_{xt} - uv_{xt}) + \frac{c_2}{\gamma(t)}B_x = 0 \tag{7-49}$$

式(7-43)、式(7-45)、式(7-47)和式(7-49)给出了无穷多个守恒律。

7.6 本章小结

DEGM 系统不仅可用于描述非均匀光纤中的超短脉冲传输，还可用于刻画大气或海洋系统中的边缘不稳定斜压波包。

本章运用 Lie 对称方法研究了常系数和时变系数 DEGM 系统的一些性质。导出了 DEGM 系统的 Lie 对称，对常系数 DEGM 系统进行了对称约化

并得到了周期波解、钟形孤波解和结形孤波解。通过 Lie 对称变换，得到常系数和时变系数 DEGM 系统的孤波解族。改变群参数的取值，非线性光纤中电场波或大气以及海洋系统中的斜压波包可以取不同的振幅、宽度和速度。用于度量光纤中的原子数反转的占用数相关的函数波或大气以及海洋系统基本流修正量函数波，也表现为有不同的宽度和速度，但振幅保持不变。本章发现在非均匀光纤中可以传播的一族超短光脉冲以及大气或海洋系统中可以传播的一族边缘不稳定的斜压波包。在非线性光纤中，我们可以通过 Lie 对称变换来改变孤波的振幅、宽度、速度和背景，这些结果将有助于工程师在光纤通信中选择合适的超短光脉冲。

第 8 章　DR 系统的 Lie 对称研究

Schrödinger 方程是量子力学的基本假设之一，它可以描述各种弱色散缓慢调制波动。在考虑到经典或量子非线性效应后，人们得到 Schrödinger 方程的各种修正形式，即非线性 Schrödinger（nonlinear schrödinger，NLS）方程。随着科学的发展和技术的进步，人们发现 NLS 方程是很重要且普适性很强的一种非线性模型。NLS 方程可用于刻画具有一定几何结构和物理特性的系统，在几何上是一个无穷维 Hamilton 系统，在物理上满足质量守恒和能量守恒等规律，这使得 NLS 方程在物理学等众多自然科学领域中有着广泛的应用。NLS 方程在量子场论、非线性光学、流体力学、等离子体物理、Bose-Einstein 凝聚和生物物理等学科中均有应用[39,44,179-185]，成功地解释了大量的非线性现象[66,186]。

在很多物理系统中存在不同模式、频率或极化相互作用的波分量，这使得对耦合波系统的研究很有实际意义。我们知道，NLS 方程可以描述平面有限振幅波包络的长时间演化。但在耦合波动力学中，当短波（高频）的群速与长波（低频）的相速匹配时，由于三次非线性项变得奇异，NLS 方程就失效了，这时会出现长短波共振这一参量过程[187]。在等离子体物理[188,189]和非线性光学[190,191]中，人们都发现了长短波共振现象。在负折射率介质中，通过三波混频，让两个简并光波（短波）以负折射率传播，而产生的差频波（长波）以正折射率传播[191]，这一过程可以产生长短波共振。在流体动力学中，毛细波和重力波之间的相互作用可以产生长短波共振[187,192,193]。

在用 NLS 方程描述的物理系统中，长波和短波的非线性相互作用可由 Djordjevic Redekopp（DR）系统刻画[187,191,193-196]。

本章将运用 Lie 对称方法研究 DR 系统。第 8.1 节介绍 DR 系统的研究现状；第 8.2 节导出 DR 系统的 Lie 对称；第 8.3 节利用 Lie 对称对 DR 系统进行约化并求出一些解析解；第 8.4 节研究 DR 系统的非线性自伴性及守恒律；第 8.5 节对本章进行小结。

8.1　DR 系统的研究现状

DR 系统具有多种形式，通过查阅相关文献资料，本研究发现很多 DR 系统可以统一到如下形式：

$$iA_x + A_{tt} + A\omega = 0 \tag{8-1a}$$

$$\omega_x - \alpha\omega_t - \beta(|A|^2)_t = 0 \tag{8-1b}$$

其中，x 和 t 分别为传播距离和延迟时间；复值函数 $A=A(x,t)$ 为复包络；实值函数 ω 为长波场且关于横向空间坐标是不变的；α 和 β 为常数。在物理讨论中，式(8-1a)类似于标准 NLS 方程，突出其非线性来自长波场 ω 而非 Kerr 效应项 $|A|^2$ 的作用。

在不同领域的研究中，人们得到各种不同形式的长短波共振系统。对系统(8-1)作简单变形，我们可以得到 DR 系统的几种常见形式。

在系统(8-1)中，取 $x=-\rho$，可得到系统：

$$-iA_\rho + A_{tt} + A\omega = 0 \tag{8-2a}$$

$$\omega_\rho + \alpha\omega_t + \beta(|A|^2)_t = 0 \tag{8-2b}$$

Chow 等人[195]给出了系统(8-2)的 Hirota 双线性形式、Lax 对和呼吸子解。

在系统(8-1)中，取 $\alpha=0, t=\dfrac{\kappa}{\sqrt{\lambda}}, A=-B, \omega=-u$ 可得到系统：

$$iB_x + \lambda B_{\kappa\kappa} - Bu = 0 \tag{8-3a}$$

$$u_x + \beta\sqrt{\lambda}(|B|^2)_\kappa = 0 \tag{8-3b}$$

Djordjevic 和 Redekopp[187]导出了系统(8-3)，Ma[196]运用反散射变换法研究了系统(8-3)的解析解，并分析了孤波的相互作用。

在系统(8-1)中，取 $\alpha=0, \beta=\sqrt{2}, t=\sqrt{2}\kappa$，可得到系统：

$$iA_x + \frac{1}{2}A_{\kappa\kappa} + A\omega = 0 \tag{8-4a}$$

$$\omega_x - (|A|^2)_\kappa = 0 \tag{8-4b}$$

Chen 等人[194]研究了系统(8-4)的亮怪波解和暗怪波解。

在系统(8-1)中，取 $\alpha=0, \beta=\sqrt{2}, A=-B, \omega=-u$，可得到系统：

$$iB_x + B_{tt} - Bu = 0 \tag{8-5a}$$

$$u_x + 2(|B|^2)_t = 0 \tag{8-5b}$$

Ma[193]研究了系统(8-5)的孤波相互作用解、相似解和波列稳定性。

不难看出，系统(8-4)和系统(8-5)等价，且同为系统(8-3)的特例。系统(8-3)又是系统(8-1)的特例，系统(8-2)和系统(8-1)等价。因此，系统(8-1)可以看作 DR 系统的一般形式。

8.2 Lie 点对称

本节将导出系统(8-1)的 Lie 对称。为便于表述，对系统(8-1)进行预处理。令

$$A = u + iv \tag{8-6}$$

其中，u 和 v 是关于 x 和 t 的实值函数。将系统(8-1)化为

$$E_1 \equiv u_{tt} - v_x + u\omega = 0 \tag{8-7a}$$

$$E_2 \equiv v_{tt} + u_x + v\omega = 0 \tag{8-7b}$$

$$E_3 \equiv 2\beta(uu_t + vv_t) - \omega_x + \alpha\omega_t = 0 \tag{8-7c}$$

由于系统(8-7)与系统(8-1)等价，本书在某些部分研究系统(8-7)代替系统(8-1)。设系统(8-7)Lie 对称变换的无穷小生成子为

$$\boldsymbol{X} = \xi\frac{\partial}{\partial x} + \tau\frac{\partial}{\partial t} + \phi\frac{\partial}{\partial u} + \psi\frac{\partial}{\partial v} + \eta\frac{\partial}{\partial \omega} \tag{8-8}$$

式(8-8)中：

$$\xi = \xi(x,t,u,v,\omega),\tau = \tau(x,t,u,v,\omega)$$

$$\phi = \phi(x,t,u,v,\omega),\psi = \psi(x,t,u,v,\omega),\eta = \eta(x,t,u,v,\omega)$$

均为关于自变量和因变量的函数。将 Lie 方法[9]应用到系统(8-7)中可得

$$\xi = c_1 + 4c_5x \tag{8-9a}$$

$$\tau = c_2 - 2c_5(\alpha x - t) \tag{8-9b}$$

$$\phi = -c_3v - c_4xv - c_5(3u - \alpha tv) \tag{8-9c}$$

$$\psi = c_3u + c_4xu - c_5(\alpha tu + 3v) \tag{8-9d}$$

$$\eta = c_4 - 4c_5\omega \tag{8-9e}$$

其中，c_1、c_2、c_3、c_4 和 c_5 为任意常数。我们得到系统(8-7)的 Lie 对称代数由

以下矢量场展成：

$$\boldsymbol{X}_1 = \frac{\partial}{\partial x} \tag{8-10a}$$

$$\boldsymbol{X}_2 = \frac{\partial}{\partial t} \tag{8-10b}$$

$$\boldsymbol{X}_3 = -v\frac{\partial}{\partial u} + u\frac{\partial}{\partial v} \tag{8-10c}$$

$$\boldsymbol{X}_4 = -xv\frac{\partial}{\partial u} + xu\frac{\partial}{\partial v} + \frac{\partial}{\partial \omega} \tag{8-10d}$$

$$\boldsymbol{X}_5 = 4x\frac{\partial}{\partial x} - 2(\alpha x - t)\frac{\partial}{\partial t} - (3u - \alpha tv)\frac{\partial}{\partial u} - (\alpha tu + 3v)\frac{\partial}{\partial v} - 4\omega\frac{\partial}{\partial \omega} \tag{8-10e}$$

8.3 Lie 对称约化与解析解

1. $c\boldsymbol{X}_1 + \boldsymbol{X}_2$（$c$ 为任意常数）

由矢量场 $c\boldsymbol{X}_1 + \boldsymbol{X}_2$ 可以得到全局不变量 $y = x - ct, u, v$ 和 ω。系统(8-7)可以约化为如下形式：

$$c^2 u_{yy} - v_y + u\omega = 0 \tag{8-11a}$$

$$c^2 v_{yy} + u_y + v\omega = 0 \tag{8-11b}$$

$$2c\beta(uu_y + vv_y) + (c\alpha + 1)\omega_y = 0 \tag{8-11c}$$

将式(8-11c)对 y 积分，令积分常数为零，可得

$$\omega = -\frac{c\beta}{c\alpha + 1}(u^2 + v^2) \tag{8-12}$$

将式(8-12)代入式(8-11a)和式(8-11b)得到

$$c^2 u_{yy} - v_y - \frac{c\beta}{c\alpha + 1}u(u^2 + v^2) = 0 \tag{8-13a}$$

$$c^2 v_{yy} + u_y - \frac{c\beta}{c\alpha + 1}v(u^2 + v^2) = 0 \tag{8-13b}$$

2. $\boldsymbol{X}_1 + \boldsymbol{X}_3$

考虑到系统(8-7)与系统(8-1)之间的关系，由矢量场 $\boldsymbol{X}_1 + \boldsymbol{X}_3$，我们得到系统(8-1)的一种群不变解可以写成如下形式：

$$A = X(t)\mathrm{e}^{\mathrm{i}[x+G(t)]} \tag{8-14a}$$

$$\omega = \omega(t) \tag{8-14b}$$

其中，t、$X=X(t)$、$G=G(t)$和$\omega=\omega(t)$为全局不变量。将式(8-14)代入系统(8-1)得到以下约化系统：

$$X_{tt} - XG_t^2 - X + X\omega = 0 \tag{8-15a}$$

$$XG_{tt} + 2X_tG_t = 0 \tag{8-15b}$$

$$\alpha\omega_t + 2\beta XX_t = 0 \tag{8-15c}$$

(1)若$\alpha=0$，则式(8-15c)变为

$$XX_t = 0 \tag{8-16}$$

解方程(8-16)得到

$$X = C_0 \tag{8-17}$$

其中，C_0为任意常数。将式(8-17)代入式(8-15b)得到

$$G = C_1t + C_2 \tag{8-18}$$

其中，C_1和C_2为任意常数。将式(8-17)和式(8-18)代入式(8-15a)和式(8-14)得到系统(8-18)的解为

$$A = C_0\mathrm{e}^{\mathrm{i}(x+C_1t+C_2)} \tag{8-19a}$$

$$\omega = C_1^2 + 1 \tag{8-19b}$$

(2)若$\alpha\neq0$，将式(8-15c)两边对t积分，令积分常数为零，可得

$$\omega = -\frac{\beta}{\alpha}X^2 \tag{8-20}$$

式(8-15a)可变形为

$$XG_t^2 = X_{tt} - X + X\omega \tag{8-21}$$

式(8-15b)可变形为

$$X(XG_t^2)_t + 3X_t(XG_t^2) = 0 \tag{8-22}$$

将式(8-20)和式(8-21)代入式(8-22)可得

$$XX_{ttt} + 3X_tX_{tt} - \frac{6\beta}{\alpha}X^3X_t - 4XX_t = 0 \tag{8-23}$$

如果由方程(8-23)解出X，分别代入式(8-15b)和式(8-20)可得出G和ω，再将X、G和ω代入式(8-14)就得到系统(8-1)的解。显然，方程(8-23)有一个解$X=C_0$，这里C_0为任意常数。将此解代入式(8-15b)和式(8-20)也得到由式(8-19)表示的解。

另一方面，方程(8-15b)有一个解

$$G = C_1 \tag{8-24}$$

其中，C_1 为任意常数。将式(8-20)和式(8-24)代入式(8-15a)得到

$$X_{tt} - X - \frac{\beta}{\alpha}X^3 = 0 \tag{8-25}$$

令 $Y=X_t$，式(8-25)等价于如下二维平面动力系统：

$$X_t = Y \tag{8-26a}$$

$$Y_t = X + \frac{\beta}{\alpha}X^3 \tag{8-26b}$$

对系统(8-26)运用定性分析的方法，可以得出系统(8-1)的周期波解和孤波解。

3. $\boldsymbol{X}_2 + \boldsymbol{X}_3$

考虑到系统(8-7)与(8-1)之间的关系，由矢量场 $\boldsymbol{X}_2 + \boldsymbol{X}_3$，我们得到系统(8-1)的一种群不变解可以写成如下形式：

$$A = X(x)e^{i[t+G(x)]} \tag{8-27a}$$

$$\omega = \omega(x) \tag{8-27b}$$

其中，x、$X=X(x)$、$G=G(x)$和 $\omega=\omega(x)$为全局不变量。将式(8-27)代入系统(8-1)得到以下约化系统：

$$XG_x + X - X\omega = 0 \tag{8-28a}$$

$$X_x = 0 \tag{8-28b}$$

$$\omega_x = 0 \tag{8-28c}$$

求解系统(8-28)得

$$X = C_0 \tag{8-29a}$$

$$G = (C_1 - 1)x + C_2 \tag{8-29b}$$

$$\omega = C_1 \tag{8-29c}$$

其中，C_0、C_1 和 C_2 为任意常数。将式(8-29)代入式(8-27)得系统(8-1)的解为

$$A = C_0 e^{i[(C_1-1)x+t+C_2]} \tag{8-30a}$$

$$\omega = C_1 \tag{8-30b}$$

4. $\boldsymbol{X}_1 + \boldsymbol{X}_2 + \boldsymbol{X}_3$

考虑到系统(8-7)与系统(8-1)之间的关系，由矢量场 $\boldsymbol{X}_1 + \boldsymbol{X}_2 + \boldsymbol{X}_3$，我们得到系统(8-1)的一种群不变解可以写成如下形式：

$$A = X(y)e^{i[x+G(y)]} \tag{8-31a}$$

$$\omega = \omega(y) \tag{8-31b}$$

其中，$y=x-t$、$X=X(y)$、$G=G(y)$和$\omega=\omega(y)$为全局不变量。将式(8-31)代入系统(8-1)得到以下约化系统：

$$X_{yy} - X(G_y^2 + G_y + 1) + X\omega = 0 \tag{8-32a}$$

$$X_y(2G_y + 1) + XG_{yy} = 0 \tag{8-32b}$$

$$(\alpha + 1)\omega_y + 2\beta XX_y = 0 \tag{8-32c}$$

(1)若$\alpha=-1$，则方程(8-32c)变为

$$XX_y = 0 \tag{8-33}$$

解方程(8-33)可得

$$X = C_0 \tag{8-34}$$

其中，C_0为任意常数。将式(8-34)代入式(8-32b)得到

$$G = C_1 y + C_2 \tag{8-35}$$

其中，C_1和C_2为任意常数。将式(8-34)和式(8-35)代入式(8-32a)和式(8-31)得系统(8-1)的解为

$$A = C_0 e^{i[(C_1+1)x - C_1 t + C_2]} \tag{8-36a}$$

$$\omega = C_1^2 + C_1 + 1 \tag{8-36b}$$

(2)若$\alpha \neq -1$，将方程(8-32c)两边对y积分，令积分常数为零，可得

$$\omega = -\frac{\beta}{\alpha+1}X^2 \tag{8-37}$$

不难看出：

$$G = -\frac{1}{2}y \tag{8-38}$$

满足方程(8-32b)。将式(8-37)和式(8-38)代入方程(8-32a)得到

$$X_{yy} - \frac{3}{4}X - \frac{\beta}{\alpha+1}X^3 = 0 \tag{8-39}$$

令$Y=X_y$，方程(8-39)等价于如下二维平面动力系统：

$$X_y = Y \tag{8-40a}$$

$$Y_y = \frac{3}{4}X + \frac{\beta}{\alpha+1}X^3 \tag{8-40b}$$

对系统(8-40)运用定性分析的方法，可以得出系统(8-1)的周期波解和孤波解。

5. $\boldsymbol{X}_1+\boldsymbol{X}_4$

考虑到系统(8-7)与系统(8-1)之间的关系，由矢量场 $\boldsymbol{X}_1+\boldsymbol{X}_4$，我们得到系统(8-1)的一种群不变解可以写成如下形式：

$$A = X(t)\mathrm{e}^{\mathrm{i}\left[\frac{x^2}{2}+G(t)\right]} \tag{8-41a}$$

$$\omega = W(t)+x \tag{8-41b}$$

其中，t、$X=X(t)$、$G=G(t)$ 和 $W=W(t)$ 为全局不变量。将式(8-41)代入系统(8-1)得到以下约化系统：

$$X_{tt}-XG_t^2+XW=0 \tag{8-42a}$$

$$XG_{tt}+2X_tG_t=0 \tag{8-42b}$$

$$\alpha W_t+2\beta XX_t-1=0 \tag{8-42c}$$

(1)若 $\alpha=0$，则方程(8-42c)变为

$$\beta(X^2)_t-1=0 \tag{8-43}$$

将式(8-43)两边对 t 积分并令积分常数为零，可得

$$\beta X^2-t=0 \tag{8-44}$$

设 $\beta>0$ 且 $t\geqslant 0$，由方程(8-44)解得

$$X=\pm\sqrt{\frac{t}{\beta}} \tag{8-45}$$

将式(8-45)代入方程(8-42b)得到

$$tG_{tt}+G_t=0 \tag{8-46}$$

解方程(8-46)得到一个解：

$$G=c_0\ln t \tag{8-47}$$

其中，c_0 为任意常数。将式(8-45)和式(8-47)代入方程(8-42a)得

$$W=\left(\frac{1}{4}+c_0^2\right)\frac{1}{t^2} \tag{8-48}$$

将式(8-45)、式(8-47)和式(8-48)代入式(8-41)得到系统(8-1)的解为

$$A=\pm\sqrt{\frac{t}{\beta}}\mathrm{e}^{\mathrm{i}\left(\frac{x^2}{2}+c_0\ln t\right)} \tag{8-49a}$$

$$\omega=\left(\frac{1}{4}+c_0^2\right)\frac{1}{t^2}+x \tag{8-49b}$$

(2)若 $\alpha\neq 0$，将方程(8-42c)两边对 t 积分，令积分常数为零，可得

$$W=-\frac{\beta}{\alpha}X^2+\frac{1}{\alpha}t \tag{8-50}$$

方程(8-42a)可变形为

$$XG_t^2 = X_{tt} + XW \tag{8-51}$$

方程(8-42b)可变形为

$$X(XG_t^2)_t + 3X_t(XG_t^2) = 0 \tag{8-52}$$

将式(8-50)和式(8-51)代入式(8-52)得到

$$XX_{ttt} + 3X_tX_{tt} - \frac{6\beta}{\alpha}X^3X_t + \frac{4}{\alpha}tXX_t + \frac{1}{\alpha}X^2 = 0 \tag{8-53}$$

如果由方程(8-53)解出 X,分别代入方程(8-42b)和方程(8-42a)可得出 G 和 W,再将 X,G 和 W 代入式(8-41)可得到系统(8-1)的解。

6. $\boldsymbol{X}_2 + \boldsymbol{X}_4$

考虑到系统(8-7)与系统(8-1)之间的关系,由矢量场 $\boldsymbol{X}_2 + \boldsymbol{X}_4$,我们得到系统(8-1)的一种群不变解可以写成如下形式:

$$A = X(x)\mathrm{e}^{\mathrm{i}[xt+G(x)]} \tag{8-54a}$$

$$\omega = W(x) + t \tag{8-54b}$$

其中,x、$X=X(x)$、$G=G(x)$和 $W=\omega-t$ 为全局不变量。将式(8-54)代入系统(8-1)得到以下约化系统:

$$X_x = 0 \tag{8-55a}$$

$$G_x - W + x^2 = 0 \tag{8-55b}$$

$$W_x - \alpha = 0 \tag{8-55c}$$

求解系统(8-55)得

$$X = C_0 \tag{8-56a}$$

$$G = -\frac{1}{3}x^3 + \frac{1}{2}\alpha x^2 + C_1x + C_2 \tag{8-56b}$$

$$W = \alpha x + C_1 \tag{8-56c}$$

其中,C_0、C_1 和 C_2 为任意常数。将式(8-56)代入式(8-54)得系统(8-1)的解为

$$A = C_0\mathrm{e}^{\mathrm{i}\left(xt - \frac{1}{3}x^3 + \frac{1}{2}\alpha x^2 + C_1x + C_2\right)} \tag{8-57a}$$

$$\omega = \alpha x + t + C_1 \tag{8-57b}$$

8.4 非线性自伴与守恒律

8.4.1 非线性自伴

为了运用 Ibragimov[36] 方法导出系统(8-1)的非线性自伴性，本节引入形式 Lagrange 量：

$$L \equiv UE_1 + VE_2 + WE_3 \tag{8-58}$$

其中，U、V 和 W 是关于 x 和 t 的非局部因变量。结合系统(8-7)和式(8-58)，得到系统(8-7)的伴随系统如下：

$$\hat{E}_1 = U_{tt} - V_x - 2\beta u W_t + \omega U = 0 \tag{8-59a}$$

$$\hat{E}_2 = V_{tt} + U_x - 2\beta v W_t + \omega V = 0 \tag{8-59b}$$

$$\hat{E}_3 = W_x - \alpha W_t + uU + vV = 0 \tag{8-59c}$$

如果存在下列不全为零的函数：

$$U = \Phi(x,t,u,v,\omega) \tag{8-60a}$$

$$V = \Psi(x,t,u,v,\omega) \tag{8-60b}$$

$$W = \Omega(x,t,u,v,\omega) \tag{8-60c}$$

满足含有待定系数 $\lambda_{v\mu}$ $(v,\mu=1,2,3)$ 的方程组：

$$\hat{E}_1 = \lambda_{11}E_1 + \lambda_{12}E_2 + \lambda_{13}E_3 \tag{8-61a}$$

$$\hat{E}_2 = \lambda_{21}E_1 + \lambda_{22}E_2 + \lambda_{23}E_3 \tag{8-61b}$$

$$\hat{E}_3 = \lambda_{31}E_1 + \lambda_{32}E_2 + \lambda_{33}E_3 \tag{8-61c}$$

则称系统(8-7)是非线性自伴的。将式(8-7)、式(8-59)和式(8-60)代入方程组(8-61)，得到

$$\begin{gathered} \lambda_{11} = 0, \qquad \lambda_{12} = c_1 x + c_2, \quad \lambda_{13} = 0, \\ \lambda_{21} = -(c_1 x + c_2), \qquad \lambda_{22} = 0, \qquad \lambda_{23} = 0, \\ \lambda_{31} = 0, \qquad \lambda_{32} = 0, \qquad \lambda_{33} = 0 \end{gathered} \tag{8-62}$$

且有

$$\Phi(x,t,u,v,\omega)=(c_1x+c_2)v \tag{8-63a}$$

$$\Psi(x,t,u,v,\omega)=-(c_1x+c_2)u \tag{8-63b}$$

$$\Omega(x,t,u,v,\omega)=\alpha\frac{c_1}{2\beta}x+\frac{c_1}{2\beta}t+c_3 \tag{8-63c}$$

其中,c_1,c_2 和 c_3 为常数。至此,我们已经证明系统(8-7)是非线性自伴的。

8.4.2 守恒律

本节运用 Ibragimov[36] 方法来构造系统(8-7)的守恒律。将 Ibragimov 理论应用于系统(8-7)和式(8-8)中的矢量场,得到以下守恒律:

$$D_x(C^x)+D_t(C^t)=0 \tag{8-64}$$

式(8-64)中:

$$\begin{aligned}C^x=&(c_1x+c_2)[\xi(vu_{tt}-uv_{tt})+\tau(uu_t+vv_t)-\\&(u\phi+v\psi)]+\left(\frac{\alpha}{2\beta}c_1x+\frac{1}{2\beta}c_1t+c_3\right)[2\beta\xi(uu_t+\\&vv_t)+(\alpha\xi+\tau)\omega_t-\eta]\end{aligned} \tag{8-65a}$$

$$\begin{aligned}C^t=&(c_1x+c_2)[\xi(u_xv_t-v_xu_t)-\tau(uu_x+vv_x)+\\&(u_t\psi-v_t\phi)+v(\phi_t+\phi_uu_t+\phi_vv_t+\phi_\omega\omega_t-\xi_tu_x-\\&\xi_uu_xu_t-\xi_vu_xv_t-\xi_\omega u_xw_t-\xi u_{xt}-\tau_tu_t-\\&\tau_uu_t^2-\tau_vu_tv_t-\tau_\omega u_tw_t)-u(\psi_t+\psi_uu_t+\\&\psi_vv_t+\psi_\omega\omega_t-\xi_tv_x-\xi_uv_xu_t-\xi_vv_xv_t-\xi_\omega v_xw_t-\\&\xi v_{xt}-\tau_tv_t-\tau_uu_tv_t-\tau_vv_t^2-\tau_\omega v_tw_t)]+\\&\left(\frac{\alpha}{2\beta}c_1x+\frac{1}{2\beta}c_1t+c_3\right)[2\beta(u\phi+v\psi)-\\&2\beta\xi(uu_x+vv_x)-(\alpha\xi+\tau)\omega_x+\alpha\eta]\end{aligned} \tag{8-65b}$$

将式(8-64)和式(8-65)分别应用于系统(8-7)和式(8-10)中的矢量场,我们得到了系统(8-7)相应的守恒律。

1. $\boldsymbol{X}_1=\dfrac{\partial}{\partial x}$

$$\begin{aligned}C^x=&(c_1x+c_2)(vu_{tt}-uv_{tt})+\\&\left(\frac{\alpha}{2\beta}c_1x+\frac{1}{2\beta}c_1t+c_3\right)[2\beta(uu_t+vv_t)+\alpha\omega_t]\end{aligned} \tag{8-66a}$$

$$C^t=(c_1x+c_2)(u_xv_t-v_xu_t+uv_{xt}-vu_{xt})-$$

$$\left(\frac{\alpha}{2\beta}c_1x+\frac{1}{2\beta}c_1t+c_3\right)[2\beta(uu_x+vv_x)+\alpha\omega_x] \tag{8-66b}$$

守恒律为

$$2\alpha\beta(uu_t+vv_t)+2\beta(vu_{tt}-uv_{tt}-uu_x-vv_x)-\alpha\omega_x+\alpha^2\omega_t=0 \tag{8-67}$$

2. $\boldsymbol{X}_2=\dfrac{\partial}{\partial t}$

$$C^x=(c_1x+c_2)(uu_t+vv_t)+\left(\frac{\alpha}{2\beta}c_1x+\frac{1}{2\beta}c_1t+c_3\right)\omega_t \tag{8-68a}$$

$$C^t=-(c_1x+c_2)(uu_x+vv_x)-\left(\frac{\alpha}{2\beta}c_1x+\frac{1}{2\beta}c_1t+c_3\right)\omega_x \tag{8-68b}$$

守恒律为

$$2\beta(uu_t+vv_t)-\omega_x+\alpha\omega_t=0 \tag{8-69}$$

3. $\boldsymbol{X}_5=4x\dfrac{\partial}{\partial x}-2(\alpha x-t)\dfrac{\partial}{\partial t}-(3u-\alpha tv)\dfrac{\partial}{\partial u}-(\alpha tu+3v)\dfrac{\partial}{\partial v}-4\omega\dfrac{\partial}{\partial\omega}$

$$\begin{aligned}C^x=&(c_1x+c_2)[4x(vu_{tt}-uv_{tt})-\\&2(\alpha x-t)(uu_t+vv_t)+3(u^2+v^2)]+\\&\left(\frac{\alpha}{2\beta}c_1x+\frac{1}{2\beta}c_1t+c_3\right)[8\beta(uu_t+vv_t)+\\&2(\alpha x+t)\omega_t+4\omega]\end{aligned} \tag{8-70a}$$

$$\begin{aligned}C^t=&(c_1x+c_2)[2(\alpha x-t)(uu_x+vv_x)+\alpha(u^2+v^2)+\\&8(uv_t-vu_t)+4x(u_xv_t-v_xu_t+uv_{xt}-vu_{xt})]-\\&\left(\frac{\alpha}{2\beta}c_1x+\frac{1}{2\beta}c_1t+c_3\right)\times[6\beta(u^2+v^2)+\\&8\beta x(uu_x+vv_x)+2(\alpha x+t)\omega_x+4\alpha\omega]\end{aligned} \tag{8-70b}$$

守恒律为

$$\begin{aligned}&2c_2(vu_{tt}-uv_{tt}-uu_x-vv_x)+\\&2c_3\beta(uu_t+vv_t)-c_3\omega_x+c_3\alpha\omega_t=0\end{aligned} \tag{8-71}$$

由于常数 c_2 和 c_3 的任意性，式(8-71)给出了无穷多个守恒律。

8.5　本章小结

DR 系统可以描述等离子体物理、流体动力学和非线性光学等多个领域中存在的长波短波共振现象，因此具有广泛的应用。本章运用 Lie 对称方法研究了一般形式的 DR 系统，导出了 DR 系统的 Lie 对称，对 DR 系统进行了约化并得到一些群不变解，证明了 DR 系统的非线性自伴性，并运用 Lie 点对称构造了 DR 系统的守恒律。

第 9 章　Maccari 系统的 Lie 对称研究

本章主要运用 Lie 对称方法研究 Maccari 系统。第 9.1 节介绍 Maccari 系统的研究现状；第 9.2 节导出 Maccari 系统的 Lie 对称代数，并给出一个较为简单的 Lie 对称子代数；第 9.3 节研究 Maccari 系统的 Lie 对称约化，并给出周期波解和结型孤波解；第 9.4 节研究 Maccari 系统解的 Lie 对称变换；第 9.5 节证明 Maccari 系统的广义非线性自伴性，并借助 Lie 点对称构造系统的守恒律；第 9.6 节对本章进行小结。

9.1　Maccari 系统的研究现状

众所周知，弱色散介质中的一维非线性波动可由 KdV 方程来描述[197]。KdV 方程的一种常见形式为

$$u_t + 6uu_x + u_{xxx} = 0 \tag{9-1}$$

方程(9-1)很好地解释了浅水中的孤波现象，同时也在等离子体等诸多领域中有着广泛的应用。KdV 方程是完全可积的。为了刻画弱色散介质中的准一维非线性波，人们导出了 KP 方程[198]。KP 方程的一种形式为

$$(u_t + 6uu_x + u_{xxx})_x + \sigma u_{yy} = 0, \sigma = \pm 1 \tag{9-2}$$

KP 方程与 KdV 方程有着紧密的联系，它也是完全可积的。在时空尺度变换和 Fourier 展开的基础上，人们由 KP 方程通过渐进精确约化导出了以下 Maccari 系统[199-213]：

$$\mathrm{i}A_t + A_{xx} + A\omega = 0 \tag{9-3a}$$

$$\omega_t + \omega_y + (|A|^2)_x = 0 \tag{9-3b}$$

系统(9-3)可用于解释流体力学、量子场论和非线性光学等诸多领域中的一些孤波现象。

Maccari[199]已经证明系统(9-3)是完全可积的,并运用约化技巧由 KP 方程的 Lax 对得到了系统(9-3)的 Lax 对。Heris 等人[200]和 Zhang[201]运用指数函数展开法研究了系统(9-3)的解析解。Jabbari 等人[202]运用(G'/G)展开法研究了系统(9-3)的解析解。Akbari[203]运用修正的最简方程法研究了系统(9-3)的解析解。Dai 等人[204]研究了系统(9-3)与 Jacobi 椭圆函数相关的特殊结构。Demiray 等人[205]运用扩展试验方程法和广义 Kudryashov 法研究了系统(9-3)的解析解。Cheemaa 等人[206]研究了系统(9-3)的类孤波解、三角型解、单个和组合的非退化类 Jacobi 椭圆波函数解和类双周期波解。Jiang 等人[207]研究了系统(9-3)的同宿呼吸子解和怪波解。Khater 和 Shakeel 等人[208,209]运用广义指数函数法研究了系统(9-3)的孤波解。Mirzazadeh[210]运用齐次平衡法研究了系统(9-3)的行波解。Liu 等人[211]运用双线性变换法研究了系统(9-3)的亮、暗 N 孤波解。Mae[212]等人运用三种方法研究了系统(9-3)的周期波解和孤波解。Porsezian 分析了系统(9-3)的 Painlevé 性质[213]。

9.2 Lie 点对称

本节将导出系统(9-3)的 Lie 对称。为便于表述,对系统(9-3)进行预处理。令

$$A = u + \mathrm{i}v \tag{9-4}$$

其中,u 和 v 是关于 x 和 t 的实值函数,将系统(9-3)化为

$$E_1 \equiv u_{xx} - v_t + u\omega = 0 \tag{9-5a}$$

$$E_2 \equiv v_{xx} + u_t + v\omega = 0 \tag{9-5b}$$

$$E_3 \equiv 2(uu_t + vv_t) + \omega_y + \omega_t = 0 \tag{9-5c}$$

由于系统(9-5)与系统(9-3)等价,本书在某些部分研究系统(9-5)代替系统(9-3)。设系统(9-5)Lie 对称变换的无穷小生成子为

$$\boldsymbol{X} = \xi\frac{\partial}{\partial x} + \zeta\frac{\partial}{\partial y} + \tau\frac{\partial}{\partial t} + \phi\xi\frac{\partial}{\partial u} + \psi\frac{\partial}{\partial v} + \eta\frac{\partial}{\partial \omega} \tag{9-6}$$

式(9-6)中:

$\xi = \xi(x,y,t,u,v,\omega)$, $\zeta = \zeta(x,y,t,u,v,\omega)$, $\tau = \tau(x,y,t,u,v,\omega)$,

$\phi = \phi(x,y,t,u,v,\omega)$, $\psi = \psi(x,y,t,u,v,\omega)$, $\eta = \eta(x,y,t,u,v,\omega)$

均为关于自变量和因变量的函数。将 Lie 方法[9]应用到系统(9-5)可得

$$\xi = 2g_1 + 4xg_2 \tag{9-7a}$$

$$\zeta = 2f_1 \tag{9-7b}$$

$$\tau = 2f_1 + 8\int g_2 \mathrm{d}t \tag{9-7c}$$

$$\phi = \left(f_2 + xg'_1 + x^2 g'_2 + \int g_3 \mathrm{d}t\right)v - (f'_1 + 2g_2)u \tag{9-7d}$$

$$\psi = -\left(f_2 + xg'_1 + x^2 g'_2 + \int g_3 \mathrm{d}t\right)u - (f'_1 + 2g_2)v \tag{9-7e}$$

$$\eta = xg''_1 - 8g_2\omega + x^2 g''_2 - g_3 \tag{9-7f}$$

式(9-7)中：

$$f_1 = f_1(y), f_2 = f_2(y),$$

$$g_1 = g_1(y-t), g_2 = g_2(y-t), g_3 = g_3(y-t)$$

为任意可微函数，撇号“ ′ ”表示求导。得到系统(9-5)的 Lie 对称代数由以下矢量场生成：

$$\boldsymbol{X}_1 = 2f_1 \frac{\partial}{\partial y} + 2f_1 \frac{\partial}{\partial t} - f'_1 u \frac{\partial}{\partial u} - f'_1 v \frac{\partial}{\partial v} \tag{9-8a}$$

$$\boldsymbol{X}_2 = f_2 v \frac{\partial}{\partial u} - f_2 u \frac{\partial}{\partial v} \tag{9-8b}$$

$$\boldsymbol{X}_3 = 2g_1 \frac{\partial}{\partial x} + g'_1 xv \frac{\partial}{\partial u} - g'_1 xu \frac{\partial}{\partial v} + g''_1 x \frac{\partial}{\partial \omega} \tag{9-8c}$$

$$\begin{aligned}\boldsymbol{X}_4 = {} & 4g_2 x \frac{\partial}{\partial x} + 8\int g_2 \mathrm{d}t \frac{\partial}{\partial t} + (-2g_2 u + g'_2 x^2 v) \frac{\partial}{\partial u} + \\ & (-2g_2 v - g'_2 x^2 u) \frac{\partial}{\partial v} + (-8g_2\omega + g''_2 x^2) \frac{\partial}{\partial \omega}\end{aligned} \tag{9-8d}$$

$$\boldsymbol{X}_5 = v\int g_3 \mathrm{d}t \frac{\partial}{\partial u} - u\int g_3 \mathrm{d}t \frac{\partial}{\partial v} - g_3 \frac{\partial}{\partial \omega} \tag{9-8e}$$

式(9-8)所定义的 $\boldsymbol{X}_1$、$\boldsymbol{X}_2$、$\boldsymbol{X}_3$、$\boldsymbol{X}_4$ 和 $\boldsymbol{X}_5$ 分别对应五个无穷维 Lie 代数。选取

$$f_1 = \frac{1}{2}c_2 - \frac{1}{2}c_6 y \tag{9-9a}$$

$$f_2 = c_4 \tag{9-9b}$$

$$g_1 = \frac{1}{2}c_1 + c_5(y-t) \tag{9-9c}$$

$$g_2 = \frac{1}{4}c_6 \tag{9-9d}$$

$$\int g_2 \mathrm{d}t = -\frac{1}{4}c_6(y-t) + \frac{1}{8}(c_3 - c_2) \tag{9-9e}$$

$$g_3 = 0 \tag{9-9f}$$

$$\int g_3 \mathrm{d}t = 0 \tag{9-9g}$$

将式(9-9)代入式(9-7)得

$$\xi = c_1 + 2c_5(y-t) + c_6 x \tag{9-10a}$$

$$\zeta = c_2 - c_6 y \tag{9-10b}$$

$$\tau = c_3 + c_6(-3y + 2t) \tag{9-10c}$$

$$\phi = (c_4 + c_5 x)v \tag{9-10d}$$

$$\psi = -(c_4 + c_5 x)u \tag{9-10e}$$

$$\eta = -2c_6\omega \tag{9-10f}$$

得到系统(9-5)的一个六维 Lie 对称代数由以下矢量场展成：

$$\boldsymbol{Y}_1 = \frac{\partial}{\partial x} \tag{9-11a}$$

$$\boldsymbol{Y}_2 = \frac{\partial}{\partial y} \tag{9-11b}$$

$$\boldsymbol{Y}_3 = \frac{\partial}{\partial t} \tag{9-11c}$$

$$\boldsymbol{Y}_4 = v\frac{\partial}{\partial u} - u\frac{\partial}{\partial v} \tag{9-11d}$$

$$\boldsymbol{Y}_5 = 2(y-t)\frac{\partial}{\partial x} + xv\frac{\partial}{\partial u} - xu\frac{\partial}{\partial v} \tag{9-11e}$$

$$\boldsymbol{Y}_6 = x\frac{\partial}{\partial x} - y\frac{\partial}{\partial y} + (-3y + 2t)\frac{\partial}{\partial t} - 2\omega\frac{\partial}{\partial \omega} \tag{9-11f}$$

9.3 Lie 对称约化与解析解

9.3.1 首次约化

1. $\boldsymbol{Y}_1$

由矢量场 $\boldsymbol{Y}_1$ 可以得到全局不变量 y、t、$u = u(y,t)$、$v = v(y,t)$ 和 $\omega =$

$\omega(y,t)$。系统(9-5)可以约化为

$$-v_t+u\omega=0 \tag{9-12a}$$

$$u_t+v\omega=0 \tag{9-12b}$$

$$\omega_y+\omega_t=0 \tag{9-12c}$$

2. $l_1\boldsymbol{Y}_1+\boldsymbol{Y}_2$($l_1$ 为非零常数)

由矢量场 $l_1\boldsymbol{Y}_1+\boldsymbol{Y}_2$ 可以得到全局不变量 y、$z=x-l_1t$、$u=u(y,z)$、$v=v(y,z)$ 和 $\omega=\omega(y,z)$。系统(9-5)可以约化为

$$u_{zz}+l_1v_z+u\omega=0 \tag{9-13a}$$

$$v_{zz}-l_1u_z+v\omega=0 \tag{9-13b}$$

$$2uu_z+2vv_z+\omega_y-l_1\omega_z=0 \tag{9-13c}$$

3. $l_2\boldsymbol{Y}_1+l_3\boldsymbol{Y}_2+\boldsymbol{Y}_3$($l_2$ 和 l_3 为非零常数)

由矢量场 $l_2\boldsymbol{Y}_1+l_3\boldsymbol{Y}_2+\boldsymbol{Y}_3$ 可以得到全局不变量 $r=x-l_2t$、$s=y-l_3t$、$u=u(r,s)$、$v=v(r,s)$ 和 $\omega=\omega(r,s)$。系统(9-5)可以约化为

$$u_{rr}+l_2v_r+l_3v_s+u\omega=0 \tag{9-14a}$$

$$v_{rr}-l_2u_r-l_3u_s+v\omega=0 \tag{9-14b}$$

$$2uu_r+2vv_r-l_2\omega_r+(1-l_3)\omega_s=0 \tag{9-14c}$$

9.3.2　二次约化

本节将对系统(9-13)和系统(9-14)进行 Lie 对称分析,包括求得 Lie 对称并进行约化。

系统(9-13)的 Lie 对称代数由以下矢量场展成:

$$\boldsymbol{M}_1=\frac{\partial}{\partial y} \tag{9-15a}$$

$$\boldsymbol{M}_2=\frac{\partial}{\partial z} \tag{9-15b}$$

(1)$\boldsymbol{M}_1$

由矢量场 $\boldsymbol{M}_1$ 可以得到全局不变量 z、$u=u(z)$、$v=v(z)$ 和 $\omega=\omega(z)$。系统(9-13)可以约化为

$$u_{zz}+l_1v_z+u\omega=0 \tag{9-16a}$$

$$v_{zz}-l_1u_z+v\omega=0 \tag{9-16b}$$

$$2uu_z+2vv_z-l_1\omega_z=0 \tag{9-16c}$$

将式(9-16c)对 z 积分，令积分常数为零，可得

$$\omega(z)=\frac{1}{l_1}(u^2+v^2) \tag{9-17}$$

将式(9-17)代入方程(9-16a)和(9-16b)得到

$$u_{zz}+l_1 v_z+\frac{1}{l_1}(u^2+v^2)u=0 \tag{9-18a}$$

$$v_{zz}-l_1 u_z+\frac{1}{l_1}(u^2+v^2)v=0 \tag{9-18b}$$

(2) $k_1\boldsymbol{M}_1+\boldsymbol{M}_2$（$k_1$ 为非零常数）：

由矢量场 $k_1\boldsymbol{M}_1+\boldsymbol{M}_2$ 可以得到全局不变量 $\delta=y-k_1z$、$u(\delta)$、$v(\delta)$和 $\omega(\delta)$。系统(9-13)可以约化为

$$k_1^2u_{\delta\delta}-k_1l_1v_\delta+u\omega=0 \tag{9-19a}$$

$$k_1^2v_{\delta\delta}+k_1l_1u_\delta+v\omega=0 \tag{9-19b}$$

$$2k_1uu_\delta+2k_1vv_\delta-(k_1l_1+1)\omega_\delta=0 \tag{9-19c}$$

将式(9-19c)对 δ 积分，令积分常数为零，可得

$$\omega(\delta)=\frac{k_1}{k_1l_1+1}(u^2+v^2) \tag{9-20}$$

将式(9-20)代入方程(9-19a)和(9-19b)得到

$$k_1u_{\delta\delta}-l_1v_\delta+\frac{1}{k_1l_1+1}(u^2+v^2)u=0 \tag{9-21a}$$

$$k_1v_{\delta\delta}+l_1u_\delta+\frac{1}{k_1l_1+1}(u^2+v^2)v=0 \tag{9-21b}$$

系统(9-14)的 Lie 对称代数由以下矢量场展成：

$$\boldsymbol{N}_1=\frac{\partial}{\partial r} \tag{9-22a}$$

$$\boldsymbol{N}_2=\frac{\partial}{\partial s} \tag{9-22b}$$

$$\boldsymbol{N}_3=-v\frac{\partial}{\partial u}+u\frac{\partial}{\partial v} \tag{9-22c}$$

(1) $\boldsymbol{N}_2$：

由矢量场 $\boldsymbol{N}_2$ 可以得到全局不变量 r、$u=u(r)$、$v=v(r)$和 $\omega=\omega(r)$。系统(9-14)可以约化为

$$u_{rr}+l_2v_r+u\omega=0 \tag{9-23a}$$

$$v_{rr}-l_2u_r+v\omega=0 \tag{9-23b}$$

$$2uu_r + 2vv_r - l_2\omega_r = 0 \tag{9-23c}$$

(2)$m_1\boldsymbol{N}_1 + \boldsymbol{N}_2$($m_1$ 为非零常数):

由矢量场 $m_1\boldsymbol{N}_1 + \boldsymbol{N}_2$ 可以得到全局不变量 $k=r-m_1 s$、$u=u(k)$、$v=v(k)$ 和 $\omega=\omega(k)$。系统(9-14)可以约化为

$$u_{\kappa\kappa} + l_2 v_\kappa - m_1 l_3 v_\kappa + u\omega = 0 \tag{9-24a}$$

$$v_{\kappa\kappa} - l_2 u_\kappa + m_1 l_3 u_\kappa + v\omega = 0 \tag{9-24b}$$

$$2uu_\kappa + 2vv_\kappa - l_2\omega_\kappa - m_1(1-l_3)\omega_\kappa = 0 \tag{9-24c}$$

(3)$m_2\boldsymbol{N}_1 + m_3\boldsymbol{N}_2 + \boldsymbol{N}_3$($m_2$ 和 m_3 为非零常数):

由矢量场 $m_2\boldsymbol{N}_1 + m_3\boldsymbol{N}_2 + \boldsymbol{N}_3$ 可以得到全局不变量 $\alpha=m_3 r-m_2 s$、$A=A(\alpha)$ 和 $\omega=\omega(\alpha)$。结合式(9-4),系统(9-3)约化为

$$\mathrm{i}(l_3 m_2 - l_2 m_3)A_\alpha + m_3^2 A_{\alpha\alpha} + A\omega = 0 \tag{9-25a}$$

$$(l_3 m_2 - l_2 m_3 - m_2)\omega_\alpha + m_3(|A|^2)_\alpha = 0 \tag{9-25b}$$

系统(9-25)具有如下形式的解:

$$A = F(\alpha)\exp\left\{\mathrm{i}\left[\frac{r}{m_2} + H(\alpha)\right]\right\} \tag{9-26a}$$

$$\omega = \omega(\alpha) \tag{9-26b}$$

将式(9-26)代入系统(9-25)得到以下约化系统:

$$m_3^2 F_{\alpha\alpha} - m_3^2 F H_\alpha^2 - (l_3 m_2 - l_2 m_3)F H_\alpha + F\omega = 0 \tag{9-27a}$$

$$2m_3^2 F_\alpha H_\alpha + (l_3 m_2 - l_2 m_3)F_\alpha + m_3^2 F H_{\alpha\alpha} = 0 \tag{9-27b}$$

$$(l_3 m_2 - l_2 m_3 - m_2)\omega_\alpha + 2m_3 F F_\alpha = 0 \tag{9-27c}$$

将方程(9-27c)两边对 α 积分,令积分常数为零可得

$$\omega = -\frac{m_3}{l_3 m_2 - l_2 m_3 - m_2}F^2 \tag{9-28}$$

不难看出:

$$H = -\frac{l_3 m_2 - l_2 m_3}{2m_3^2}\alpha \tag{9-29}$$

满足方程(9-27b)。将式(9-28)和式(9-29)代入系统(9-27)得到

$$F_{\alpha\alpha} = PF + QF^3 \tag{9-30}$$

式(9-30)中,有

$$P = -\left(\frac{l_3 m_2 - l_2 m_3}{2m_3^2}\right)^2,\ Q = \frac{1}{m_3(l_3 m_2 - l_2 m_3 - m_2)}$$

令 $K=F_\alpha$,式(9-30)等价于如下二维平面动力系统:

$$F_\alpha = K \tag{9-31a}$$

$$K_\alpha = PF + QF^3 \tag{9-31b}$$

9.3.3 解析解

系统(9-31)是一个 Hamilton 系统，其 Hamilton 量为

$$h = \frac{1}{2}K^2 - \frac{1}{2}PF^2 - \frac{1}{4}QF^4 \tag{9-32}$$

为便于表述，定义如下变量和参量：

$$\alpha = m_3 x - m_2 y + (l_3 m_2 - l_2 m_3)t \tag{9-33a}$$

$$\beta = \frac{-l_3 m_2^2 + l_2 m_3 m_2 + 2m_3}{2m_2 m_3}x + \frac{m_2(l_3 m_2 - l_2 m_3)}{2m_3^2}y -$$

$$\frac{l_3^2 m_2^3 - 2l_2 l_3 m_3 m_2^2 + l_2^2 m_3^2 m_2 + 2l_2 m_3^2}{2m_2 m_3^2}t \tag{9-33b}$$

$$\gamma = -\frac{m_3}{l_3 m_2 - l_2 m_3 - m_2} \tag{9-33c}$$

结合平面动力系统的定性理论[17]，并考虑到式(9-4)，得到系统(9-3)的以下周期波解和孤波解。

1. 周期波解

情形 1：$P<0, Q<0$ 且 $h>0$。

$$A = \pm \mu_1 \operatorname{cn}\left[\sqrt{\frac{-Q(\mu_1^2+\mu_2^2)}{2}}\alpha, \frac{\mu_1}{\sqrt{\mu_1^2+\mu_2^2}}\right]e^{i\beta} \tag{9-34a}$$

$$\omega = \gamma\mu_1^2 \operatorname{cn}^2\left[\sqrt{\frac{-Q(\mu_1^2+\mu_2^2)}{2}}\alpha, \frac{\mu_1}{\sqrt{\mu_1^2+\mu_2^2}}\right] \tag{9-34b}$$

式(9-41)中：

$$\mu_1 = \sqrt{\frac{-P-\sqrt{P^2-4Qh}}{Q}}, \mu_2 = \sqrt{\frac{-P+\sqrt{P^2-4Qh}}{-Q}}$$

由解(9-41)给出的一个周期波如图 9-1 所示。

情形 2：$P<0, Q>0$ 且 $0<h<\dfrac{P^2}{4Q}$。

$$A = \pm \mu_3 \operatorname{sn}\left[\mu_4\sqrt{\frac{Q}{2}}\alpha, \frac{\mu_3}{\mu_4}\right]e^{i\beta} \tag{9-35a}$$

$$\omega = \gamma\mu_3^2 \operatorname{sn}^2\left[\mu_4\sqrt{\frac{Q}{2}}\alpha, \frac{\mu_3}{\mu_4}\right] \tag{9-35b}$$

式(9-35)中：

$$\mu_3 = \sqrt{\frac{-P + \sqrt{P^2 - 4Qh}}{Q}}, \mu_4 = \sqrt{\frac{-P - \sqrt{P^2 - 4Qh}}{Q}}$$

由解(9-35)给出的一个周期波如图 9-2 所示。

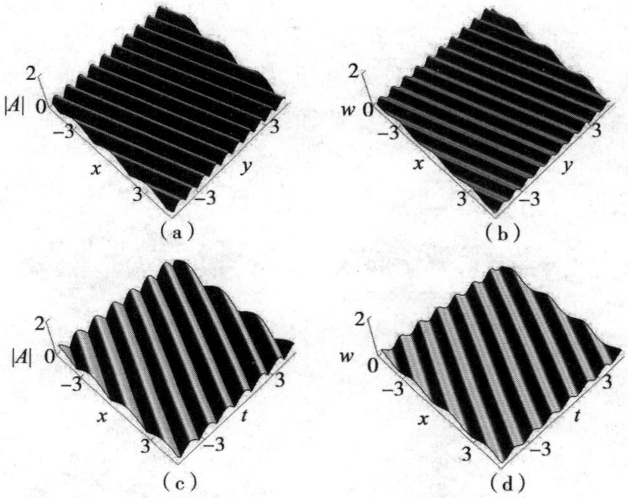

图 9-1　由解(9-41)给出的周期波

参数取值：$P=-1, Q=-1, h=0.2$

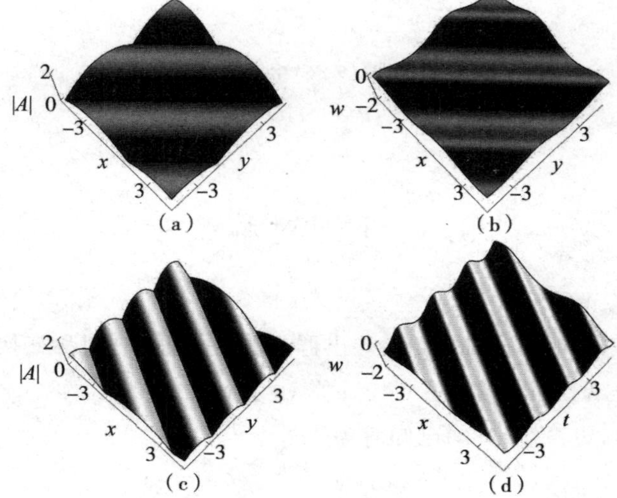

图 9-2　由解(9-35)给出的周期波

参数取值：$P=-1, Q=1, h=0.125$

2. 结形孤波解

情形 3：$P<0,Q>0$ 且 $h=\frac{P^2}{4Q}$。

$$A=\pm\sqrt{\frac{-P}{Q}}\tanh\left[\sqrt{\frac{-P}{2}}\alpha\right]e^{i\beta} \tag{9-36a}$$

$$\omega=\gamma\frac{-P}{Q}\tanh^2\left[\sqrt{\frac{-P}{2}}\alpha\right] \tag{9-36b}$$

由解(9-36)给出的一个结形孤波如图 9-3 所示。

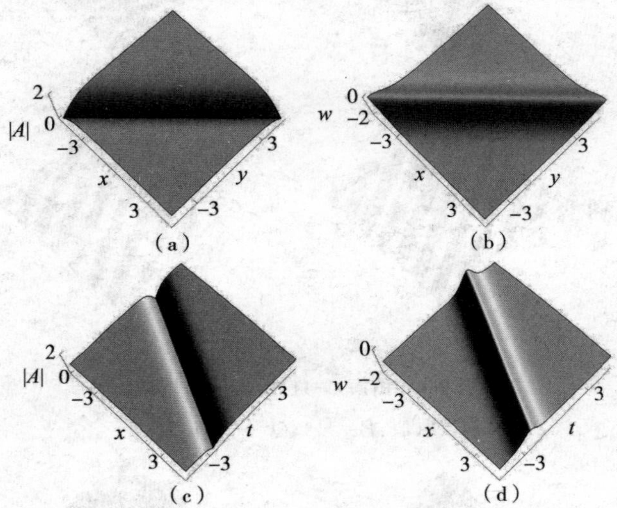

图 9-3　由解(9-36)给出的结形孤波

参数取值：$P=-1,Q=1,h=0.25$

9.4　Lie 对称变换

由式(9-11f)中的矢量场 $\mathbf{Y}_6$ 导出群参数为 ε 的 Lie 对称变换如下：

$$G:(x,y,t,u,v,\omega)\to(e^{\varepsilon}x,e^{-\varepsilon}y,e^{2\varepsilon}t+e^{-\varepsilon}y-e^{2\varepsilon}y,u,v,e^{-2\varepsilon}\omega) \tag{9-37}$$

结合式(9-4)，设系统(9-3)已知解为

$$A=f(x,y,t)+ig(x,y,t) \tag{9-38a}$$

$$\omega=h(x,y,t) \tag{9-38b}$$

经过 Lie 对称变换(9-37)得到以下解：

$$A = f(e^{-\varepsilon}x, e^{\varepsilon}y, e^{-2\varepsilon}t - e^{-2\varepsilon}y + e^{\varepsilon}y) + ig(e^{-\varepsilon}x, e^{\varepsilon}y, e^{-2\varepsilon}t - e^{-2\varepsilon}y + e^{\varepsilon}y) \tag{9-39a}$$

$$\omega = e^{-2\varepsilon}h(e^{-\varepsilon}x, e^{\varepsilon}y, e^{-2\varepsilon}t - e^{-2\varepsilon}y + e^{\varepsilon}y) \tag{9-39b}$$

为便于表述变换解，定义如下变量：

$$\bar{\alpha} = m_3 e^{-\varepsilon}x - m_2 e^{-\varepsilon}y + (l_3 m_2 - l_2 m_3)(e^{-2\varepsilon}t - e^{-2\varepsilon}y + e^{\varepsilon}y) \tag{9-40a}$$

$$\bar{\beta} = \frac{-l_3 m_2^2 + l_2 m_3 m_2 + 2m_3}{2m_2 m_3}e^{-\varepsilon}x + \frac{m_2(l_3 m_2 - l_2 m_3)}{2m_3^2}e^{\varepsilon}y - \frac{l_3^2 m_2^3 - 2l_2 l_3 m_3 m_2^2 + l_2^2 m_3^2 m_2 + 2l_2 m_3^2}{2m_2 m_3^2}(e^{-2\varepsilon}t - e^{-2\varepsilon}y + e^{\varepsilon}y) \tag{9-40b}$$

将式(9-39)分别应用于解(9-41)、解(9-35)和解(9-36)，可以通过变换得到如下更多的周期波解和结形孤波解。

1. 周期波解

情形 1：$P<0, Q<0$ 且 $h>0$。

$$A = \pm \mu_1 \mathrm{cn}\left[\sqrt{\frac{-Q(\mu_1^2+\mu_2^2)}{2}}\,\bar{\alpha}, \frac{\mu_1}{\sqrt{\mu_1^2+\mu_2^2}}\right]e^{i\bar{\beta}} \tag{9-41a}$$

$$\omega = \gamma\mu_1^2 \mathrm{cn}^2\left[\sqrt{\frac{-Q(\mu_1^2+\mu_2^2)}{2}}\,\bar{\alpha}, \frac{\mu_1}{\sqrt{\mu_1^2+\mu_2^2}}\right] \tag{9-41b}$$

由解(9-14)给出的变换周期波如图 9-4 和图 9-5 所示。

情形 2：$P<0, Q>0$ 且 $0<h<\frac{P^2}{4Q}$。

$$A = \pm \mu_3 \mathrm{sn}\left[\mu_4\sqrt{\frac{Q}{2}}\,\bar{\alpha}, \frac{\mu_3}{\mu_4}\right]e^{i\bar{\beta}} \tag{9-42a}$$

$$\omega = \gamma\mu_3^2 \mathrm{sn}^2\left[\mu_4\sqrt{\frac{Q}{2}}\,\bar{\alpha}, \frac{\mu_3}{\mu_4}\right] \tag{9-42b}$$

由解(9-42)给出的变换周期波如图 9-6 和图 9-7 所示。

将图 9-4 与图 9-5 分别和图 9-1 对比，将图 9-6 与图 9-7 和图 9-2 对比，发现满足 $\varepsilon<0$ 的变换减小周期波的周期，而满足 $\varepsilon>0$ 的变换增大周期。而且，调整群参数 ε 的取值可以改变周期波的取向和传播方向。

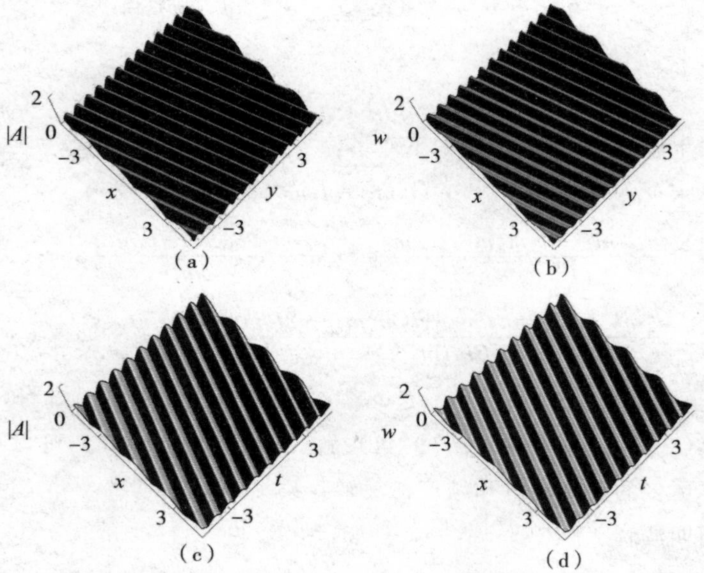

图 9-4 由解(9-41)给出的变换周期波

参数取值：$P=-1,Q=-1,h=0.2,\varepsilon=-0.2$

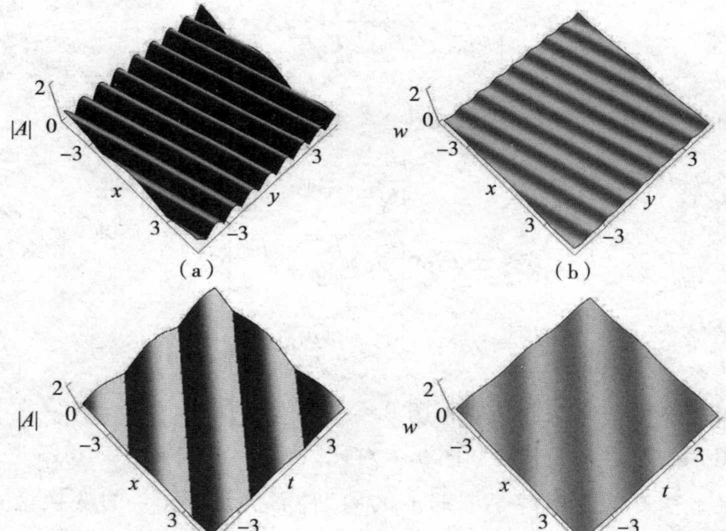

图 9-5 由解(9-41)给出的变换周期波

参数取值：$P=-1,Q=-1,h=0.2,\varepsilon=0.5$

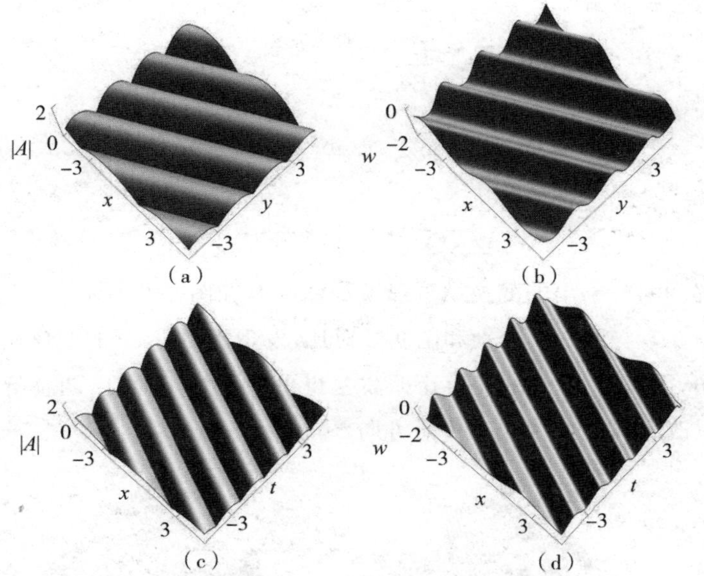

图 9-6　由解(9-42)给出的变换周期波

参数取值：$P=-1, Q=1, h=0.125, \varepsilon=-0.2$

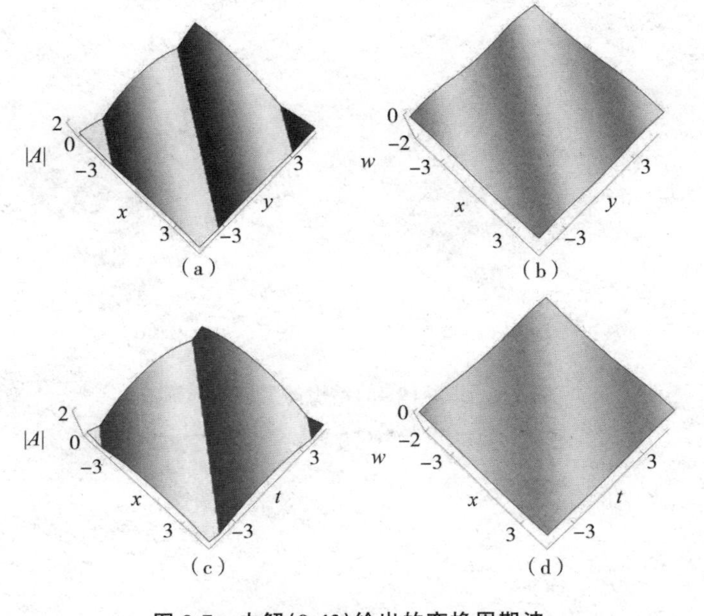

图 9-7　由解(9-42)给出的变换周期波

参数取值：$P=-1, Q=1, h=0.125, \varepsilon=0.5$

2. 结形孤波解

情形 3：$P<0$，$Q>0$ 且 $h=\frac{P^2}{4Q}$。

$$A=\pm\sqrt{\frac{-P}{Q}}\tanh\left[\sqrt{\frac{-P}{2}}\,\bar{\alpha}\right]e^{i\bar{\beta}} \tag{9-43a}$$

$$\omega=\gamma\frac{-P}{Q}\tanh^2\left[\sqrt{\frac{-P}{2}}\,\bar{\alpha}\right] \tag{9-43b}$$

由解(9-43)给出的变换结形孤波如图 9-8 和图 9-9 所示。

将图 9-8 与图 9-9 分别和图 9-3 对比，发现满足 $\varepsilon<0$ 的变换让孤波变得更为陡峭，而满足 $\varepsilon>0$ 的变换让孤波变得更为平坦。而且，调整群参数 ε 的取值可以改变孤波的取向和传播方向。

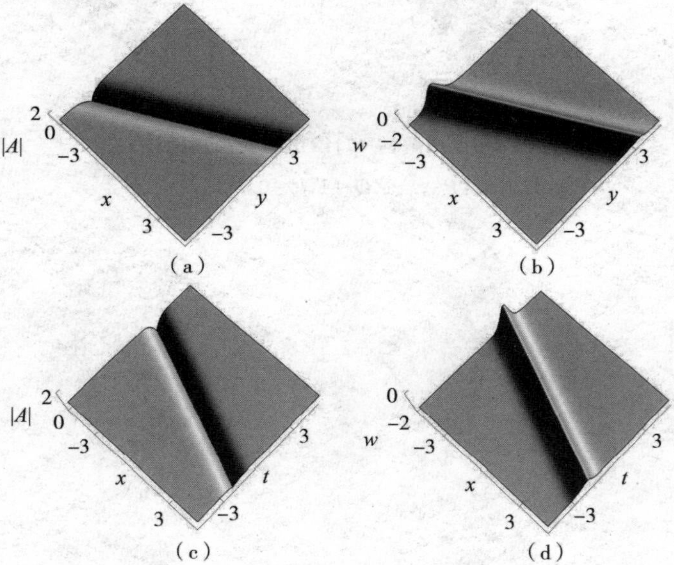

图 9-8　由解(9-43)给出的变换结形孤波

参数取值：$P=-1$，$Q=1$，$h=0.25$，$\varepsilon=-0.2$

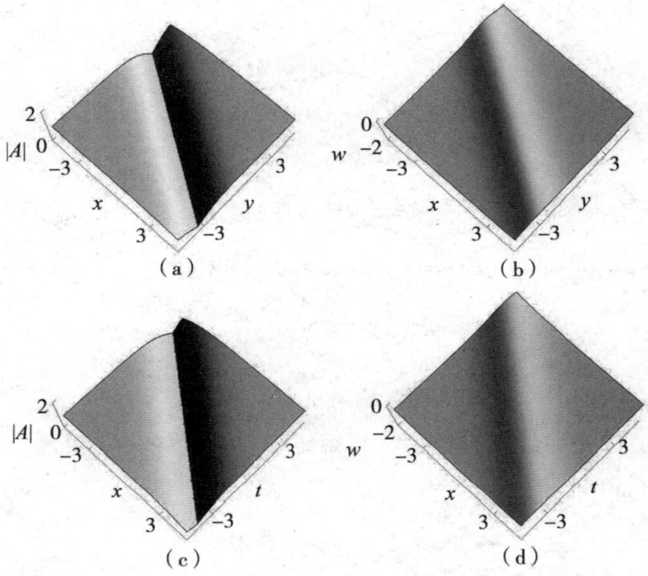

图 9-9　由解(9-43)给出的变换结形孤波

参数取值：$P=-1, Q=1, h=0.25, \varepsilon=0.5$

9.5　广义非线性自伴和守恒律

9.5.1　广义非线性自伴

按照 Ibragimov[36] 方法，为导出系统(9-5)的非线性自伴性，本节引入形式 Lagrange 量：

$$L \equiv UE_1 + VE_2 + WE_3 \tag{9-44}$$

其中，U、V 和 W 是关于 x 和 t 的非局部因变量。结合系统(9-5)和式(9-44)，得到系统(9-5)的伴随系统如下：

$$\hat{E}_1 \equiv \omega U - V_t - 2uW_x + U_{xx} = 0 \tag{9-45a}$$

$$\hat{E}_2 \equiv \omega V + U_t - 2vW_x + V_{xx} = 0 \tag{9-45b}$$

$$\hat{E}_3 \equiv uU + vV - W_y - W_t = 0 \tag{9-45c}$$

如果存在下列不全为零的函数：

$$U = \Phi_0(x,y,t,u,v,\omega) \tag{9-46a}$$

$$V = \Psi_0(x,y,t,u,v,\omega) \tag{9-46b}$$

$$W = \Omega_0(x,y,t,u,v,\omega) \tag{9-46c}$$

满足含有待定系数 $\lambda_{jk}(j,k=1,2,3)$ 的方程：

$$\hat{E}_1 = \lambda_{11}E_1 + \lambda_{12}E_2 + \lambda_{13}E_3 \tag{9-47a}$$

$$\hat{E}_2 = \lambda_{21}E_1 + \lambda_{22}E_2 + \lambda_{23}E_3 \tag{9-47b}$$

$$\hat{E}_3 = \lambda_{31}E_1 + \lambda_{32}E_2 + \lambda_{33}E_3 \tag{9-47c}$$

则称系统(9-5)是非线性自伴的。将系统(9-5)、式(9-45)和式(9-46)代入方程组(9-47)，得到

$$\Phi_0(x,y,t,u,v,\omega) = 0 \tag{9-48a}$$

$$\Psi_0(x,y,t,u,v,\omega) = 0 \tag{9-48b}$$

$$\Omega_0(x,y,t,u,v,\omega) = h(y-t) \tag{9-48c}$$

且有

$$\lambda_{jk} = 0,\quad j,k = 1,2,3$$

其中，$h(y-t)$ 为关于 $y-t$ 的任意可微函数。至此，我们证明了系统(9-5)是非线性自伴的。

进一步考虑，如果存在下列不全为零的函数：

$$U = \Phi(x,y,t,u,v,\omega,u_x,v_x,\omega_x,u_y,v_y,\omega_y,u_t,v_t,\omega_t) \tag{9-49a}$$

$$V = \Psi(x,y,t,u,v,\omega,u_x,v_x,\omega_x,u_y,v_y,\omega_y,u_t,v_t,\omega_t) \tag{9-49b}$$

$$W = \Omega(x,y,t,u,v,\omega,u_x,v_x,\omega_x,u_y,v_y,\omega_y,u_t,v_t,\omega_t) \tag{9-49c}$$

满足含有待定系数 $\lambda_{jkl}(j,k=1,2,3;l=0,1,2,3)$ 的方程组：

$$\begin{aligned}\hat{E}_1 =& \lambda_{110}E_1 + \lambda_{111}(E_1)_x + \lambda_{112}(E_1)_y + \lambda_{113}(E_1)_t + \\ & \lambda_{120}E_2 + \lambda_{121}(E_2)_x + \lambda_{122}(E_2)_y + \lambda_{123}(E_2)_t + \\ & \lambda_{130}E_3 + \lambda_{131}(E_3)_x + \lambda_{132}(E_3)_y + \lambda_{133}(E_3)_t\end{aligned} \tag{9-50a}$$

$$\begin{aligned}\hat{E}_2 =& \lambda_{210}E_1 + \lambda_{211}(E_1)_x + \lambda_{212}(E_1)_y + \lambda_{213}(E_1)_t + \\ & \lambda_{220}E_2 + \lambda_{221}(E_2)_x + \lambda_{222}(E_2)_y + \lambda_{223}(E_2)_t + \\ & \lambda_{230}E_3 + \lambda_{331}(E_3)_x + \lambda_{332}(E_3)_y + \lambda_{333}(E_3)_t\end{aligned} \tag{9-50b}$$

$$\begin{aligned}\hat{E}_3 =&\lambda_{310}E_1+\lambda_{311}(E_1)_x+\lambda_{312}(E_1)_y+\lambda_{313}(E_1)_t+\\&\lambda_{320}E_2+\lambda_{321}(E_2)_x+\lambda_{322}(E_2)_y+\lambda_{323}(E_2)_t+\\&\lambda_{330}E_3+\lambda_{331}(E_3)_x+\lambda_{332}(E_3)_y+\lambda_{333}(E_3)_t\end{aligned}\tag{9-50c}$$

则称系统(9-5)是广义非线性自伴的。将系统(9-5),式(9-45)和式(9-49)代入方程组(9-50),得到

$$\begin{aligned}&\Phi(x,y,t,u,v,\omega,u_x,v_x,\omega_x,u_y,v_y,\omega_y,u_t,v_t,\omega_t)\\&\quad=h_1u_x+h_2v_x+h_3u_y+h_4u_t+h_5v_t\end{aligned}\tag{9-51a}$$

$$\begin{aligned}&\Psi(x,y,t,u,v,\omega,u_x,v_x,\omega_x,u_y,v_y,\omega_y,u_t,v_t,\omega_t)\\&\quad=h_1v_x-h_2u_x+h_3v_y+h_4v_t-h_5u_t\end{aligned}\tag{9-51b}$$

$$\Omega(x,y,t,u,v,\omega,u_x,v_x,\omega_x,u_y,v_y,\omega_y,u_t,v_t,\omega_t)=h_6\tag{9-51c}$$

且有

$$\lambda_{110}=2h_{1x},\quad\lambda_{111}=h_1,\quad\lambda_{112}=h_3,\quad\lambda_{113}=h_4$$

$$\lambda_{120}=2h_{2x},\quad\lambda_{121}=h_2,\quad\lambda_{122}=0,\quad\lambda_{123}=h_5$$

$$\begin{aligned}\lambda_{130}=&\frac{1}{\theta}(h_{1xx}u_x-2h_{1x}u\omega+2h_{1x}v_t-h_{1t}v_x-h_1u\omega_x-2h_{2x}v_t+h_{2t}u_x+\\&h_{2xx}v_x-2h_{2x}v\omega-h_2v\omega_x-h_{3t}v_y-h_3u\omega_y-h_{4t}v_t-h_4u\omega_t+\\&h_{5t}u_t-h_5v\omega_t-2u\omega_xh_{6\omega}-2uv_xh_{6v}-2uu_xh_{6u}-2uh_{6x})\end{aligned}$$

$$\lambda_{131}=-2uh_{6\theta},\quad\lambda_{132}=0,\quad\lambda_{133}=0,$$

$$\lambda_{210}=-2h_{2x},\quad\lambda_{211}=-h_2,\quad\lambda_{212}=0,\quad\lambda_{213}=-h_5,$$

$$\lambda_{220}=2h_{1x},\quad\lambda_{221}=h_1,\quad\lambda_{222}=h_3,\quad\lambda_{223}=h_4$$

$$\begin{aligned}\lambda_{230}=&\frac{1}{\theta}(-2h_{1x}u_t+h_{1t}u_x+h_{1xx}v_x-2h_{1x}v\omega-h_1v\omega_x-h_{2xx}u_x+2h_{2x}u\omega-\\&2h_{2x}v_t+h_{2t}v_x+h_2u\omega_x+h_{3t}u_y-h_3v\omega_y+h_{4t}u_t-h_4v\omega_t+h_{5t}v_t+\\&h_5u\omega_t-2v\omega_xh_{6\omega}-2vv_xh_{6v}-2u_xvh_{6u}-2vh_{6x})\end{aligned}$$

$$\lambda_{231}=-2vh_{6\theta},\quad\lambda_{232}=0,\quad\lambda_{233}=0$$

$$\lambda_{310}=0,\quad\lambda_{311}=0,\quad\lambda_{312}=0,\quad\lambda_{313}=0$$

$$\lambda_{320}=0,\quad\lambda_{321}=0,\quad\lambda_{322}=0,\quad\lambda_{323}=0$$

$$\begin{aligned}\lambda_{330}=&\frac{1}{\theta}(h_1uu_x+h_1vv_x-h_2u_xv+h_2uv_x+h_3uu_y+h_3vv_y+\\&h_4uu_t+h_4vv_t-h_5u_tv+h_5uv_t-u_th_{6u}-\omega_th_{6\omega}-\\&\omega_yh_{6\omega}-v_th_{6v}-v_yh_{6v}-u_yh_{6u}-h_{6t}-h_{6y})\end{aligned}$$

$$\lambda_{331} = 0, \lambda_{332} = -h_{6\theta}, \lambda_{333} = -h_{6\theta}$$

式(9-51)中：

$$h_1 = h_1(x,y,t), h_2 = h_2(x,y,t)$$

$$h_3 = h_3(y,t), h_4 = h_4(y,t), h_5 = h_5(y,t)$$

$$h_6 = h_6(x,y,t,u,v,\omega,\theta) \quad (\theta = 2uu_x + 2vv_x + \omega_t + \omega_y)$$

为任意可微函数，字母下标表示求导。至此，我们已经证明系统(9-5)是广义非线性自伴的。

9.5.2 守恒律

本节运用 Ibragimov[36] 方法来构造系统(9-5)的守恒律。将 Ibragimov理论应用于系统(9-5)和式(9-6)中的矢量场，即可得到守恒律。在利用式(9-48)进行代换时，只得到系统(9-5)的平凡守恒律，为此，本节利用系统(9-5)的广义非线性自伴性，考虑在守恒律表达式中利用式(9-51)进行代换，得到守恒律的如下一般形式：

$$D_x(C^x) + D_y(C^y) + D_t(C^t) = 0 \tag{9-52}$$

式(9-52)中：

$$
\begin{aligned}
C^x = &(-\tau v_t - \xi v_x - \zeta v_y + \psi)\{2vh_{6\theta}[\omega_t + 2(uu_x + vv_x) + w_y] + \\
& u_x h_{2x} - v_x h_{1x} + h_2(-v_t + u\omega + u_{xx}) + h_1(u_t + v\omega + v_{xx}) + h_5 u_{xt} + \\
& h_2 u_{xx} - h_4 v_{xt} - h_1 v_{xx} - h_3 v_{xy} + 2h_6 v\} + (-\tau u_t - \xi u_x - \zeta u_y + \\
& \phi)\{2uh_{6\theta}[\omega_t + 2(uu_x + vv_x) + w_y] - u_x h_{1x} - v_x h_{2x} + h_1(-v_t + \\
& u\omega + u_{xx}) - h_2(u_t + v\omega + v_{xx}) - h_4 u_{xt} - h_1 u_{xx} - h_3 u_{xy} + 2h_6 u - \\
& h_5 v_{xt} - h_2 v_{xx}\} + (-h_5 u_t + h_4 v_t - h_2 u_x + h_1 v_x + h_3 v_y)[-v_t(\tau_u u_x + \\
& \tau_v v_x + \tau_\omega \omega_x + \tau_x) - v_x(\xi_u u_x + \xi_v v_x + \xi_\omega \omega_x + \xi_x) - v_y(\zeta_u u_x + \\
& \zeta_v v_x + \zeta_\omega \omega_x + \zeta_x) + u_x \psi_u + v_x \psi_v - \tau v_{xt} - \xi v_{xx} - \zeta v_{xy} + \omega_x \psi_\omega + \psi_x] + \\
& (h_4 u_t + h_5 v_t + h_1 u_x + h_3 u_y + h_2 v_x)[-u_t(\tau_u u_x + \tau_v v_x + \tau_\omega \omega_x + \tau_x) - \\
& u_x(\xi_u u_x + \xi_v v_x + \xi_\omega \omega_x + \xi_x) - u_y(\zeta_u u_x + \zeta_v v_x + \zeta_\omega \omega_x + \zeta_x) + \\
& u_x \phi_u - \tau u_{xt} - \xi u_{xx} - \zeta u_{xy} + v_x \phi_v + \omega_x \phi_\omega + \phi_x] + \\
& \xi[(-v_t + u\omega + u_{xx})(h_4 u_t + h_5 v_t + h_1 u_x + h_3 u_y + h_2 v_x) + \\
& (u_t + v\omega + v_{xx})(-h_5 u_t + h_4 v_t - h_2 u_x + h_1 v_x + h_3 v_y) + \\
& h_6(\omega_t + 2(uu_x + vv_x) + \omega_y)]
\end{aligned}
\tag{9-53a}
$$

$$C^{y}=(\eta-\tau\omega_{t}-\xi\omega_{x}-\zeta\omega_{y})\{h_{6\theta}[\omega_{t}+2(uu_{x}+vv_{x})+\omega_{y}]+h_{6}\}+$$
$$h_{3}(u_{t}+v\omega+v_{xx})(-\tau v_{t}-\xi v_{x}-\zeta v_{y}+\psi)+$$
$$h_{3}(-v_{t}+u\omega+u_{xx})(-\tau u_{t}-\xi u_{x}-\zeta u_{y}+\phi)+$$
$$\zeta\{(-v_{t}+u\omega+u_{xx})(h_{4}u_{t}+h_{5}v_{t}+h_{1}u_{x}+h_{3}u_{y}+h_{2}v_{x})+$$
$$(u_{t}+v\omega+v_{xx})(-h_{5}u_{t}+h_{4}v_{t}-h_{2}u_{x}+h_{1}v_{x}+h_{3}v_{y})+$$
$$h_{6}[\omega_{t}+2(uu_{x}+vv_{x})+\omega_{y}]\}\tag{9-53b}$$

$$C^{t}=(\eta-\tau\omega_{t}-\xi\omega_{x}-\zeta\omega_{y})\{h_{6\theta}[\omega_{t}+2(uu_{x}+vv_{x})+\omega_{y}]+h_{6}\}+$$
$$[h_{5}(-v_{t}+u\omega+u_{xx})+h_{4}(u_{t}+v\omega+v_{xx})-$$
$$h_{4}u_{t}-h_{5}v_{t}-h_{1}u_{x}-h_{3}u_{y}-h_{2}v_{x}](-\tau v_{t}-\xi v_{x}-\zeta v_{y}+\psi)+$$
$$[h_{4}(-v_{t}+u\omega+u_{xx})-h_{5}(u_{t}+v\omega+v_{xx})-$$
$$h_{5}u_{t}+h_{4}v_{t}-h_{2}u_{x}+h_{1}v_{x}+h_{3}v_{y}](-\tau u_{t}-\xi u_{x}-\zeta u_{y}+\phi)+$$
$$\tau\{(-v_{t}+u\omega+u_{xx})(h_{4}u_{t}+h_{5}v_{t}+h_{1}u_{x}+h_{3}u_{y}+h_{2}v_{x})+$$
$$(u_{t}+v\omega+v_{xx})(-h_{5}u_{t}+h_{4}v_{t}-h_{2}u_{x}+h_{1}v_{x}+h_{3}v_{y})+$$
$$h_{6}[\omega_{t}+2(uu_{x}+vv_{x})+\omega_{y}]\}\tag{9-53c}$$

将表达式(9-52)和(9-53)应用到式(9-8)中的矢量场，可以得到以下五族守恒律。

(1)$\boldsymbol{X}_1$：

$$C^{x}=0\tag{9-54a}$$

$$C^{y}=-4u_{x}\omega_{y}h_{6\theta}uf_{1}+4h_{6}v_{x}vf_{1}-4v_{x}\omega_{t}h_{6\theta}vf_{1}-4v_{x}\omega_{y}h_{6\theta}vf_{1}+$$
$$2h_{1}u_{x}u\omega f_{1}+2h_{1}v_{x}v\omega f_{1}-h_{3}u_{xx}uf'_{1}+h_{3}v_{t}uf'_{1}-h_{3}v_{xx}vf'_{1}-$$
$$h_{3}u^{2}\omega f'_{1}-h_{3}v^{2}\omega f'_{1}-2h_{2}v_{t}v_{x}f_{1}-2h_{2}u_{x}v_{xx}f_{1}-2h_{3}v_{t}v_{xx}f_{1}+$$
$$2h_{4}v_{t}v_{xx}f_{1}+2h_{1}v_{x}v_{xx}f-2\omega_{t}^{2}h_{6\theta}f_{1}-2\omega_{y}^{2}h_{6\theta}f_{1}-4\omega_{t}\omega_{y}h_{6\theta}f_{1}+$$
$$4h_{6}u_{x}uf_{1}-4u_{x}\omega_{t}h_{6\theta}uf_{1}+2h_{5}v_{t}u\omega f_{1}+2h_{2}v_{x}u\omega f_{1}-2h_{2}u_{x}v\omega f_{1}-$$
$$2h_{3}v_{t}v\omega f_{1}+2h_{4}v_{t}v\omega f-2h_{5}f_{1}u_{t}^{2}-2h_{2}u_{x}f_{1}u_{t}-2h_{3}u_{xx}f_{1}u_{t}+$$
$$2h_{4}u_{xx}f_{1}u_{t}+2h_{1}v_{x}f_{1}u_{t}-2h_{5}v_{xx}f_{1}u_{t}-2h_{3}u\omega f_{1}u_{t}+2h_{4}u\omega f_{1}u_{t}-$$
$$2h_{5}v\omega f_{1}u_{t}-h_{3}vf'_{1}u_{t}-2h_{5}v_{t}^{2}f_{1}+2h_{1}u_{x}u_{xx}f_{1}-$$
$$2h_{1}u_{x}v_{t}f_{1}+2h_{5}u_{xx}v_{t}f_{1}+2h_{2}u_{xx}v_{x}f_{1}\tag{9-54b}$$

$$C^{t}=2h_{5}f_{1}u_{t}^{2}+4h_{5}u_{y}f_{1}u_{t}+2h_{5}uf'_{1}u_{t}+2h_{5}v_{t}^{2}f_{1}+2h_{1}u_{x}u_{xx}f_{1}+$$
$$2h_{2}u_{x}u_{y}f_{1}+4h_{6}v_{x}vf_{1}-4v_{x}\omega_{t}h_{6\theta}vf_{1}-4v_{x}\omega_{y}h_{6\theta}vf_{1}+2h_{1}u_{x}u\omega f_{1}+$$
$$2h_{3}u_{y}u\omega f_{1}-2h_{4}u_{y}u\omega f_{1}+2h_{2}v_{x}u\omega f_{1}(y)-2h_{5}v_{y}u\omega f_{1}-2h_{2}u_{x}v\omega f_{1}+$$

$$2h_5u_yv\omega f-h_1v_xuf'_1+h_5v_{xx}uf'_1-h_3v_yuf'_1+h_1u_xvf'_1-$$
$$h_5u_{xx}vf'_1+h_3u_yvf'_1+2h_3u_{xx}u_yf_1-2h_4u_{xx}u_yf_1+2h_2u_{xx}v_xf_1-$$
$$2h_1u_yv_xf_1-2h_2u_xv_{xx}f_1+2h_5u_yv_{xx}f_1+2h_1v_xv_{xx}f_1+2h_1u_xv_yf_1-$$
$$2h_5u_{xx}v_yf_1+4h_5v_tv_yf_1+2h_2v_xv_yf_1+2h_3v_{xx}v_yf_1-2h_4v_{xx}v_yf_1-$$
$$2\omega_t^2h_{6\theta}f_1-2\omega_y^2h_{6\theta}f-4\omega_t\omega_yh_{6\theta}f_1+4h_6u_xuf_1(y)-4u_x\omega_th_{6\theta}uf_1(y)-$$
$$4u_x\omega_yh_{6\theta}uf_1+2h_1v_xv\omega f_1+2h_3v_yv\omega f_1-2h_4v_yv\omega f_1+h_2u_xuf'_1-$$
$$h_4u_{xx}uf'_1+2h_5v_tvf'_1+h_2v_xvf'_1-h_4v_{xx}vf'_1-h_4u^2\omega f'_1-h_4v^2\omega f'_1 \tag{9-54c}$$

(2) $\boldsymbol{X}_2$：

$$C^x=0 \tag{9-55a}$$

$$C^y=-h_3f_2uv_{xx}+h_3f_2vu_{xx}-h_3f_2u_tu-h_3f_2v_tv \tag{9-55b}$$

$$C^t=-h_4f_2uv_{xx}+h_4f_2vu_{xx}-h_5f_2uu_{xx}-h_5f_2vv_{xx}+2h_5f_2uv_t+$$
$$h_2f_2uv_x-2h_5f_2u_tv-h_2f_2u_xv-h_5f_2u^2\omega+h_1f_2u_xu+$$
$$h_3f_2u_yu-h_5f_2v^2\omega+h_1f_2v_xv?+h_3f_2v_yv \tag{9-55c}$$

(3) $\boldsymbol{X}_3$

$$C^x=2[h_6(\omega_t+\omega_y+2u_xu+2v_xv)+(h_4u_t+h_1u_x+$$
$$h_3u_y+h_5v_t+h_2v_x)(u_{xx}-v_t+u\omega)+$$
$$(-h_5u_t-h_2u_x+h_4v_t+h_1v_x+h_3v_y)(u_t+v_{xx}+$$
$$v\omega)]g_1\{(h_5u_t+h_2u_x-h_4v_t-h_1v_x-$$
$$h_3v_y)(2v_{xx}g_1+xu_xg'_1+ug'_1)+(h_4u_t+h_1u_x+$$
$$h_3u_y+h_5v_t+h_2v_x)(-2u_{xx}g_1+xv_xg'_1+vg'_1)+$$
$$[-h_4u_{xt}-h_1u_{xx}-h_3u_{xy}-h_5v_{xt}-h_2v_{xx}-u_xh_{1x}-$$
$$v_xh_{2x}+2h_6u+2h_{6\theta}u(\omega_t+\omega_y+2u_xu+2v_xv)+$$
$$h_1(u_{xx}-v_t+u\omega)-h_2(u_t+v_{xx}+v\omega)](xvg'_1)-$$
$$2u_xg_1+[h_5u_{xt}+h_2u_{xx}-h_4v_{xt}-h_1v_{xx}-h_3v_{xy}-$$
$$v_xh_{1x}+u_xh_{2x}+2h_6v+2h_{6\theta}v(\omega_t+\omega_y+2u_xu+$$
$$2v_xv)+h_1(u_t+v_{xx}+v\omega)+h_2(u_{xx}-$$
$$v_t+u\omega)](-2v_xg_1-xug'_1)\}, \tag{9-56a}$$

$$C^y=-h_3xg'_1uv_{xx}+h_3xg'_1vu_{xx}-2h_3g_1u_xu_{xx}-2h_3g_1v_xv_{xx}+$$
$$2xh_{6\theta}g''_1u_xu+2h_3g_1u_xv_t-2h_3g_1u_tv_x-4h_{6\theta}g_1u_xu\omega_x-$$

$$2h_3g_1u_xu\omega - h_3xg'_1u_tu + 2xh_{6\theta}g''_1v_xv - 4h_{6\theta}g_1v_xv\omega_x -$$
$$2h_3g_1v_xv\omega - h_3xg'_1v_tv + xh_{6\theta}g''_1\omega_t + xh_{6\theta}g''_1\omega_y -$$
$$2h_{6\theta}g_1\omega_t\omega_x - 2h_{6\theta}g_1\omega_x\omega_y - 2h_6g_1\omega_x + h_6xg''_1, \tag{9-56b}$$

$$C^t = 2h_2g_1u_x^2 + 4h_5u_tg_1u_x - 4\omega_xh_{6\theta}ug_1u_x - 2h_4u_{xx}g_1u_x + 2h_5v_{xx}g_1u_x -$$
$$2h_3v_yg_1u_x - 2h_4u\omega g_1u_x + 2h_5v\omega g_1u_x + xh_1ug'_1u_x - xh_2vg'_1u_x -$$
$$2h_5v_xu\omega g_1 - 2h_4v_xv\omega g_1 - xh_5u_{xx}ug'_1 + xh_3u_yug'_1 + 2xh_5v_tug'_1 +$$
$$2xh_{6\theta}ug''_1u_x + 2h_2v_x^2g_1 - 2h_5u_{xx}v_xg_1 + 2h_3u_yv_xg_1 + 4h_5v_tv_xg_1 +$$
$$xh_2v_xug'_1 - xh_4v_{xx}ug'_1 - 2xh_5u_tvg'_1 + xh_4u_{xx}vg'_1 + xh_1v_xvg'_1 -$$
$$2h_4v_xv_{xx}g_1 - 2\omega_t\omega_xh_{6\theta}g_1 - 2\omega_x\omega_yh_{6\theta}g_1 - 4v_x\omega_xh_{6\theta}vg_1 -$$
$$xh_5v_{xx}vg'_1 + xh_3v_yvg'_1 - xh_5u^2\omega g'_1 - xh_5v^2\omega g'_1 + xh_6g''_1 +$$
$$x\omega_th_{\theta6}g''_1 + x\omega_yh_{6\theta}g''_1 + 2xv_xh_{\theta6}vg''_1 - 2h_6\omega_xg_1 \tag{9-56c}$$

(4) $\boldsymbol{X}_4$:

$$C^x = 4x[h_6(\omega_t + \omega_y + 2u_xu + 2v_xv) + (h_4u_t + h_1u_x + h_3u_y +$$
$$h_5v_t + h_2v_x)(u_{xx} - v_t + u\omega) + (-h_5u_t - h_2u_x + h_4v_t +$$
$$h_1v_x + h_3v_y)(u_t + v_{xx} + v\omega)]g_2\{(h_5u_t + h_2u_x - h_4v_t -$$
$$h_1v_x - h_3v_y)[u_xg'_2x^2 + 4v_{xx}g_2x + 2ug'_2x + 8(\int g_2\,\mathrm{d}t)v_{xt} +$$
$$6v_xg_2] + (h_4u_t + h_1u_x + h_3u_y + h_5v_t + h_2v_x)[v_xg'_2x^2 +$$
$$2vg'_2x - 8(\int g_2\,\mathrm{d}t)v_{xt} - 2(3u_x + 2xu_{xx})g_2] +$$
$$[-h_4u_{xt} - h_1u_{xx} - h_3u_{xy} - h_5v_{xt} - h_2v_{xx} - u_xh_{1x} - v_xh_{2x} +$$
$$2h_6u + 2h_{6\theta}u(\omega_t + w_y + 2u_xu + 2v_xv) + h_1(u_{xx} - v_t + u\omega) -$$
$$h_2(u_t + v_{xx} + v\omega)][vg'_2x^2 - 8(\int g_2\,\mathrm{d}t)u_t - 2(2xu_x + u)g_2] +$$
$$[h_5u_{xt} + h_2u_{xx} - h_4v_{xt} - h_1v_{xx} - h_3v_{xy} - v_xh_{1x} + u_xh_{2x} +$$
$$2h_6v + 2h_{6\theta}v(\omega_t + \omega_y + 2u_xu +$$
$$2v_xv) + h_2(u_{xx} - v_t + u\omega) + h_1(u_t + v_{xx} + v\omega)]$$
$$[-ug'_2x^2 - 8(\int g_2\,\mathrm{d}t)v_t - 2(2xv_x + v)g_2]\} \tag{9-57a}$$

$$C^y = -(\int g_2\,\mathrm{d}t)(16u_x\omega_th_{6\theta}u + 16v_x\omega_th_{6\theta}v + 8h_3u_tu_{xx} +$$
$$8h_3v_tv_{xx} + 8h_6\omega_t + 8\omega_t^2h_{6\theta} + 8\omega_t\omega_yh_{6\theta} +$$

$$
\begin{aligned}
&8h_3u_tu\omega+8h_3v_tv\omega)-2h_3u^2\omega g_2-2h_3v^2\omega g_2+\\
&4h_3u_xv_tg_2x-4h_3u_tv_xg_2x-4h_3v_xv_{xx}g_2x-\\
&4h_6\omega_xg_2x-4\omega_t\omega_xh_{6\theta}g_2x-8h_6\omega g_2-8\omega_th_{6\theta}\omega g_2-\\
&8\omega_yh_{6\theta}\omega g_2-16u_xh_{6\theta}u\omega g_2-16v_xh_{6\theta}v\omega g_2-\\
&h_3u_tug'_2x^2-h_3v_{xx}ug'_2x^2+h_3u_{xx}vg'_2x^2-\\
&h_3v_tvg'_2x^2+2u_xh_{6\theta}ug''_2x^2+h_6g''_2x^2+\omega_th_{6\theta}g''_2x^2+\\
&\omega_yh_{6\theta}g''_2x^2+2v_xh_{6\theta}vg''_2x^2-4h_3u_xu_{xx}g_2x-\\
&4\omega_x\omega_yh_{6\theta}g_2x-8u_x\omega_xh_{6\theta}ug_2x-8v_x\omega_xh_{6\theta}vg_2x-\\
&4h_3u_xu\omega g_2x-4h_3v_xv\omega g_2x-2h_3u_{xx}ug_2+\\
&2h_3v_tug_2-2h_3u_tvg_2-2h_3v_{xx}vg_2
\end{aligned}
\tag{9-57b}
$$

$$
\begin{aligned}
C^t=&\left(\int g_2\mathrm{d}t\right)(8h_5u_t^2+8h_5v_t^2+8h_6\omega_y+8h_1u_xu_{xx}+8h_3u_{xx}u_y+\\
&8h_2u_{xx}v_x-8h_2u_xv_{xx}+8h_1v_xv_{xx}+8h_3v_{xx}v_y-8\omega_t^2h_{6\theta}-\\
&8\omega_t\omega_yh_{6\theta}+8h_1u_xu\omega+8h_3u_yu\omega+8h_2v_xu\omega-8h_2u_xv\omega+\\
&8h_1v_xv\omega+8h_3v_yv\omega+16h_6u_xu-16u_x\omega_th_{6\theta}u+16h_6v_xv-\\
&16v_x\omega_th_{6\theta}v)-2h_3v_yug_2-2h_4v_{xx}vg_2+\omega_th_{6\theta}g''_2x^2+\\
&\omega_yh_{6\theta}g''_2x^2+2u_xh_{6\theta}ug''_2x^2+2v_xh_{6\theta}vg''_2x^2+4h_2u_x^2g_2x+\\
&4h_2v_x^2g_2x+8h_5u_tu_xg_2x-4h_4u_xu_{xx}g_2x-4h_5u_{xx}v_xg_2x+\\
&4h_3u_yv_xg_2x+8h_5v_tv_xg_2x+4h_5u_xv_{xx}g_2x-4h_4v_xv_{xx}g_2x-\\
&4h_3u_xv_yg_2x-4h_6\omega_xg_2x+h_1u_xug'_2x^2-h_5u_{xx}ug'_2x^2+\\
&h_3u_yug'_2x^2+2h_5v_tug'_2x^2+h_2v_xug'_2x^2-h_4v_{xx}ug'_2x^2-\\
&2h_5u_tvg'_2x^2-h_2u_xvg'_2x^2+h_4u_{xx}vg'_2x^2+h_1v_xvg'_2x^2-\\
&4\omega_t\omega_xh_{6\theta}g_2x-4\omega_x\omega_yh_{6\theta}g_2x-8u_x\omega_xh_{6\theta}ug_2x-8v_x\omega_xh_{6\theta}vg_2x-\\
&h_5v_{xx}vg'_2x^2+h_3v_yvg'_2x^2-h_5u^2\omega g'_2x^2-h_5v^2\omega g'_2x^2+\\
&h_6g''_2x^2-2h_4u^2\omega g_2-2h_4v^2\omega g_2-8h_6\omega g_2-8\omega_th_{6\theta}\omega g_2-\\
&8\omega_yh_{6\theta}\omega g_2-4h_4u_xu\omega g_2x-4h_5v_xu\omega g_2x+4h_5u_xv\omega g_2x-\\
&4h_4v_xv\omega g_2x+4h_5u_tug_2+2h_2u_xug_2-2h_4u_{xx}ug_2-\\
&2h_1v_xug_2+2h_5v_{xx}ug_2+2h_1u_xvg_2-2h_5u_{xx}vg_2+\\
&2h_3u_yvg_2+4h_5v_tvg_2+2h_2v_xvg_2-16u_xh_{6\theta}u\omega g_2-\\
&16v_xh_{6\theta}v\omega g_2
\end{aligned}
\tag{9-57c}
$$

(5) $\boldsymbol{X}_5$：

$$C^x = 0 \tag{9-58a}$$

$$C^y = -h_3\left(\int g_3 \mathrm{d}t\right)[u(v_{xx} + u_t) + v(v_t - u_{xx})] - g_3[h_{6\theta}(2u_x u + 2v_x v + \omega_t + \omega_y) + h_6] \tag{9-58b}$$

$$C^t = \left(\int g_3 \mathrm{d}t\right)\{h_3(u_y u + v_y v) - h_4 u v_{xx} + h_4 v u_{xx} + h_1 u_x u + h_1 v_x v + h_2 u v_x - h_2 u_x v ? - h_5[v(v_{xx} + 2u_t + v\omega) + u(u_{xx} - 2v_t) + u^2\omega]\} - g_3[h_{6\theta}(2u_x u + 2v_x v + \omega_t + \omega_y) + h_6] \tag{9-58c}$$

由于存在 f_1、f_2、g_1、g_2、g_3、h_1、h_2、h_3、h_4、h_5 和 h_6 这些任意函数，式(9-54)、式(9-55)、式(9-56)、式(9-57)和式(9-58)可以给出无穷多个守恒律。运算结果表明，由式(9-8)中的矢量场和式(9-51)中的一般代换所得到的守恒律一般形式往往较为复杂。如果我们选取式(9-11)中这些相对简单的矢量场，同时让式(9-51)取一些简单形式，则可以得到一些形式较为简单的守恒律。选取：

$$h_1 = 1, h_2 = 0, h_3 = 0, h_4 = 0, h_5 = 0, h_6 = u$$

则式(9-51)变为

$$\Phi(x, y, t, u, v, \omega, u_x, v_x, \omega_x, u_y, v_y, \omega_y, u_t, v_t, \omega_t) = u_x \tag{9-59a}$$

$$\Psi(x, y, t, u, v, \omega, u_x, v_x, \omega_x, u_y, v_y, \omega_y, u_t, v_t, \omega_t) = v_x \tag{9-59b}$$

$$\Omega(x, y, t, u, v, \omega, u_x, v_x, \omega_x, u_y, v_y, \omega_y, u_t, v_t, \omega_t) = u \tag{9-59c}$$

将式(9-52)和式(9-53)应用到式(9-11)中的矢量场和式(9-59)，可以得到以下相对简洁的守恒律。

(1) $\boldsymbol{Y}_1$：

$$C^x = [u(2uu_x + 2vv_x + \omega_t + \omega_y) + u_x(u_{xx} + u\omega - v_t) + v_x(u_t + v_{xx} + v\omega)][-u_x(u\omega + 2u^2 - v_t) - v_x(u_t + 2uv + v\omega) - u_{xx}u_x - v_x v_{xx}] \tag{9-60a}$$

$$C^y = -u\omega_x \tag{9-60b}$$

$$C^t = -u\omega_x \tag{9-60c}$$

守恒律为

$$[u(\omega_t + \omega_y + 2uu_x + 2vv_x) + u_x(u\omega - v_t + u_{xx}) + v_x(v\omega + u_t + v_{xx})]\{-u_{xx}^2 - (2u^2 + \omega u - v_t)u_{xx} - v_{xx}^2 -$$

$$v_x[2uv_x+\omega v_x+v(2u_x+\omega_x)+u_{xt}]-u_x[\omega u_x+u(4u_x+\omega_x)-v_{xt}]-(2uv+\omega v+u_t)v_{xx}-u_xu_{xxx}-v_xv_{xxx}\}+[-(2u^2+\omega u-v_t)u_x-u_{xx}u_x-(2uv+\omega v+u_t)v_x-v_xv_{xx}]\{u_x(\omega_t+\omega_y+2uu_x+2vv_x)+u_{xx}(u\omega-v_t+u_{xx})+v_{xx}(v\omega+u_t+v_{xx})+u[\omega_{xt}+\omega_{xy}+2(u_x^2+v_x^2+uu_{xx}+vv_{xx})]+u_x(\omega u_x+u\omega_x-v_{xt}+u_{xxx})+v_x(\omega v_x+v\omega_x+u_{xt}+v_{xxx})\}-u_t\omega_x-u_y\omega_x-u\omega_{xt}-u\omega_{xy}=0 \tag{9-61}$$

(2) $\boldsymbol{Y}_2$:

$$C^x=0 \tag{9-62a}$$

$$C^y=u_x(u_{xx}+u\omega-v_t)+v_x(u_t+v_{xx}+v\omega)+2u(uu_x+vv_x)+u\omega_t \tag{9-62b}$$

$$C^t=u_xv_y-u_yv_x-u\omega_y \tag{9-62c}$$

守恒律为

$$u_t(v_{xy}-\omega_y)+2u_yvv_x+u_{xt}v_y-u_yv_{xt}-u_{xy}v_t+u_xu\omega_y+u_y\omega_t+u_{xy}u\omega+u_yu_x\omega+2u_{xy}u^2+4u_yu_xu+u_{xy}u_{xx}+u_xu_{xxy}+2uv_yv_x+2uvv_{xy}+vv_x\omega_y+v_yv_x\omega+vv_{xy}\omega+v_{xy}v_{xx}+v_xv_{xxy}=0 \tag{9-63}$$

(3) $\boldsymbol{Y}_3$:

$$C^x=0 \tag{9-64a}$$

$$C^y=-u\omega_t \tag{9-64b}$$

$$C^t=u(u_x\omega+2vv_x+\omega_y)+2u_xu^2+u_xu_{xx}+vv_x\omega+v_xv_{xx} \tag{9-64c}$$

守恒律为

$$\omega_t(-u_y+uu_x+vv_x)+u_t(u_x\omega+4uu_x+2vv_x+\omega_y)+u_{xt}u\omega+2u_{xt}u^2+u_{xt}u_{xx}+u_xu_{xxt}+2uv_tv_x+2uvv_{xt}+v_tv_x\omega+vv_{xt}\omega+v_{xt}v_{xx}+v_xv_{xxt}=0 \tag{9-65}$$

(4) $\boldsymbol{Y}_4$:

$$C^x=0 \tag{9-66a}$$

$$C^y=0 \tag{9-66b}$$

$$C^t=uu_x+vv_x \tag{9-66c}$$

守恒律为

$$u_t u_x + u u_{xt} + v_t v_x + v v_{xt} = 0 \tag{9-67}$$

(5)$\boldsymbol{Y}_5$：

$$C^x = v(u_x - x v_t) - u[x u_t + v_x + 2(t-y)\omega_t + 2t\omega_y - 2y\omega_y] \tag{9-68a}$$

$$C^y = 2(t-y)u\omega_x \tag{9-68b}$$

$$C^t = u[x u_x + 2(t-y)\omega_x] + x v v_x \tag{9-68c}$$

守恒律为

$$v(u_{xx} - v_t) - u(u_t + v_{xx}) - 2(t-y)[u_x\omega_t + u_x\omega_y - (u_t + u_y)\omega_x] = 0 \tag{9-69}$$

(6)$\boldsymbol{Y}_6$：

$$\begin{aligned} C^x =& x[u(2uu_x + 2vv_x + \omega_t + \omega_y) + u_x(u_{xx} + u\omega - v_t) + \\ & v_x(u_t + v_{xx} + v\omega)]\{[(3y-2t)u_t + yu_y - \\ & xu_x](u\omega + 2u^2 - v_t) + [(3y-2t)v_t + yv_y - \\ & xv_x](u_t + 2uv + v\omega) + u_x[-u_x + (3y-2t)u_{xt} + \\ & yu_{xy} - xu_{xx}] + v_x[-v_x + (3y-2t)v_{xt} + \\ & yv_{xy} - xv_{xx}]\} \end{aligned} \tag{9-70a}$$

$$\begin{aligned} C^y =& u[(3y-2t)\omega_t + y\omega_y - x\omega_x - 2\omega] - y[u(2uu_x + 2vv_x + \omega_t + \omega_y) + \\ & u_x(u_{xx} + u\omega - v_t) + v_x(u_t + v_{xx} + v\omega)] \end{aligned} \tag{9-70b}$$

$$\begin{aligned} C^t =& u\{[(2t-3y)u_x - 2]\omega + 4tvv_x - 6yvv_x + 2(t-y)\omega_y - \\ & x\omega_x\} - yu_xv_y + yu_yv_x + 2(2t-3y)u_xu^2 + \\ & 2tu_xu_{xx} - 3yu_xu_{xx} + 2tvv_x\omega - 3yvv_x\omega + \\ & 2tv_xv_{xx} - 3yv_xv_{xx} \end{aligned} \tag{9-70c}$$

守恒律为

$$\begin{aligned} & u_y[-2\omega + (3y-2t)\omega_t + y\omega_y - x\omega_x] + u_t[-2\omega + (3y-2t)\omega_t + \\ & y\omega_y - x\omega_x] - u_x[-2v_t + (3y-2t)v_{tt} + yv_{yt} - xv_{xt}] - \\ & [(3y-2t)v_t + yv_y - xv_x]u_{xt} + v_x[-2u_t + (3y-2t)u_{tt} + \\ & yu_{yt} - xu_{xt}] + [(3y-2t)u_t + yu_y - xu_x]v_{xt} - \\ & u(\omega_t + \omega_y + 2uu_x + 2vv_x) + u[-4\omega_t + (3y-2t)\omega_{tt} + \\ & y\omega_{yt} - x\omega_{xt}] + u[3\omega_t - \omega_y - (2t-3y)\omega_{yt} + y\omega_{yy} - x\omega_{xy}] - \\ & u_x(u\omega - v_t + u_{xx}) - v_x(v\omega + u_t + v_{xx}) + [u(\omega_t + \omega_y + 2uu_x + 2vv_x) + \\ & u_x(u\omega - v_t + u_{xx}) + v_x(v\omega + u_t + v_{xx})] \end{aligned}$$

$$\{(2u^2+\omega u-v_t)[(3y-2t)u_t+yu_y-xu_x]+$$
$$(2uv+\omega v+u_t)[(3y-2t)v_t+yv_y-xv_x]+$$
$$u_x[-u_x+(3y-2t)u_{xt}+yu_{xy}-xu_{xx}]+$$
$$v_x[-v_x+(3y-2t)v_{xt}+yv_{xy}-xv_{xx}]+2\}+$$
$$(2t-3y)\{u_t(w_t+w_y+2uu_x+2vv_x)+u_{xt}(u\omega-v_t+u_{xx})+$$
$$v_{xt}(v\omega+u_t+v_{xx})+u[\omega_{tt}+\omega_{yt}+2(u_tu_x+v_tv_x+uu_{xt}+vv_{xt})]+$$
$$u_x(\omega u_t+u\omega_t-v_{tt}+u_{xxt})+v_x(\omega v_t+v\omega_t+u_{tt}+v_{xxt})\}-$$
$$y\{u_y(\omega_t+\omega_y+2uu_x+2vv_x)+u_{xy}(u\omega-v_t+u_{xx})+$$
$$v_{xy}(v\omega+u_t+v_{xx})+u[\omega_{yt}+\omega_{yy}+2(u_yu_x+v_yv_x+uu_{xy}+vv_{xy})]+$$
$$u_x(\omega u_y+u\omega_y-v_{yt}+u_{xxy})+v_x(\omega v_y+v\omega_y+u_{yt}+v_{xxy})\}+$$
$$x\{(2u^2+\omega u-v_t)[(3y-2t)u_t+yu_y-xu_x+]$$
$$(2uv+\omega v+u_t)[(3y-2t)v_t+yv_y-xv_x]+$$
$$u_x[-u_x+(3y-2t)u_{xt}+yu_{xy}-xu_{xx}]$$
$$v_x[-v_x+(3y-2t)v_{xt}+yv_{xy}-xv_{xx}]\}+$$
$$\{u[\omega_{xt}+\omega_{xy}+2(u^{2x}+v_x^2+uu_{xx}+vv_{xx}]+u_{xx}(u\omega-v_t+u_{xx})+$$
$$v_{xx}(v\omega+u_t+v_{xx})+u_x(\omega_t+\omega_y+2uu_x+2vv_x)+$$
$$u_x(\omega u_x+u\omega_x-v_{xt}+u_{xxx})+v_x(\omega v_x+v\omega_x+u_{xt}+v_{xxx})\}+$$
$$x[u(\omega_t+\omega_y+2uu_x+2vv_x)+u_x(u\omega-v_t+u_{xx})+v_x(v\omega+u_t+v_{xx})]$$
$$\{[(3y-2t)v_t+yv_y-xv_x][2uv_x+\omega v_x+v(2u_x+\omega_x)+u_{xt}]+$$
$$[(3y-2t)u_t+yu_y-xu_x][\omega u_x+u(4u_x+\omega_x)-v_{xt}]+$$
$$(2u^2+\omega u-v_t)[-u_x+(3y-2t)u_{xt}+yu_{xy}-xu_{xx}]+$$
$$(2uv+\omega v+u_t)[-v_x+(3y-2t)v_{xt}+yv_{xy}-xv_{xx}]+$$
$$u_{xx}[-u_x+(3y-2t)u_{xt}+yu_{xy}-xu_{xx}]+$$
$$v_{xx}[-v_x+(3y-2t)v_{xt}+yv_{xy}-xv_{xx}]+$$
$$u_x[-2u_{xx}+(3y-2t)u_{xxt}+yu_{xxy}-xu_{xxx}]+$$
$$v_x[-2v_{xx}+(3y-2t)v_{xxt}+yv_{xxy}-xv_{xxx}]\}=0 \tag{9-71}$$

9.6　本章小结

Maccari 系统可用以解释非线性光学、流体力学和量子场论等诸多领域中的孤波现象。本章研究了 Maccari 系统的 Lie 点对称、广义非线性自伴和守恒律。

对得到的周期波解和孤波解进行了 Lie 对称变换，发现负的群参数减小周期波的周期，而正的群参数增大周期。负的群参数让孤波变得更为陡峭，而正的群参数让孤波变得更为平坦。而且，调整群参数取值可以改变周期波和孤波的取向和传播方向。

第 10 章　GBK 系统的非局部对称与 CRE 分析

20 世纪 80 年代后期，Vinogradov 和 Krasil'shchik[114,214] 提出非局部对称的概念。随后，Bluman 和 Kumei[215] 开始利用非局部对称寻求非线性偏微分方程的线性变换。Akhatov 等人[216] 对热传导气体动力学方程的非局部对称进行了群分类并求得了特解。1992 年，Fushchych 和 Tychnin[217] 利用非局部对称将线性化方程进行了分类。除此之外，非局部对称还被广泛应用于可积系统和常微分方程的对称约化以及递归算子理论[116,131,216,218]。

作为局部对称的推广，非局部对称的无穷小函数中含有非局部变量，依赖于全局行为，通常由积分或隐函数表示。由积分形式表示的非局部变量称为势函数，相应的对称为势对称[219]，通常用来对给定的微分方程系统进行对称约化。由隐函数表示的非局部变量称为伪势，相应的对称为伪势对称[117,119]。引入非局部对称以后，人们可以得到更加丰富的对称约化和有限对称变换，从而有望得到更加丰富的解析解。但是，非局部对称的寻找和应用比局部对称更为复杂。非局部对称因含有积分项，相对应的初值问题是一个不封闭不适定的问题，往往不可解。因此，我们无法直接从非局部对称出发进行相似约化和构造系统的有限对称变换。在此情况下，本书引入一组辅助变量，在原系统的基础上构造出封闭的扩展系统，使得原系统的非局部对称成为扩展系统的 Lie 点对称，此过程称为非局部对称的局部化。

在 Lax 可积系统中，由 Lax 对导出的 Darboux 变换、Bäcklund 变换和双线性变换本质上就是有限对称变换。事实上，在可积系统中，通过 Darboux 变换、Möbius 变换、Bäcklund 变换、守恒律、递推算子及逆算子、Painlevé 截断展开等方式都可以构造出非局部对称。有研究结果表明，有些不同的变换只是同一种对称的不同表现形式而已，通过以上很多不同途径得到的非局部对称在本质上是相同的[220]。

非线性系统的 Painlevé 性质与多种可积性之间有着密切的联系[221-224]，

这使得 Painlevé 分析成为研究非线性系统可积性的有效工具。从 Painlevé 分析的一些中间结果可进一步研究非线性系统的其他可积性质[225-233]，如利用 Painlevé 截断展开构造非线性系统的 Painlevé 变换、Darboux 变换、Lax 对、守恒律、Hirota 双线性形式、相似解以及多孤波解等[234-239]。楼森岳由 Painlevé 截断展开导出了非局部对称[240-242]，称为留数对称。

本章主要研究广义 Broer-Kaup(generalized broer-kaup，GBK)系统[243]的非局部对称、CRE 可积性及 CTE 可积性。第 10.1 节简要介绍 GBK 系统的研究现状；第 10.2 节通过 Painlevé 截断展开法得到 GBK 系统的非局部对称并实现局部化，通过求解初值问题得到扩展系统的 Lie 对称变换；第 10.3 节研究 GBK 系统的 CRE 可积性及 CTE 可积性；第 10.4 节导出 GBK 系统的单孤波解、双共振孤波解和孤波-椭圆波相互作用解；第 10.5 节对本章进行小结。

10.1　GBK 系统的研究现状

Broer-Kaup(BK)系统可用于描述浅水长波的双向传播，从而引起了众多学者的关注。(1+1)维 BK 系统的一种形式为[244]

$$u_t = -u_{xx} + 2uu_x + 2v_x \tag{10-1a}$$

$$v_t = v_{xx} + 2(uv)_x \tag{10-1b}$$

楼森岳等人[244]研究了系统(10-1)的 CTE 可积性。另一方面，人们又从 KP 方程由 Darboux 变换相关的对称约化导出了(2+1)维可积 BK 系统[243]：

$$u_t = u_{xx} - 2uu_x - 2\rho_x \tag{10-2a}$$

$$v_t = -2v_{xx} - 2(uv)_x \tag{10-2b}$$

$$v_x = \rho_y \tag{10-2c}$$

随后，楼森岳等人导出了 Painlevé 可积的(2+1)维广义 BK(GBK)系统[245]：

$$u_t - u_{xx} + 2uu_x + \rho_x + \alpha\rho + \beta v = 0 \tag{10-3a}$$

$$v_t + 2(uv)_x + v_{xx} + 4\alpha(v_x - u_{xy}) + 4\beta(v_y - u_{yy}) + \gamma(v - 2u_y) = 0 \tag{10-3b}$$

$$\rho_y - v_x = 0 \tag{10-3c}$$

楼森岳等人[245]研究了系统(10-3)的 Painlevé 可积性，并利用 Painlevé

截断展开得出了一些多孤波解和多环型解。系统(10-3)可以简化为[246]

$$u_{yt}-u_{xxy}+2(uu_x)_y+v_{xx}+\alpha v_x+\beta v_y=0 \tag{10-4a}$$

$$v_t+2(uv)_x+v_{xx}+4\alpha(v_x-u_{xy})+4\beta(v_y-u_{yy})+\gamma(v-2u_y)=0 \tag{10-4b}$$

郑春龙[246]用投影法研究了系统(10-4)的分离变量解。

10.2 非局部对称

系统(10-4)存在如下 Painlevé 截断展开[245]：

$$u=u_0+\frac{u_1}{\phi} \tag{10-5a}$$

$$v=v_0+\frac{v_1}{\phi}+\frac{v_2}{\phi^2} \tag{10-5b}$$

其中，u_0、u_1、v_0、v_1、v_2 和 ϕ 都是关于 x、y 和 t 的函数。将式(10-5)代入方程(10-4)，合并关于 ϕ 的同类项，令 ϕ 的各次幂项系数为零，得到

$$u_0=-\frac{1}{2}\frac{\phi_{xx}+\phi_t+2\alpha\phi_x+2\beta\phi_y}{\phi_x} \tag{10-6a}$$

$$u_1=\phi_x \tag{10-6b}$$

$$v_0=\frac{(\phi_{xx}+\phi_t+2\beta\phi_y)\phi_{xy}}{\phi_x^2}-\frac{\phi_{xxy}+\phi_{yt}+2\beta\phi_{yy}}{\phi_x} \tag{10-6c}$$

$$v_1=2\phi_{xy} \tag{10-6d}$$

$$v_2=-2\phi_x\phi_y \tag{10-6e}$$

系统(10-4)最终化为如下 Schwartz 形式：

$$2\beta L_{xx}-M_{xx}-N_x=0 \tag{10-7}$$

方程(10-7)中：

$$L=\frac{\phi_y}{\phi_x},M=\frac{\phi_t}{\phi_x},N=\frac{\phi_{xxx}}{\phi_x}-\frac{3}{2}\frac{\phi_{xx}^2}{\phi_x^2} \tag{10-8}$$

方程(10-7)在 ϕ 的 Möbius 变换：

$$\phi\mapsto\frac{b_1+b_2\phi}{b_3+b_4\phi}\quad(b_1b_4\neq b_2b_3)$$

下保持形式不变，这意味着方程(10-7)具有 Lie 点对称：

$$\sigma^{\phi} = \kappa_0 + \kappa_1 \phi + \kappa_2 \phi^2 \tag{10-9}$$

其中，κ_0，κ_1 和 κ_2 为任意常数。选择：

$$\sigma^{\phi} = -\phi^2. \tag{10-10}$$

如果 ϕ 是方程(10-7)的解，则：

$$u = -\frac{1}{2}\frac{\phi_{xx} + \phi_t + 2\alpha\phi_x + 2\beta\phi_y}{\phi_x} \tag{10-11a}$$

$$v = \frac{(\phi_{xx} + \phi_t + 2\beta\phi_y)\phi_{xy}}{\phi_x^2} - \frac{\phi_{xxy} + \phi_{yt} + 2\beta\phi_{yy}}{\phi_x} \tag{10-11b}$$

为系统(10-4)的一个解。式(10-11)的线性化系统为

$$\sigma^u = \frac{(2\alpha\phi_x + 2\beta\phi_y + \phi_t + \phi_{xx})\phi_x^{\phi}}{2\phi_x^2} - \frac{2\alpha\phi_x^{\phi} + 2\beta\phi_y^{\phi} + \phi_t^{\phi} + \phi_{xx}^{\phi}}{2\phi_x} \tag{10-12a}$$

$$\begin{aligned}\sigma^v = &-\frac{2(2\beta\phi_y + \phi_t + \phi_{xx})\phi_{xy}\sigma_x^{\phi}}{\phi_x^3} + \frac{(2\beta\phi_y + \phi_t + \phi_{xx})\sigma_{xy}^{\phi}}{\phi_x^2} \\ &+ \frac{(2\beta\phi_{yy} + \phi_{yt} + \phi_{xxy})\sigma_x^{\phi}}{\phi_x^2} + \frac{\phi_{xy}(2\beta\sigma_y^{\phi} + \sigma_t^{\phi} + \sigma_{xx}^{\phi})}{\phi_x^2} \\ &- \frac{2\beta\sigma_{yy}^{\phi} + \sigma_{yt}^{\phi} + \sigma_{xxy}^{\phi}}{\phi_x}\end{aligned} \tag{10-12b}$$

将式(10-10)代入式(10-12)得到系统(10-4)的如下非局部对称：

$$\sigma^u = \phi_x, \sigma^v = 2\phi_{xy} \tag{10-13}$$

为了将非局部对称(10-13)局部化，引入辅助变量：

$$p = \phi_x, q = \phi_y, r = \phi_{xy}. \tag{10-14}$$

本节将系统(10-4)的非局部对称(10-13)化为由系统(10-4)，方程组(10-11)和式(10-14)所构成扩展系统的 Lie 点对称：

$$\sigma^u = p \tag{10-15a}$$

$$\sigma^v = 2r \tag{10-15b}$$

$$\sigma^{\phi} = -\phi^2 \tag{10-15c}$$

$$\sigma^q = -2\phi q \tag{10-15d}$$

$$\sigma^r = -2(pq + \phi r) \tag{10-15e}$$

相应的无穷小生成子为

$$\mathbf{V} = p\frac{\partial}{\partial u} + 2r\frac{\partial}{\partial v} - \phi^2\frac{\partial}{\partial \phi} - 2\phi p\frac{\partial}{\partial p} - 2\phi q\frac{\partial}{\partial q} - 2(pq + \phi r)\frac{\partial}{\partial r} \tag{10-16}$$

根据矢量场(10-16),可以得到以下初值问题:

$$
\begin{aligned}
&\frac{\partial\,\bar{u}(\varepsilon)}{\partial\varepsilon} = \bar{p}(\varepsilon),\bar{u}(0) = u \\
&\frac{\partial\,\bar{v}(\varepsilon)}{\partial\varepsilon} = 2\,\bar{r}(\varepsilon),\bar{v}(0) = v \\
&\frac{\partial\,\bar{\phi}(\varepsilon)}{\partial\varepsilon} = -\,\bar{\phi}^2(\varepsilon),\bar{\phi}(0) = \phi \\
&\frac{\partial\,\bar{p}(\varepsilon)}{\partial\varepsilon} = -\,2\,\bar{\phi}(\varepsilon)\,\bar{p}(\varepsilon),\bar{p}(0) = p \\
&\frac{\partial\,\bar{q}(\varepsilon)}{\partial\varepsilon} = -\,2\,\bar{\phi}(\varepsilon)\,\bar{q}(\varepsilon),\bar{q}(0) = q \\
&\frac{\partial\,\bar{R}(\varepsilon)}{\partial\varepsilon} = -\,2[\bar{p}(\varepsilon)\,\bar{q}(\varepsilon) + \bar{\phi}(\varepsilon)\,\bar{r}(\varepsilon)],\bar{r}(0) = r
\end{aligned}
\tag{10-17}
$$

求解初值问题(10-17),得到对称变换:

$$
\begin{aligned}
&\bar{u}(\varepsilon) = u + \frac{\varepsilon p.}{1+\varepsilon\phi} \\
&\bar{v}(\varepsilon) = v + \frac{2\varepsilon(r - pq\varepsilon + r\varepsilon\phi)}{(1+\varepsilon\phi)^2} \\
&\bar{\phi}(\varepsilon) = \frac{\phi}{1+\varepsilon\phi} \\
&\bar{p}(\varepsilon) = \frac{p}{(1+\varepsilon\phi)^2} \\
&\bar{q}(\varepsilon) = \frac{q}{(1+\varepsilon\phi)^2} \\
&\bar{r}(\varepsilon) = \frac{r - 2pq\varepsilon + r\varepsilon\phi}{(1+\varepsilon\phi)^3}
\end{aligned}
\tag{10-18}
$$

若$\{u,v,\phi,p,q,r\}$为由式(10-4)、式(10-11)和式(10-14)构成的扩展系统的解,则由式(10-18)得到的$\{\bar{u}(\varepsilon),\bar{v}(\varepsilon),\bar{\phi}(\varepsilon),\bar{p}(\varepsilon),\bar{q}(\varepsilon),\bar{r}(\varepsilon)\}$也是该扩展系统的解。运用对称变换(10-18),可以由已知解得到更丰富的解。

10.3　CRE 可积性与 CTE 可积性

10.3.1　CRE 可积性

假设系统(10-4)的解具有如下形式：

$$u = u_0 + u_1 R(\omega) \tag{10-19a}$$

$$v = v_0 + v_1 R(\omega) + v_2 R^2(\omega) \tag{10-19b}$$

其中,u_0、u_1、v_0、v_1、v_2 和 ω 都是关于 x、y 和 t 的函数。函数 $R(\omega)$ 满足Riccati方程：

$$R_\omega = a_0 + a_1 R + a_2 R^2 \tag{10-20}$$

其中,a_0、a_1 和 a_2 为常数。将式(10-19)和式(10-20)代入系统(10-4),合并关于 ω 的同类项,令 ω 的各次幂项系数为零,得到

$$u_0 = -\frac{1}{2\omega_x}(2\alpha\omega_x + 2\beta\omega_y + \omega_t + \omega_{xx} + a_1\omega_x^2) \tag{10-21a}$$

$$u_1 = -a_2\omega_x \tag{10-21b}$$

$$\begin{aligned} v_0 = &\frac{1}{\omega_x^2}(2\beta\omega_y + \omega_t + \omega_{xx})\omega_{xy} - \\ &\frac{1}{\omega_x}(2\beta\omega_{yy} + \omega_{yt} + \omega_{xxy} + a_1\omega_x\omega_{xy} + 2a_0a_2\omega_x^2\omega_y) \end{aligned} \tag{10-21c}$$

$$v_1 = -2a_1a_2\omega_x\omega_y - 2a_2\omega_{xy} \tag{10-21d}$$

$$v_2 = -2a_2^2\omega_x\omega_y \tag{10-21e}$$

且函数 ω 满足约束条件：

$$\begin{aligned} &4\beta^2(LL_x - L_y)_y + 2\beta[(LM)_x - (L_t + L_{xy} + M_y)]_y + \\ &(MM_x)_y - (M_t + M_{xx})_y - 2\beta L_{xxy} - M_{xxy} + \\ &4\beta a_0a_2(L\omega_x\omega_y)_x + 2\beta a_1(L\omega_x)_{xy} + 2a_0a_1(M\omega_x\omega_y)_x + \\ &a_1(M\omega_x)_{xy} - 8\beta a_0a_2(\omega_x\omega_y)_y - 4\alpha a_0a_2(\omega_x\omega_y)_x + \\ &4a_0a_1a_2\omega_x\omega_{xx} - 2a_0a_2(\omega_x\omega_y)_t - 2a_0a_2(\omega_x\omega_{xx})y + \\ &a_1^2(\omega_x\omega_{xy})_x + 2a_0a_1a_2\omega_x^2\omega_{xy} - \\ &a_1\omega_{xyt} - 2\beta a_1\omega_{xyy} - 2\gamma a_0a_2\omega_x\omega_y - N_{xy} = 0 \end{aligned} \tag{10-22}$$

式(10-22)中：

$$L = \frac{\omega_y}{\omega_x}, M = \frac{\omega_t}{\omega_x}, N = \frac{\omega_{xxx}}{\omega_x} - \frac{3}{2}\frac{\omega_{xx}^2}{\omega_x^2} \tag{10-23}$$

如果 ω 满足方程(10-22),则满足式(10-19)的$\{u,v\}$为系统(10-4)的解。由以上分析可知,GBK 系统(10-4)具有 CRE 可积性。

10.3.2 CTE 可积性

在式(10-19)中,选取:

$$R(\omega) = \tanh(\omega) \tag{10-24}$$

和

$$a_0 = 1, a_1 = 0, a_2 = -1 \tag{10-25}$$

系统(10-4)具有如下形式的解:

$$u = u_0 + u_1 \tanh(\omega) \tag{10-26a}$$

$$v = v_0 + v_1 \tanh(\omega) + v_2 \tanh^2(\omega) \tag{10-26b}$$

式(10-26)中:

$$u_0 = -\frac{1}{2\omega_x}(2\alpha\omega_x + 2\beta\omega_y + \omega_t + \omega_{xx}) \tag{10-27a}$$

$$u_1 = \omega_x \tag{10-27b}$$

$$v_0 = \frac{1}{\omega_x^2}(2\beta\omega_y + \omega_t + \omega_{xx})\omega_{xy} - \frac{1}{\omega_x}(2\beta\omega_{yy} + \omega_{yt} + \omega_{xxy} - 2\omega_x^2\omega_y) \tag{10-27c}$$

$$v_1 = 2\omega xy \tag{10-27d}$$

$$v_2 = -2\omega_x\omega_y \tag{10-27e}$$

这表明系统(10-4)是 CTE 可积的。

10.4 解析解

10.4.1 孤波解

1. 单孤波解

寻求系统(10-4)的单孤波解有多条途径,可以从 Painlevé 分析中的奇异流形出发，也可以利用 CRE 和 CTE 方法。

选取方程(10-7)的一个解：

$$\phi(x,y,t) = 1 + \exp(k_1 x + l_1 y + m_1 t) \tag{10-28}$$

将式(10-28)代入式(10-5)和式(10-6)得到系统(10-4)的单孤波解：

$$u = \frac{1}{2}\left[-2\alpha - \frac{2\beta l_1 + m_1}{k_1} + \frac{k_1(e^{k_1 x + l_1 y + m_1 t} - 1)}{e^{k_1 x + l_1 y + m_1 t} + 1}\right] \tag{10-29a}$$

$$v = \frac{2k_1 l_1 e^{k_1 x + l_1 y + m_1 t}}{(e^{k_1 x + l_1 y + m_1 t} + 1)^2} \tag{10-29b}$$

Riccati 方程(10-20)有如下解：

$$R(\omega) = -\frac{1}{2a_2}\left[\sqrt{a_1^2 - 4a_0 a_2}\tanh\left(\frac{1}{2}\sqrt{a_1^2 - 4a_0 a_2}\,\omega\right) + a_1\right] \tag{10-30}$$

将式(10-21)、式(10-28)及式(10-30)代入式(10-19)，可得到系统(10-4)的单孤波解：

$$u = \frac{1}{2}k_1\left\{\sqrt{a_1^2 - 4a_0 a_2}\tanh\left[\frac{1}{2}\sqrt{a_1^2 - 4a_0 a_2}(k_1 x + l_1 y + m_1 t + n_1)\right] + a_1\right\} - \frac{a_1 k_1^2 + 2\alpha k_1 + 2\beta l_1 + m_1}{2k_1} \tag{10-31a}$$

$$v = -\frac{1}{2}k_1 l_1\left\{\sqrt{a_1^2 - 4a_0 a_2}\tanh\left[\frac{1}{2}\sqrt{a_1^2 - 4a_0 a_2}(k_1 x + l_1 y + m_1 t + n_1)\right] + a_1\right\}^2 + a_1 k_1 l_1\left\{\sqrt{a_1^2 - 4a_0 a_2}\tanh\left[\frac{1}{2}\sqrt{a_1^2 - 4a_0 a_2}(k_1 x +_1 y + m_1 t + ln_1)\right] + a_1\right\} - 2a_0 a_2 k_1 l_1 \tag{10-31b}$$

选取方程(10-7)的一个简单线孤波解：

$$\omega = k_1 x + l_1 y + m_1 t + n_1 \tag{10-32}$$

其中，k_1、l_1、m_1 和 n_1 为任意常数。将式(10-32)代入式(10-27)和式(10-26)，可得到系统(10-4)的单孤波解：

$$u = k_1\tanh(k_1 x + l_1 y + m_1 t + n_1) - \frac{2\alpha k_1 + 2\beta l_1 + m_1}{2k_1} \tag{10-33a}$$

$$v=-2k_1l_1\tanh^2(k_1x+l_1y+m_1t+n_1)+2k_1l_1 \tag{10-33b}$$

2. 多共振孤波解

为了求系统(10-4)的多共振孤波解,假设方程(10-7)具有如下形式的解:

$$\phi(x,y,t)=1+\sum_{j=1}^{N}\exp(k_jx+l_jy+m_jt) \tag{10-34}$$

其中,k_j、l_j 和 m_j 为待定常数。将式(10-34)代入方程(10-7)可确定这些常数的关系。再将式(10-34)代入式(10-5)和式(10-6)可得系统(10-4)的 N 共振孤波解。

下面尝试求双共振孤波解。假设方程(10-7)具有如下形式的解:

$$\phi(x,y,t)=1+\exp(k_1x+l_1y+m_1t)+\exp(k_2x+l_2y+m_2t) \tag{10-35}$$

其中,k_1、l_1 和 m_1 为任意常数;k_2、l_2 和 m_2 为待定常数。将式(10-35)代入方程(10-7),考虑式(10-5)和式(10-6),即可得到系统(10-4)的以下双共振孤波解。

情形 1:$l_2=l_1$。

$$\begin{aligned}u=&\frac{1}{e^{k_1x+l_1y+m_1t}+e^{k_2x+l_1y+m_2t}+1}\Big[k_1e^{k_1x+l_1y+m_1t}+k_2e^{k_2x+l_1y+m_2t}-\\&\frac{1}{2(k_1e^{k_1x+m_1t}+k_2e^{k_2x+m_2t})}(e^{k_1x+l_1y+m_1t}+e^{k_2x+l_1y+m_2t}+1)\\&(2\beta l_1e^{k_1x+m_1t}+2\beta l_1e^{k_2x+m_2t}+2\alpha k_1e^{k_1x+m_1t}+\\&2\alpha k_2e^{k_2x+m_2t}+k_1^2e^{k_1x+m_1t}+k_2^2e^{k_2x+m_2t}+\\&m_1e^{k_1x+m_1t}+m_2e^{k_2x+m_2t})\Big]\end{aligned} \tag{10-36a}$$

$$v=\frac{2l_1e^{l_1y}(k_1e^{k_1x+m_1t}+k_2e^{k_2x+m_2t})}{(e^{k_1x+l_1y+m_1t}+e^{k_2x+l_1y+m_2t}+1)^2} \tag{10-36b}$$

解(10-36)所对应双共振孤波的形状和传播特性如图 10-1 所示。

情形 2:$m_2=\dfrac{-2\beta k_1l_2+2\beta k_2l_1+k_2m_1+k_2k_1^2-k_2^2k_1}{k_1}$

$$\begin{aligned}u=&\frac{k_2e^{\frac{k_2t(2\beta l_1+m_1)}{k_1}+k_1k_2t+k_2x+l_2(y-2\beta t)}}{e^{\frac{k_2t(2\beta l_1+m_1)}{k_1}+k_1k_2t+k_2x+l_2(y-2\beta t)}+e^{k_2^2t+k_1x+l_1y+m_1t}+e^{k_2^2t}}-\frac{2\beta l_1+m_1}{2k_1}+\\&\frac{k_1\left[-e^{\frac{k_2t(2\beta l_1+m_1)}{k_1}+k_1k_2t+k_2x+l_2(y-2\beta t)}+e^{k_2^2t+k_1x+l_1y+m_1t}-e^{k_2^2t}\right]}{2\left[e^{\frac{k_2t(2\beta l_1+m_1)}{k_1}+k_1k_2t+k_2x+l_2(y-2\beta t)}+e^{k_2^2t+k_1x+l_1y+m_1t}+e^{k_2^2t}\right]}-\alpha\end{aligned} \tag{10-37a}$$

$$
v=\frac{1}{\left[\mathrm{e}^{\frac{k_2 t(2\beta l_1+m_1)}{k_1}+k_2^2(-t)+k_1 k_2 t+k_2 x+l_2(y-2\beta t)}+\mathrm{e}^{k_1 x+l_1 y+m_1 t}+1\right]^2}
$$

$$
\left\{2\mathrm{e}^{-t(k_2^2+2\beta l_2)}\left[(k_2(l_2-l_1)\mathrm{e}^{k_1 x+l_1 y+m_1 t}+k_2 l_2)\mathrm{e}^{\frac{k_2 t(2\beta l_1+m_1)}{k_1}+k_1 k_2 t+k_2 x+l_2 y}+\right.\right.
$$

$$
\left.\left.k_1\mathrm{e}^{l_1 y+m_1 t}\left((l_1-l_2)\mathrm{e}^{\frac{k_2 t(2\beta l_1+m_1)}{k_1}+k_1(k_2 t+x)+k_2 x+l_2 y}+l_1\mathrm{e}^{k_2^2 t+k_1 x+2\beta l_2 t}\right)\right]\right\} \tag{10-37b}
$$

解(10-37)所对应双共振孤波的形状和传播特性如图 10-2 所示。

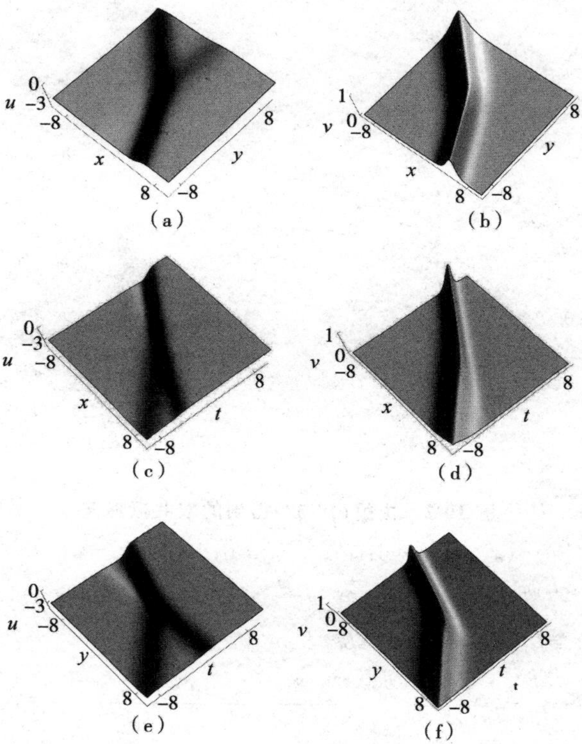

图 10-1　由解(10-36)得到的双共振孤波

(a),(b):$t=0$;(c),(d):$y=0$;(e),(f):$x=0$;

参数取值:$k_1=1,l_1=1,m_1=1,k_2=2,m_2=3,\alpha=1,\beta=1$

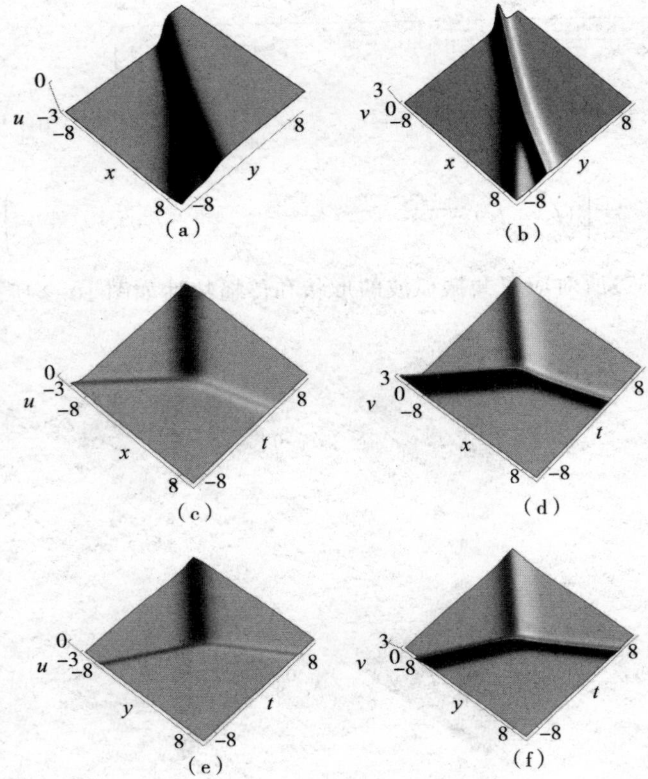

图 10-2　由解(10-37)得到的双共振孤波

(a),(b):$t=0$;(c),(d):$y=0$;(e),(f):$x=0$;

参数取值:$k_1=1, l_1=1, m_1=1, k_2=2, l_2=3, \alpha=1, \beta=1$

情形 3:$k_2=k_1, m_2=2\beta l_1-2\beta l_2+m_1$

$$u=\frac{k_1\left[e^{k_1 x+t(2\beta l_1-2\beta l_2+m_1)+l_2 y}+e^{k_1 x+l_1 y+m_1 t}-1\right]}{2\left[e^{k_1 x+t(2\beta l_1-2\beta l_2+m_1)+l_2 y}+e^{k_1 x+l_1 y+m_1 t}+1\right]}-\frac{2\beta l_1+m_1}{2k_1}-\alpha \tag{10-38a}$$

$$v=\frac{2k_1 e^{k_1 x+m_1 t}\left[l_2 e^{2\beta l_1 t+l_2(y-2\beta t)}+l_1 e^{l_1 y}\right]}{\left[e^{k_1 x+t(2\beta l_1-2\beta l_2+m_1)+l_2 y}+e^{k_1 x+l_1 y+m_1 t}+1\right]^2} \tag{10-38b}$$

解(10-38)所对应双共振孤波的形状和传播特性如图 10-3 所示。

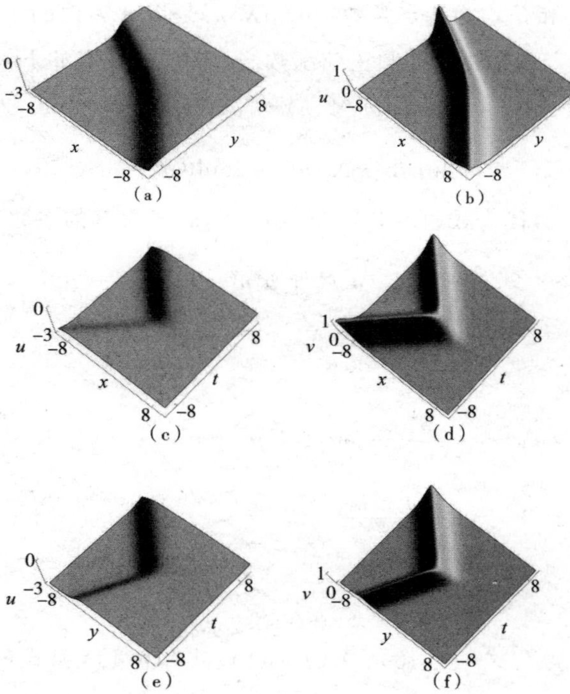

图 10-3　由解(10-38)得到的双共振孤波

(a),(b):$t=0$;(c),(d):$y=0$;(e),(f):$x=0$;参数取值:$k_1=1,l_1=1,m_1=1,l_2=2,\alpha=1,\beta=1$

观察图 10-1、图 10-2 和图 10-3,发现以上三种双共振孤波具有不同的形态。

10.4.2　孤波-椭圆波相互作用解

为了构造孤波与椭圆波的相互作用解,在式(10-26)中选取:

$$\omega = k_1 x + l_1 y + m_1 t + W(X),(X = k_2 x + l_2 y + m_2 t) \tag{10-39}$$

满足:

$$W_1 = W_X \tag{10-40a}$$

$$W_{1X}^2 = c_0 + c_1 W_1 + c_2 W_1^2 + c_3 W_1^3 + c_4 W_1^4 \tag{10-40b}$$

设 W 满足:

$$W_1 = \mu_0 + \mu_1 \operatorname{sn}(mX,n) \tag{10-41}$$

从而有

$$W = \mu_0 X + \mu_1 \int_{X_0}^{X} \operatorname{sn}(mY,n)\mathrm{d}Y \tag{10-42}$$

其中，μ_0、μ_1、m 和 n 均为待定常数；$\mathrm{sn}(mX,n)$是以 n 为模的 Jacobi 椭圆正弦函数，且 $0\leqslant n\leqslant 1$。Jacobi 椭圆正弦函数 $\mathrm{sn}(mX,n)$具有如下极限性质：

$$\lim_{x\to 0}\mathrm{sn}(mX,n)=\sin(mX) \tag{10-43a}$$

$$\lim_{x\to 1}\mathrm{sn}(mX,n)=\tanh(mX) \tag{10-43b}$$

将式(10-42)代入式(10-40)，令 $\mathrm{sn}(mX,n)$各次幂的系数为零，得到

$$c_0=-\frac{m^2}{\mu_1^2}(-n^2\mu_0^4+\mu_0^2\mu_1^2+n^2\mu_0^2\mu_1^2-\mu_1^4) \tag{10-44a}$$

$$c_1=-\frac{2m^2}{\mu_1^2}(2n^2\mu_0^3-\mu_0\mu_1^2-n^2\mu_0\mu_1^2) \tag{10-44b}$$

$$c_2=-\frac{m^2}{\mu_1^2}(-6n^2\mu_0^2+\mu_1^2+n^2\mu_1^2) \tag{10-44c}$$

$$c_3=-\frac{4m^2n^2\mu_0}{\mu_1^2} \tag{10-44d}$$

$$c_4=\frac{m^2n^2}{\mu_1^2} \tag{10-44e}$$

将式(10-39)、式(10-40)、式(10-41)、式(10-42)和式(10-44)代入式(10-26)和系统(10-4)，令 $\tanh(\omega)$各次幂项系数为零，得到以下约束关系：

$$l_2=0 \tag{10-45a}$$

$$m_2=\frac{2\beta k_2l_1+k_2m_1}{k_1}, \tag{10-45b}$$

$$\mu_0=-\frac{k_1}{k_2} \tag{10-45c}$$

$$m=\pm 2\sqrt{2}\mu_1 \tag{10-45d}$$

$$n=\frac{1}{2} \tag{10-45e}$$

不妨选择 $m=2\sqrt{2}\mu_1$ 将式(10-44)和式(10-45)代入式(10-39)、式(10-26)和式(10-27)得到孤波-椭圆波相互作用解：

$$u=-\alpha-\frac{2\beta l_1+m_1}{2k_1}-\sqrt{2}k_2\mu_1\frac{\mathrm{cn}\left(K,\frac{1}{2}\right)\mathrm{dn}\left(K,\frac{1}{2}\right)}{\mathrm{sn}\left(K,\frac{1}{2}\right)}+$$

$$k_2\mu_1\mathrm{sn}\left(K,\frac{1}{2}\right)\times\tanh\left\{\frac{1}{2}\ln\left[-\frac{\sqrt{2}}{2}\mathrm{cn}\left(K,\frac{1}{2}\right)+\mathrm{dn}\left(K,\frac{1}{2}\right)\right]\right.$$

$$+ l_1(y - 2\beta t)\bigg\} \tag{10-46a}$$

$$v = 2k_2 l_1 \mu_1 \operatorname{sn}\left(K, \frac{1}{2}\right) \times \operatorname{sech}^2\left\{\frac{1}{2}\ln\left[-\frac{\sqrt{2}}{2}\operatorname{cn}\left(K, \frac{1}{2}\right) + \operatorname{dn}\left(K, \frac{1}{2}\right)\right] + l_1(y - 2\beta t)\right\} \tag{10-46b}$$

式(10-46)中：

$$K = 2\sqrt{2}\,\frac{k_2 \mu_1}{k_1}[k_1 x + (2\beta l_1 + m_1)t] \tag{10-47}$$

解(10-46)给出的孤波-椭圆波的形状和传播特性如图 10-4 所示。不难看出，孤波-椭圆波融合了孤波的局部形状和椭圆波的周期性。

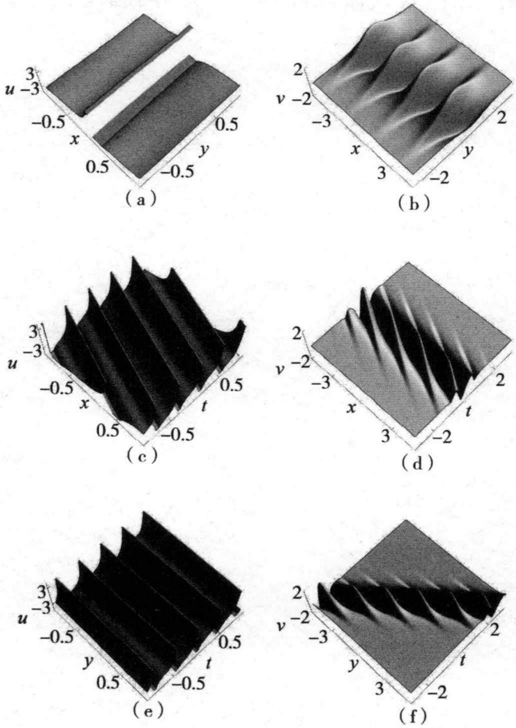

图 10-4　由解(10-46)得到的孤波-椭圆波

(a),(b):$t=0$;(c),(d):$y=0$;(e),(f):$x=0$;

参数取值:$k_1=1, l_1=1, m_1=1, k_2=1, \mu_1=1, \alpha=1, \beta=1, \gamma=1$

10.5 本章小结

BK 系统可用于描述浅水长波的双向传播。在深入研究 BK 系统的过程中,人们导出了 Painlevé 可积的 GBK 系统。本章研究了 GBK 系统的非局部对称、CRE 可积性及 CTE 可积性。

首先,通过 Painlevé 截断展开法得到 GBK 系统的非局部对称,引入若干辅助变量构造了扩展系统,将原系统的非局部对称局部化为扩展系统的 Lie 点对称。通过求解初值问题,得到扩展系统的有限对称变换。

然后,研究了 GBK 系统的 CRE 可积性及 CTE 可积性。导出了 GBK 系统的三种单孤波解、三种双共振孤波解和孤波-椭圆波相互作用解。

参考文献

[1] 张禾瑞. 近世代数基础(修订本)[M]. 北京:高等教育出版社,1978.

[2] 熊全淹. 近世代数(第3版)[M]. 武汉:武汉大学出版社,1990.

[3] Herstein I N. Abstract Algebra,3rd ed[M]. New Jersey:Wiley,1996.

[4] 熊金城. 点集拓扑讲义(第4版)[M]. 北京:高等教育出版社,2011.

[5] 尤承业. 基础拓扑学讲义[M]. 北京:北京大学出版社,1997.

[6] Munkres J R. 拓扑学(第二版)[M]. 熊金城,吕杰,谭枫,译. 北京:机械工业出版社,2013.

[7] Warner F W. Foundations of Differentiable Manifolds and Lie Groups [M]. New York:Springer,2010.

[8] 陈省身,陈维桓. 微分几何讲义(第2版)[M]. 北京:北京大学出版社,2001.

[9] Olver P J. Applications of Lie Groups to Differential Equations[M]. Springer,New York,1993.

[10] 田畴. 李群及其在微分方程中的应用[M]. 北京:科学出版社,2001.

[11] Lie S. On integration of a class of linear partial differential equations by means of definite integrals[J]. Archiv der Mathematik VI,1881,3:328-368.

[12] Humphreys J E. Introduction to Lie Algebras and Representation Theory[M]. New York:Springer,1972.

[13] Hall B C. Lie Groups,Lie Algebras,and Representations:An Elementary Introduction[M]. New York:Springer,2003.

[14] 庞小峰. 孤子物理学[M]. 成都:四川科学技术出版社,2003.

[15] 魏诺. 非线性科学基础与应用[M]. 北京:科学出版社,2004.

[16] 杨伯君,赵玉芳. 高等数学物理方法[M]. 北京:北京邮电大学出版社,2003.

[17] Chai J, Tian B, Zhen H L, et al. Dynamic behaviors for a perturbed nonlinear Schrödinger equation with the power-law nonlinearity in a non-Kerr medium[J]. Communications in Nonlinear Science and Numerical Simulation, 2017, 45: 93-103.

[18] Jia S L, Gao Y T, Zhao C, et al. Solitons, breathers and rogue waves for a sixth-order variable-coefficient nonlinear Schrödinger equation in an ocean or optical fiber[J]. The European Physical Journal Plus, 2017, 132: 34.

[19] Zuo D W, Gao Y T, Xue L, et al. Lax pair, rogue-wave and soliton solutions for a variable-coefficient generalized nonlinear Schrödinger equation in an optical fiber, fluid or plasma[J]. Optical and Quantum Electronics, 2016, 48: 76.

[20] Jin P, Bouman C A and Sauer K D. A model-based image reconstruction algorithm with simultaneous beam hardening correction for X-ray CT[J]. IEEE Transactions on Computational Imaging, 2015, 1: 200-216.

[21] 张解放,戴朝卿,王悦悦. 基于非线性薛定谔方程的畸形波理论及其应用[M]. 北京:科学出版社,2016.

[22] Ma W X, Zhou Y. Lump solutions to nonlinear partial differential equations viaHirota bilinear forms[J]. Journal of Differential Equations, 2018, 264(4): 2633-2659.

[23] Lou S Y, Hu X R, Yong C. Nonlocal symmetries related to Bäcklund transformation and their applications[J]. Journal of Physics A: Mathematical and Theoretical, 2012, 45: 155209.

[24] Gao X Y. Looking at a nonlinear inhomogeneous optical fiber through the gen-eralized higher-order variable-coefficient Hirota equation[J]. Applied Mathematics Letters, 2017, 73: 143-149.

[25] Gao X Y. Mathematical view with observational/experimental consideration oncertain (2+1)-dimensional waves in the cosmic/laboratory dusty plasmas[J]. Applied Mathematics Letters, 2019, 91: 165-172.

[26] Su J J, Gao Y T, Ding C C. Darboux transformations and roguewave

solutions of a generalized AB system for the geophysical flows[J]. Applied Mathematics Letters,2019,88:201-208.

[27] Wang G W,Xu T Z,Johnson S,et al. Solitons and Lie group analysis to an extended quantum Zakharov-Kuznetsov equation[J]. Astrophysics and Space Science,2014,23:317.

[28] Jia T T,Chai Y Z,Hao H Q. Multi-soliton solutions and Breathers for the general- ized coupled nonlinear Hirota equations via the Hirota method[J]. Superlattices and Microstructures,2017,105:172-182.

[29] Ding C C,Gao Y T,Hu L,et al. Soliton and breather interactions for a coupled system[J]. The European Physical Journal Plus,2018,133:406.

[30] Ding C C,Gao Y T,Su J J,et al. Vector semirational rogue waves for the cou- pled nonlinear Schrödinger equations with the higher-order effects in the elliptically birefringent optical fiber[J]. Waves in Random and Complex Media,2020,30:65-80.

[31] Su J J,Gao Y T. Solitons for a (2+1)-dimensional coupled nonlinear Schrodinger system with time-dependent coefficients in an optical fiber [J]. Waves in Random and Complex Media,2018,28(4):708-723.

[32] Jia T T,Gao Y T,Feng Y J,et al. On the quintic time-dependent coefficient derivative nonlinear Schrodinger equation in hydrodynamics or fiber optics[J]. Nonlinear Dynamics,2019,96(1):229.

[33] Zhao H Q,Ma W X. Mixed lump-kink solutions to the KP equation [J]. Computers and Mathematics with Applications,2017,74:1399-1405.

[34] Ma W X,Yong X L,Zhang H Q. Diversity of interaction solutions to the (2+1)- dimensional Ito equation[J]. Computers and Mathematics with Applications,2018,75:289-295.

[35] Baleanu D,Yusuf A,Aliyu A I. Time fractional third-order evolution equation:Sym-metry analysis,explicit solutions,and conservation laws [J]. Journal of Computational and Nonlinear Dynamics,2018,13(2):021011.

[36] Ibragimov N H. Nonlinear self-adjointness and conservation laws[J]. Journal of Physics A:Mathematical and Theoretical,2011,44:432002.
[37] Deng G F,Gao Y T,Gao X Y. Bäcklund transformation,infinitely-many conservation laws,solitary and periodic waves of an extended (3+1)-dimensional Jimbo-Miwa equation with time-dependent coefficients [J]. Waves in Random and Complex Media,2018,28(3):468.
[38] Benjamin T B,Olver P J. Hamiltonian structure,symmetries and conservation laws for water waves[J]. Journal of Fluid Mechanics,1982,125:137-185.
[39] 黄景宁,徐济仲,熊吟涛. 孤子概念、原理和应用[M]. 北京:高等教育出版社,2004.
[40] Russell J S. Report on waves[C]. Report of the 14th Meeting of the British Association for Advancement of Science,John Murray Press,London,1844,311-390.
[41] Remoissenet M. Waves Called Solitons[M]. Springer Press,1996.
[42] Agrawal G P. Nonlinear Fiber Optics,4th ed[M]. Academic,San Diego,2007.
[43] 谷超豪. 别有洞天-非线性科学[M]. 长沙:湖南科学技术出版社,2001.
[44] 陈登远. 孤子引论[M]. 北京:科学出版社,2006.
[45] Wigen P E. Nonlinear Phenomena,Chaos in Magnetic Materials[M]. World Scien- tific,Singapore,1994.
[46] Davydov A S. The Solitons in Molecular Systems,2nd ed[M]. Reidel,Dordrecht,1991.
[47] Polyanin A D,Zaitsev V F. Handbook of Nonlinear Partial Differential Equations[M]. CRC Press,Boca Raton,2004.
[48] Sabry R,Moslem W M,El-Shamy E F,et al. Three-dimensional nonlinear Schrödinger equation in electron-positron-ion magnetoplasmas[J]. Physics of Plas- mas,2011,18(3):032302.
[49] 黄念宁,陈宗蕴. 光纤孤子理论基础[M]. 武汉:武汉大学出版社,1991.
[50] Peng J S,Boscolo S,Zhao Z H,et al. Breathing dissipative solitons in mode-locked fiber lasers[J]. Science Advances,2019,5:11.

[51] Kharif C,Pelinovsky E. Physical Mechanisms of the Rogue Wave Phenomenon[J]. European Journal of Mechanics B-Fluids,2003,22:603-634.

[52] Solli D R,Ropers C,Knoonath P,et al. Optical rogue waves[J]. Nature,2007,450:1054-1057.

[53] Kibler B,Fatome J,Finot C,et al. The Peregrine soliton in nonlinear fibre optics[J]. Nature Physics,2010,6(10):790-795.

[54] Finot C,Hammani K,Fatome J,et al. Selection of extreme events generated in Raman fiber amplifiers through spectral offset filtering[J]. IEEE Journal of Quantum Electronics,2010,46:205.

[55] He J,Xu S,Porsezian K. New types of roguewave in an erbium-doped fibre system[J]. Journal of the Physical Society of Japan,2012,81:033002.

[56] Aknmediev N,Dudley J M,Solli D R,et al. Recent progress in investigating optical rogue waves[J]. Journal of Optics,2013,15,060201:1-9.

[57] Baronio F,Degasperis A,Conforti M,et al. Solutions of the vector nonlinear Schrödinger equations: evidence for deterministic rogue waves [J]. Physical Review Letters,2012,109:044102.

[58] Bludov Y V,Konotop V V,Akhmediev N. Matter rogue waves[J]. Physical Review A,2009,80:033610.

[59] Ganshin A N,Mov V B E,Kolmakov G V,et al. Observation of an inverse energy cascade in developed acoustic turbulence in superfluid helium[J]. Physical Review Letters,2008,101:1-4.

[60] Moslem W M,Shukla P K,Eliasson B. Surface plasma rogue waves [J]. Europhysics Letters,2011,96:25002.

[61] Shats M,Punzmann H,Xia H. Capillary roguewaves[J]. Physical review letters,2010,104:104503.

[62] Aknmediev N,Pelinovsky E. Editorial-Introductory remarks on "Discussion & De-bate: Rogue waves-Towards a unifying Concept?"[J]. European Physical Journal-Special Topics,2010,185:1-4.

[63] Ankiewicz A,Devine N,Akhmediev N. Are roguewaves robust against

perturba-tions[J]. Physics Letters A,2009,373:3997-4000.

[64] Ankiewicz A,Clarkson P A,Akhmediev N. Roguewaves,rational solutions,the patterns of their zeros and integral relations[J]. Journal of Physics A,2010,43:122002.

[65] Peterson P,Soomere T,Engelbrecht J,et al. Soliton interaction as a possible model for extreme waves in shallow water[J]. Nonlinear Processes in Geophysics,2003,10:503-510.

[66] 郭睿. 若干非线性模型光孤子解析理论[M]. 北京:中国矿业大学出版社,2018.

[67] Hirota R. Exact envelope-soliton solutions of a nonlinear wave equation[J]. Journal ofMathematical Physics,1973,14:805-809.

[68] Hirota R. A new form of Bäcklund transformations and its relation to the inversescattering problem[J]. Progress of Theoretical Physics Supplement,1974,52:1498-1512.

[69] Darboux G. Sur une proposition relative aux équations linéaires[J]. Comptes Rendus de l'Académie des Sciences. Série I. Mathématique. Académie des Sciences,Paris,1882,94:1456-1459.

[70] 谷超豪,胡和生,周子翔. 孤立子理论中的 Darboux 变换及其几何应用[M]. 上海: 上海科技出版社,1999.

[71] Ablowitz M J,Ramani A,Segur H. A connection between nonlinear evolution e-quations and ordinary differential equations of P-type. I [J]. Journal of Mathematical Physics,1980,21:715-721.

[72] Liu S,Fu Z,Liu S,et al. Jacobi elliptic function expansion method and periodic wave solutions of nonlinear wave equations[J]. Physics Letters A,2001,289:69-74.

[73] 刘式适,刘式达. 物理学中的非线性方程[M]. 北京:北京大学出版社,2002.

[74] Wang M,Zhou Y,Li Z. Application of a homogeneous balance method to exact solutions of nonlinear equations in mathematical physics[J]. Physics Letters A,1996,216:67-75.

[75] Freeman N C,Nimmo J J C. Soliton solutions of the Korteweg-de Vries

and Kadomtsev-Petviashvili equations: The Wronskian technique[J]. Physics Letters A,1983,95:1-3.

[76] Freeman N C. Soliton solutions of nonlinear evolution equations[J]. IMA Journal of applied Mathematics,1984,32:125-145.

[77] Hirota R,Satsuma J. Avariety of nonlinear network equations generated from the Bäcklund transformation for the Toda lattice[J]. Progress of Theoretical Physics Supplement,1976,59:64-100.

[78] Ankiewicz A, Soto-Crespo J M, Akhmediev N. Rogue waves and rational solutions of the Hirota equation[J]. Physical Review E,2010, 81:046602.

[79] Guo B L,Ling M L,Liu Q P. Nonlinear Schrödinger equation:Generalized Darbouxtransformation and rogue wave solutions[J]. Physical Review E,2012,85:026607.

[80] Weiss J,Tabor M,Carnevale G. The Painlevé property for partial differential equa-tions[J]. Journal of Mathematical Physics,1983,24:522-526.

[81] Newell A C,Tabor M,Zeng Y B. A unified approach to Painlevé expansions[J]. Physica D,1987,29:1-68.

[82] Lü X,Li J,Zhang H Q,et al. Integrability aspects with optical solitons of a gen-eralized variable-coefficient N-coupled higher order nonlinear Schrödinger system from inhomogeneous optical fibers[J]. Journal of Mathematical Physics,2010,51(4):043511.

[83] Özemir C,Güngö F. On integrability of variable coefficient nonlinear Schrödingerequations[J]. Reviews in Mathematical Physics,2012,24: 1250015.

[84] Steeb W H,Kloke M,Spieker B M. Nonlinear Schrödinger equation, Painlevé test,Bäcklund transformation and solutions[J]. Journal of Physics A:Mathematical and General,1984,17:L825-L829.

[85] 张海强. 基于计算机符号计算研究非线性模型的可积性质及其物理应用[D]. 北京:北京邮电大学,2010.

[86] Lou S Y. Consistent Riccati expansion for integrable systems[J]. Stud-

ies in Applied Mathematics,2015,134:372-402.

[87] Huang L L,Chen Y. Nonlocal symmetry and similarity reductions for the Drinfeld-Sokolov-Satsuma-Hirota system[J]. Applied Mathematics Letters,2017,64:177-184.

[88] Huang L L,Chen Y. Nonlocal symmetry and exact solutions of the (2+1)-dimensional modified Bogoyavlenskii-Schiff equation[J]. Chinese Physics B,2016,25:060200.

[89] Chen J C,Ma Z Y. Consistent Riccati expansion solvability and soliton-cnoidal wave interaction solution of a (2+1)-dimensional Korteweg-de Vries equation[J]. Applied Mathematics Letters,2017,64:87-93.

[90] Hu X R,Chen Y. Nonlocalsymmetry,CRE solvability and exact interaction so-lutions of the asymmetric Nizhnik-Novikov-Veselov System [J]. Zeitschrift für Natur-forschung A,2015,70:729-737.

[91] Ren B. Interaction solutions for m KP equation with nonlocal symmetry reductions and CTE method[J]. Physica Scripta,2015,90:065206.

[92] WangY H,Wang H. Symmetry analysis and CTE solvability for the (2+1)-dimensional Boiti-Leon-Pempinelli equation[J]. Physica Scripta, 2014,89:125203.

[93] Wang Q,Chen Y,Zhang H Q. A new Riccati equation rational expansion method and its application to (2+1)-dimensional Burgers equation[J]. Chaos,Solitons and Fractals,2005,25:1019-1028.

[94] Hu X R,Li Y Q. Nonlocal symmetry and soliton-cnoidalwave solutions of the Bogoyavlenskii coupled KdV system[J]. Applied Mathematics Letters,2016,51:20-26.

[95] Cheng X P,Chen C L,Lou S Y. Interactions among different types of nonlinear waves described by the Kadomtsev-Petviashvili equation[J]. Wave Motion,2014,51:1298-1308.

[96] 陈登远,朱国城,李翊神. AKNS 型矩阵发展方程的新对称及其 Lie 代数[M]. 数学年刊 A 辑(中文版),1991,1:005.

[97] Ma W X. Extension of hereditary symmetry operators[J]. Journal of Physics A:Mathematical and General,1998,31(35):7279.

[98] Qu C. Group classification and generalized conditional symmetry reduction of the nonlinear diffusion-convection equation with a nonlinear source[J]. Studies in Applied Mathematics,1997,99(2):107-136.

[99] 闫振亚.复杂非线性波的构造性理论及其应用[M].北京:科学出版社,2007.

[100] Bluman G W,Cheviakov A F. Framework for potential systems and nonlocal symmetries:Algorithmic approach[J]. Journal of Mathematical Physics,2005,46:123506.

[101] Lou S Y. Integrable models constructed from the symmetries of the modified KdV equation[J]. Physics Letters B,1993,302:261.

[102] Ma W X,Chen M. Do symmetry constraints yield exact solutions?[J]. Chaos,Solitons & Fractals,2007,32:1513.

[103] Baleanu D, Yusuf A, Aliyu A I. Optical solitons, nonlinear self-adjointness and conservation laws for Kundu-Eckhaus equation[J]. Chinese journal of physics,2017,55:2341.

[104] Noether E. Invariant variations probleme[J]. Nachr. König. Gesell. Wissen. Göttingen,Math. Phys. Kl. ,1918,235-257.

[105] Ovsiannikov L V. Groups and invariant-group solutions of differential equations[J]. Doklady Akademii Nauk Sssr,1958,118(3):439-442.

[106] Ovsiannikov L V. Group properties of differential equations[M]. Siberian Section of the Academy of Science of USSR,1962.

[107] Bluman G W,Cole J D. The general similarity solution of the heat equation[J]. Journal of Mathematics and Mechanics, 1969, 18(11): 1025-1042.

[108] Lakshmanan M,Tamizhmani K M. Lie-Bäcklund symmetries of certain nonlinear evolution equations under perturbation around their solutions[J]. Journal of mathe-matical physics,1985,26:1189-1200.

[109] Fokas A S,Fuchssteiner B. Bäcklund transformations for hereditary symmetries[J]. Nonlinear Theory Method and Applications,1981,5:423-432.

[110] Fuchssteiner B, Oevel W, Wiwianka W. Computer-Algebra methods

for investiga-tion of hereditary operators of higher order soliton equations[J]. Computer Physics Communications,1987,44:47-55.

[111] Clarkson P A. Nonclassical symmetry reductions of the Boussinesq equation[J]. Chaos,Solitons and Fractals,1995,5:2261-2301.

[112] Lou S Y,Ma H C. Non-Lie symmetry groups of (2+1)-dimensional nonlinear systems obtained from a simple direct method[J]. Journal of Physics A:Mathematical and General,2005,38:L129.

[113] Olver P J. Direct reduction and differential constraints[J]. Proceedings of the Royal Society A,1994,444:509-523.

[114] Vinogradov A M,Krasil'shchik I S. A method of calculating higher symmetriesof nonlinear evolutionary equations,and nonlocal symmetries[J]. Doklady Akademii Nauk SSSR,1980,253:1289-1293.

[115] Kapcov O V. Extension of the symmetry of evolution equations[J]. Doklady Akademii Nauk,1982,25:173-176.

[116] Guthrie G A,Hickman M S. Nonlocal symmetries of the KdV equation[J]. Journal of Mathematical Physics,1993,34:193-205.

[117] Galas F. New nonlocal symmetries with pseudopotentials[J]. Journal of Physics A:Mathematical and General,1992,25:L981.

[118] Anco S C,Bluman G W. Nonlocal symmetries and nonlocal conservation laws of Maxwell's equations[J]. Journal of Mathematical Physics,1997,38:3508-3532.

[119] Reyes E G. Nonlocal symmetries and the Kaup-Kupershmidt equation [J]. Journal of Mathematical Physics,2005,46:073507.

[120] Reyes E G. Pseudo-potentials,nonlocal symmetries and integrability of some shal-low water equations[J]. Selecta Mathematica,2006,12:241-270.

[121] Reyes E G. On nonlocal symmetries of some shallow water equations [J]. Journal of Physics A:Mathematical and General,2007,40:4467-4476.

[122] Lou S Y,Hu X B. Nonlocal Lie-Bäcklund symmetries and Olver symmetries of the KdV equation[J]. Chinese Physics Letters,1993,10:

577-580.

[123] Lou S Y, Hu X B. Infinitely many symmetries of the Davey-Stewartson equation[J]. Journal of Physics A: Mathematical and General, 1994, 27: L207-L212.

[124] Lou S Y, Hu X B. Infinitely many Lax pairs and symmetry constraints of the KP equation[J]. Journal of Mathematical Physics, 1997, 38: 6401-6427.

[125] Lou S Y, Hu X B. Nonlocal symmetries via Darboux transformations [J]. Journal of Physics A: Mathematical and General, 1997, 30: L95-L100.

[126] Hu X R, Lou S Y, Chen Y. Explicit solutions from eigenfunction symmetry of the Korteweg de-Vries equation[J]. Physical Review E, 2012, 85: 056607.

[127] Lou S Y, Hu X R, Chen Y. Nonlocal symmetries related to Bäcklund transformation and and their applications[J]. Journal of Physics A: Mathematical and Theoret-ical, 2012, 45: 155209.

[128] Xin X P, Chen Y. A Method to construct the nonlocal symmetries of nonlinear evolution equations[J]. Chinese Physics Letters, 2013, 30: 100202.

[129] Gao X N, Lou S Y, Tang X Y. Bosonization, singularity analysis, nonlocal sym-metry reductions and exact solutions of supersymmetric KdV equation[J]. Journal of High Energy Physics, 2013, 1305: 029.

[130] Lou S Y. Consistent Riccati expansion for integrable systems[J]. Studies in Applied Mathematics, 2015, 134: 372-402.

[131] Guthrie G A. Recursion operators and non-local symmetries[J]. Proceedings of theRoyal Society A, 1994, 446: 107-114.

[132] Lou S Y, Chen W Z. Inverse recursion operator of the AKNS hierarchy[J]. Physics Letters A, 1993, 179: 271-274.

[133] Lou S Y. Recursion operator and symmetry structure of the Kawamoto-type equation[J]. Physics Letters A, 1993, 181: 13-16.

[134] Chou K S, Qu C Z. Symmetry groups and separation of variables of a

class ofnonlinear diffusion-convection equations[J]. Journal of Physics A: Mathematical and General, 1999, 32: 6271.

[135] Qu C Z. Potential symmetries to systems of nonlinear diffusion equations[J]. Journal of Physics A: Mathematical and General, 2007, 40: 1757.

[136] Yan Z Y. Bäcklund transformation, non-local symmetry and exact solutions for (2+1)-dimensional variable coefficient generalized KP equations[J]. Communications in Nonlinear Science and Numerical Simulation, 2000, 5: 31-35.

[137] Bluman G W, Cheviakov A, Anco S C. Applications of symmetry methods to partial differential equations[M]. Springer, NewYork, 2010.

[138] Steudel H. Ü ber der Zuordnung zwischen lnvarianzeigenschaften und Erhal-tungssätzen[J]. Zeitschrift für Naturforschung A, 1962, 17(2): 129-132.

[139] Steudel H. Die Struktur der Invarianzgruppe für lineare Feldtheorien [J]. Zeitschrift für Natur-forschung A, 1966, 21(11): 1826-1828.

[140] Boyer T H. Continuous symmetries and conserved currents[J]. Annals of Physics, 1967, 42(3): 445-466.

[141] Benjamin T B, Olver P J. Hamiltonian structure, symmetries and conservation laws for waterwaves[J]. Journal of Fluid Mechanics, 1982, 125: 137-185.

[142] Anco S C, Bluman G W. Derivation of conservation laws from nonlocal symmetries of differential equations[J]. Journal of Mathematical Physics, 1996, 37(5): 2361-2375.

[143] Anco S C, Bluman G W. Direct construction of conservation laws from field equations[J]. Physical Review Letters, 1997, 78(15): 2869.

[144] Ibragimov N H, Kara A H, Mahomed F M. Lie-Bäcklund and Noether symmetries with applications[J]. Nonlinear Dynamics, 1998, 15(2): 115-136.

[145] Anco S C, Bluman G W. Direct construction method for conservation

laws ofpartial differential equations Part Ⅰ:Examples of conservation law classifications [J]. European Journal of Applied Mathematics, 2002,13(05):545-566.

[146] Anco S C,Bluman G W. Direct construction method for conservation laws of par-tial differential equations Part Ⅱ:General treatment[J]. European Journal of Applied Mathematics,2002,13(05):567-585.

[147] Kara A H,Mahomed F M. Noether-type symmetries and conservation laws via partial Lagrangians[J]. Nonlinear Dynamics,2006,45:367-383.

[148] Ibragimov N H. A new conservation theorem[J]. Journal of Mathematical Analysisand Applications,2007,333(1):311-328.

[149] Zhang Z Y,Xie L. Adjoint symmetry and conservation law of nonlinear diffu-sion equations with convection and source terms[J]. Nonlinear Analysis:Real World Applications,2016,32:301-313.

[150] Tytgat M,Van Thienen N,Reynaert P. A 90-GHz receiver in 40-nm CMOS for plastic waveguide links[J]. Analog Integrated Circuits and Signal Processing,2015,83:55-64.

[151] Meyer A, Krüger K, Schneider M. Dispersion-Minimized Rod and Tube Dielectric Waveguides at W-Band and D-Band Frequencies[J]. IEEE Microw. Wirel. Co. Lett. ,2018,28:555-557.

[152] Tehranian A, Ahmadi-boroujeni M, Abbaszadeh A. Achieving sub-wavelength field confinement in sub-terahertz regime by periodic metallo-dielectric waveguides[J]. Op-tics Express,2019,27:4226-4237.

[153] Amarloo H, Ranjkesh N, Safavi-Naeini S. Terahertz Silicon-BCB-Quartz Dielec-tric Waveguide: An Efficient Platform for Compact THz Systems [J]. IEEE Transac-tions on Terahertz Science and Technology,2018,8:201-208.

[154] Abu-elmaaty B E,Sayed M S,Pokharel R K,et al. General silicon-on-insulator higher-order mode converter based on substrip dielectric waveguides[J]. Applied Op-tics,2019,58:1763-1771.

[155] Infeld E,Rowlands G. Nonlinear Waves,Soliton and Chaos[M]. Cam-

bridge:Cam-bridge University Press,1990.

[156] Li Y,Shan W R,Shuai TP,et al. Bifurcation Analysis and Solutions of a High-er Order Nonlinear Schrodinger Equation. Mathematical Problems in Engineering,2015,2015:1-10.

[157] Wyller J,Flå T,Rasmussen J J. Classification of Kink Type Solutions to the Extended Derivative Nonlinear Schrödinger Equation[J]. Physica Scripta,1998,57:427.

[158] Lü X. Soliton behavior for a generalized mixed nonlinear Schrödinger model with N-fold Darboux transformation [J]. Chaos, 2013, 23: 033137.

[159] Clarkson P A. Dimensional reductions and exact solutions of a generalized non-linear Schrodinger equation[J]. Nonlinearity,1992,5:453 .

[160] Van Saarloos W,Hohenberg P C. Fronts,pulses,sources and sinks in generalized complex Ginzburg-Landau equations[J]. Physica D,1992, 56:303-367.

[161] Florjanczyk M,Gagnon L. Exact solutions for a higher-order nonlinear Schrödinger equation[J]. Physical Review A,1990,41:4478.

[162] Wang M L,Zhang J L,Li X Z. Solitary Wave Solutions of a Generalized Derivative Nonlinear Schrödinger Equation[J]. Communications in Theoretical Physics,2008,50:39-42.

[163] Lü X,Ma W X,Yu J,et al. Solitary waves with the Madelung fluid descrip-tion:A generalized derivative nonlinear Schrödinger equation [J]. Communications in Nonlinear Science and Numerical Simulation, 2016,31:40-46.

[164] Mousavi S A,Mulvad H C H,Wheeler N V,et al. Nonlinear dynamic of picosecond pulse propagation in atmospheric air-filled hollow core fibers[J]. Optics Express,2018,26:8866.

[165] Rashed A N Z,Kader H M A,Al-Awamry A A,et al. Transmission Performance Simulation Study Evaluation for High Speed Radio Over Fiber Communication Systems [J]. Wireless Personal Communications,2018,103:1765.

[166] Chakkravarthya S P, Arthia V, Karthikumarb S, et al. Ultra high transmission ca-pacity based on optical first order soliton propagation systems[J]. Results in Physics, 2019, 12: 512.

[167] Karasawa N, Nakamura S, Nakagawa N, et al. Comparison between theory and experiment of nonlinear propagation for a-few-cycle and ultrabroadband optical pulses in a fused-silica fiber[J]. IEEE Journal of Quantum Electronics, 2001, 37: 398.

[168] Dodd R K, Morris, H C, Eilkck J C, et al. Solitons and Nonlinear Wave Equations[M]. Academic Press, New York, 1982.

[169] Kamchatnov A M, Pavlov M V. Periodic solutions and Whitham equations for the AB system[J]. Journal of Physics A: Mathematical and General, 1995, 28: 3279 .

[170] Guo R, Hao H Q, Zhang L L. Dynamic behaviors of the breather solutions for the AB system in fluid mechanics[J]. Nonlinear Dynamics, 2013, 74: 701.

[171] Xie X Y, Tian B, Jiang Y, et al. Rogue-wave solutions for an inhomogeneous nonlinear system in a geophysical fluid or inhomogeneous optical medium[J]. Com-munications in Nonlinear Science and Numerical Simulation, 2016, 36: 266.

[172] Pedlosky J. Finite-amplitude baroclinic waves in a continuous model of the atmo-sphere[J]. Journal of the Atmospheric Sciences, 1979, 36: 1908.

[173] Tan B K, Boyd J P. Envelope Solitary Waves and Periodic Waves in the AB Equations[J]. Studies in Applied Mathematics, 2002, 109: 67-87.

[174] Li Y, Mu M. Baroclinic Instability in the Generalized Phillips' Model Part Ⅰ: Two-layer Model[J]. Advances in Atmospheric Sciences, 1996, 13: 389-398.

[175] Li Y. Baroclinic Instability in the Generalized Phillips' Model Part Ⅱ: Three-layer Model[J]. Advances in Atmospheric Sciences, 2000, 17: 413-432.

[176] Wu C F, Grimshaw R H J, Chow K W, et al. A coupled "AB" system: Rogue waves and modulation instabilities. Chaos, 2015, 25: 103-113.

[177] Feng Y J, Gao Y T, Yu X. Soliton dynamics for a nonintegrable model of light-colloid interactive fluids[J]. Nonlinear Dynamics, 2017, 91: 29-38.

[178] Wang L, Qi F H, Tang B, et al. Modulation instability and two types of non-autonomous rogue waves for the variable-coefficient AB system in fluid mechanics and nonlinear optics[J]. Modern Physics Letters B, 2016, 30: 1550264.

[179] 郭柏灵，丁时进. 自旋波与铁磁链方程[M]. 杭州：浙江科学技术出版社，2000.

[180] Scott A. Encyclopedia of nonlinear science[M]. Routledge, NewYork, 2005.

[181] Agrawal G P. Nonlinear Fiber Optics, 4th ed[M]. Academic, San Diego, 2007.

[182] Wigen P E. Nonlinear Phenomena, Chaos in Magnetic Materials[M]. World Scientific Publishing Company, Singapore, 1994.

[183] Sabry R, Moslem W M, El-Shamy E F, et al. Three-dimensional nonlinear Schrödinger equation in electron-positron-ion magnetoplasmas [J]. Physics of Plas-mas, 2011, 18: 032302.

[184] Polyanin A D, Zaitsev V F. Handbook of Nonlinear Partial Differential Equation-s[M]. CRC Press, Boca Raton, 2004.

[185] Shukla P K, Kourakis I, Eliasson B, et al. Instability and Evolution of Nonlinearly Interacting Water Waves[J]. Physical Review Letters, 2006, 97: 094501.

[186] 张解放，戴朝卿，王悦悦. 基于非线性薛定谔方程的畸形波理论及其应用[M]. 北京：科学出版社，2016.

[187] Djordjevic V D, Redekopp L G. On two-dimensional packets of capillary-gravity waves [J]. Journal of Fluid Mechanics, 1977, 79(4): 703-714.

[188] Zakharov V E. On stochastization of one-dimensional chains of non-

linear oscilla-tors[J]. Zhurnal Eksperimentalnoii Teoreticheskoi Fiziki,1973,65:219-225.

[189] Zakharov V E, Rubenchik A M. Nonlinear interaction of high-frequency and low-frequency waves[J]. Journal of Applied Mechanics and Technical Physics,1974,13(5):669-681.

[190] Kivshar Yu S. Stable vector solitons composed of bright and dark pulses[J]. Optics Letters,1992,17:1322-1324.

[191] A Chowdhury, Tataronis J A. Long wave-short wave resonance in nonlinear neg-ativerefractive index media[J]. Physical Review Letters,2008,100:153905.

[192] Benney D J. A general theory for interactions between short and long waves[J]. Studies in Applied Mathematics,1977,56:81.

[193] Ma Y C,Redekopp L G. Some solutions pertaining to the resonant interaction of long and short waves[J]. Physics of Fluids, 1979, 22: 1872-1876.

[194] Chen S H,Grelu P,Soto-Crespo J M. Dark-and bright-rogue-wave solutions for media with long-wave-short-wave resonance[J]. Physical Review E,2014,89:011201(R).

[195] Chow K W,Chan H N,Kedziora D J,et al. Rogue Wave Modes for the Long Wave-Short Wave Resonance Model[J]. Journal of the Physical Society of Japan,2013,82:074001.

[196] Ma Y C . The Complete Solution of the Long-Wave-Short-Wave Resonance Equa-tions[J]. Studies in Applied Mathematics,1978,59:201-221.

[197] Ma W X. Lump solutions to the Kadomtsev-Petviashvili equation[J]. Physics Letters A,2015,12:30.

[198] Kadomtsev B B,Petviashvili V I. On the Stability of SolitaryWaves in Weakly Dispersing Media[J]. Soviet Physics Doklady,1970,15:539-541.

[199] Maccari A. The Kadomtsev-Petviashvili equation as a source of integrable model equations[J]. Journal of Mathematical Physics, 1996,

37:6207-6212.

[200] Heris J M, Zamanpour I. AnalyticalTreatment of the Coupled Higgs Equation and the Maccari System via Exp-fuction Method[J]. Acta Universitatis Apulensis, 2013, 33: 203-216.

[201] Zhang S. Exp-function method for solving Maccari's system[J]. Physics Letters A, 2007, 371: 65-71.

[202] Jabbari A, Kheiri H, Bekir A. Exact solutions of the coupled Higgs equation and the Maccari system using He's semi-inverse method and (G'/G)-expansion method[J]. Computers and Mathematics with Applications, 2011, 62: 2177-2186.

[203] Akbari M. Exact solutions of the coupled Higgs equation and the Maccari system using the modified simplest equation method[J]. Information Sciences Letters, 2013, 2: 155-158.

[204] Dai C Q, Wang Y Y. Special structures related to Jacobian elliptic functions in the (2+1)-dimensional Maccari system[J]. Indian Journal of Physics, 2013, 87(7): 679-685.

[205] Demiray S T, Pandir Y, Bulut H. New solitary wave solutions of Maccari system[J]. Ocean Engineering, 2015, 103: 153-159.

[206] Cheemaa N, Younis M. New and more exact traveling wave solutions to integrable (2+1)-dimensional Maccari system[J]. Nonlinear Dynamics, 2016, 83: 1395-1401.

[207] Jiang Y, Xian D Q, Kang X R. Homoclinic breather and roguewave solutions to Maccari equation[J]. Computers and Mathematics with Applications, 2020, 79(7): 1890-1894.

[208] Khater M M A, Seadawy A R, Lu D C. Dispersive solitarywave solutions of new coupled Konno-Oono, Higgs field and Maccari equations and their applications[J]. Journal of King Saud University Science, 2018, 30: 417-423.

[209] Shakeel M, Syed Tauseef Mohyud-Din, Muhammad Asad Iqbal. Closed form so-lutions for coupled nonlinear Maccari system[J]. Computers and Mathematics with Applications, 2018, 76: 799-809.

[210] Mirzazadeh M. The extended homogeneous balance method and exact 1-soliton so-lutions of the Maccari system[J]. Computational Methods for Differential Equations,2014,2(2):83-90.

[211] Liu L,Tian B,Yuan Y Q,et al. Bright and dark N-soliton solutions for the (2+1)-dimensional Maccari system[J]. The European Physical Journal Plus,2018,133:72.

[212] Mae A,Sz H. New Exact Solutions for the Maccari System[J]. Journal of Physical Mathematics,2018,9:1.

[213] Porsezian K. Painlevé analysis of new higher-dimensional soliton equation[J]. Jour-nal of Mathematical Physics,1997,38:4675-4679.

[214] Krasil'shchik I S,Vinogradov A M. Nonlocal trends in the geometry of differential equations: Symmetries, Conservation Laws, and Bäcklund transformations [J]. Acta Applicandae Mathematicae,1989,15:161-209.

[215] Bluman G W,Kumei S. Symmetry-based algorithms to relate partial differential equations: II. Linearization by nonlocal symmetries [J]. European Journal of Applied Mathematics,1990,1:217-223.

[216] Akhatov I S,Gazizov R K,Ibragimov N K. Nonlocal symmetries. Heuristic ap-proach[J]. Journal of Soviet Mathematics, 1991, 55: 1401-1450.

[217] Tychynin V A. Nonlocal symmetry and generating solutions for Harry-Dym-type equations[J]. Journal of Physics A: Mathematical and General,1994,27:4549-4556.

[218] Chen H H,Lin J E. On the infinite hierarchies of symmetries and constants of mo-tion for the Kadomtsev-Petviashvili equation[J]. Physica D:Nonlinear Phenomena,1987,26:171-180.

[219] 郝夏芝. 非线性微分系统的非局域对称及相互作用解的符号计算研究[D]. 上海：华东师范大学,2018.

[220] 黄丽丽. 非局域对称与非线性波的若干问题研究[D]. 上海：华东师范大学,2019.

[221] Weiss J,Tabor M,Carnevale G. The Painlevéproperty for partial dif-

ferential e-quations[J]. Journal of Mathematical Physics, 1983, 24: 522-526.

[222] Weiss J. Bäcklund transformation and the Painlevéproperty[J]. Journal of Math-ematical Physics, 1986, 27: 1293-1305.

[223] Weiss J. The Painlevéproperty for partial differential equations. Ⅱ: Bäcklund transformation, Lax pair, and the Schwarzian derivative[J]. Journal of Mathematical Physics, 1983, 24: 1405-1413.

[224] Weiss J. On class of integrable systems and the Painlev'e property [J]. Journal of Mathematical Physics, 1984, 25: 13-24.

[225] Ma W X. Exact solutions to Tu system through Painlev'e analysis [J]. Journal of Fudan University (Natural Science), 1994, 33: 319-326.

[226] Qin Z Y, Mu G, Ma W X. Painlevéintegrability and complexiton-like solutions of a coupled Higgs model[J]. International Journal of Theoretical Physics, 2012, 51: 999-1006.

[227] Calogero F. C-integrable nonlinear partial differential equations in $N+1$ dimen-sions[J]. Journal of Mathematical Physics, 1992, 33: 1257-1271.

[228] Santini P M, Fokas A S. Recursion operators and bi-Hamiltonian structures in multidimensions. I[J]. Communications in Mathematical Physics, 1988, 115: 375-419.

[229] Fokas A S, Anderson R L. On the use of isospectral eigenvalue problems for ob-taining hereditary symmetries for Hamiltonian systems [J]. Journal of Mathematical Physics, 1982, 23: 1066-1073.

[230] Wazwaz A M. Two forms of (3+1)-dimensional B-type Kadomtsev-Petviashvili equation: multiple soliton solutions[J]. Physica Scripta, 2012, 86: 035007.

[231] Wazwaz A M, El-Tantawy S A. New (3+1)-dimensional equations of Burgers type and Sharma-Tasso-Olver type: multiple-soliton solutions [J]. Nonlinear Dynamics, 2017, 87: 2457-2461.

[232] Wazwaz A M. Multiple-soliton solutions for extended (3+1)-dimen-

sional Jimbo-Miwa equations[J]. Applied Mathematics Letters, 2017, 64:21-26.

[233] Fokas A S, Santini P M. Recursion operators and bi-Hamiltonian structures in multidimensions. Ⅱ[J]. Communications in Mathematical Physics, 1988, 116:449-474.

[234] 楼森岳,唐晓艳. 非线性数学物理方法[M]. 北京:科学出版社,2006.

[235] Conte R, Musette M. Painlevéanalysis and Bäcklund transformation in the Kuramoto-Sivashinsky equation[J]. Journal of Physics A: Mathematical and Gen-eral, 1989, 22:169-177.

[236] Ramani A. The Painlevéproperty and singularity analysis of integrable and non-integrable systems[J]. Physics Reports (Review Section of Physics Letters), 1989, 180:159-245.

[237] Lou S Y. Painlevétest for the integrable dispersive longwave equations in two space dimensions[J]. Physics Letters A, 1993, 176:96-100.

[238] Yan Z Y. Abundant new explicit exact soliton-like solutions and Painlevétest for the generalized Burgers equation in (2+1)-dimensional space[J]. Communications in Theoretical Physics, 2001, 36:135-138.

[239] Dorizzi B, Grammaticos B, Ramani A, et al. Are all the equations of the Kadomtsev-Petviashvili hierarchy integrable? [J]. Journal of Mathematical Physics, 1986, 27:2848-2852.

[240] Gao X N, Lou S Y, Tang X Y. Bosonization, singularity analysis, nonlocal sym-metry reductions and exact solutions of supersymmetric KdV equation[J]. Journal of High Energy Physics, 2013, 05:29.

[241] Ma Z Y, Fei J X, Chen Y M. The residual symmetry of the (2+1)-dimensional coupled Burgers equation[J]. Applied Mathematics Letters, 2014, 37:54-60.

[242] Hu X R, Chen Y. Nonlocal symmetries, consistent Riccati expansion integrability, and their applications of the (2+1)-dimensional Broer-Kaup-Kupershmidt system[J]. Chinese Physics B, 2015, 24:090203.

[243] Lou S Y, Hu X B. Infinitely many Lax pairs and symmetry constraints of the KP equation[J]. Journal of Mathematical Physics, 1997, 38: 6401-6427.

[244] Chen C L, Lou S Y. CTE Solvability and Exact Solution to the Broer-Kaup System[J]. Chinese Physics Letters, 2013, 30: 110202.

[245] Zhang S L, Wu B, Lou S Y. Painlevé analysis and special solutions of generalized Broer-Kaup equations[J]. Physics Letters A, 2002, 300: 40-8.

[246] Zheng C L. Variable Separation Solutions of Generalized Broer Kaup System via a Projective Method[J]. Communications in Theoretical Physics, 2005, 43: 1061-1067.